航天制造技术丛书

航天产品热挤压技术

张铁军 等 著

科学出版社

北京

内 容 简 介

本书深入探讨了热挤压技术及其在航天领域的应用。全书共九章,从绪论开始,逐步深入到热挤压原理与组织性能的调控,再到复合成形工艺的探讨。书中详细解析了热挤压过程中可能出现的主要缺陷及其控制方法。此外,书中还涵盖了热挤压模具设计、成形设备以及典型航天结构件的热挤压工艺案例分析,最后展望了热挤压技术的未来发展。

本书内容丰富、专业性强,适合航天领域的科技人员,尤其适合对热挤压技术及其在航天产品制造中的应用感兴趣的专业人士阅读。书中不仅提供了热挤压技术的基础理论,还结合实际工艺案例,为读者提供了丰富的实践经验和深入的技术见解。无论是在学术研究还是在工业应用中,本书都能为读者带来宝贵的知识和启发。

图书在版编目(CIP)数据

航天产品热挤压技术 / 张铁军等著. -- 北京:科学出版社, 2025. 1. -- (航天制造技术丛书).
ISBN 978-7-03-081141-7

Ⅰ. V1; TG376.2

中国国家版本馆 CIP 数据核字第 2025S3949P 号

责任编辑:许　健 / 责任校对:谭宏宇
责任印制:黄晓鸣 / 封面设计:殷　靓

斜 学 出 版 社 出版

北京东黄城根北街 16 号
邮政编码:100717
http://www.sciencep.com

南京展望文化发展有限公司排版
苏州市越洋印刷有限公司印刷
科学出版社发行　各地新华书店经销

*

2025 年 1 月第 一 版　开本:B5(720×1000)
2025 年 1 月第一次印刷　印张:22 3/4
字数:443 000

定价:**150.00 元**

(如有印装质量问题,我社负责调换)

序

航天工业是一个国家综合国力、国防实力的重要标志。我国航天工业走过了从无到有、从小到大、从弱到强的奋进历程，形成了完整的科技与工业体系，实现了自主创新、跨越式发展，取得了举世瞩目的辉煌成就。

航天制造技术是航天工业的坚强基石和核心能力。经过近七十年的发展，航天制造技术体系不断完善，从突破单点工艺技术到形成较为完整的航天制造技术体系，涵盖了金属成形、机械加工、增材制造、连接、装配、数字化制造等十余个技术领域、三十余个专业、数百个技术方向，具备了弹、箭、星、船、器等产品的研制生产能力，为诸多航天重大工程任务的圆满完成作出了重要贡献，支撑我国成为航天大国，并向航天强国迈进。

新时代新征程，航天进入快速发展阶段。在新的形势下，航天型号研制难度越来越大，生产周期越来越短，质量要求越来越高，研制与批产型号数量越来越多，航天制造技术在解决"造得出、造得好、造得精"的基础上，还要"造得多、造得快、造得省"，未来发展挑战巨大，形势严峻。

为推动航天制造技术全面高水平快速发展，特编制"航天制造技术丛书"。该丛书从制造技术应用角度出发，阐述技术领域当前的发展现状、发展水平与发展趋势，以航天常用材料和典型产品为对象，详细论述航天产品工艺规程的制定、制造过程常见缺陷及控制方法，并对常见典型零件的制造工艺进行解析分析，使读者全面了解航天制造技术的特点和要求，可为制造领域的管理人员、技术人员及操作人员提供借鉴和指导。

《航天产品热挤压技术》主要作者北京航星机器制造有限公司总工艺师张铁军，从事航天工艺工作近四十年，具有扎实的工艺技术功底和丰富的工艺工作经验。他带领团队深入开展热挤压技术的应用研究，成功将该项技术在航天产品多种构件的制造中实现了应用，在提高制造效率、降低制造成本方面取得了显著成效，为航天产品的批量化制造开辟了一条新途径。本书将团队十余年的潜心研究成果与实际生产中的工作经验进行了系统总结，希望能够给读者以借鉴，推动热挤压技术在航天领域更多产品上的应用，提高航天产品的高效低成本制造能力。

　　该丛书是广大航天工艺工作者多年理论及技术研究的结晶，体现了工艺工作者自强不息、顽强拼搏的精神，是我国航天工业发展的宝贵财富。由于专业较多，先优选了部分技术方向进行编写，欢迎有志者积极参与，不断拓展丛书覆盖范围，共同推进我国航天制造水平的提升，谱写更加辉煌的航天发展新篇章。

2024 年 12 月

前　言

锻造是一门古老的金属加工工艺，不仅能将金属打造成需要的制品，还能显著改善金属的性能，对人类社会的发展起到了重要的推动作用。挤压成形工艺由锻造技术衍生而出，是锻造技术的延伸与发展。金属挤压成形工艺作为一种精密塑性成形技术，可实现异型复杂结构产品的整体化、高性能、高精度、高效能、低成本制造，是一种优异的金属制品成形方法。

金属挤压技术发展至今已有二百余年的历史。1934 年，苏联在新克拉玛托尔斯克重型机械厂（NKMZ）建成了第一台 1 万吨水压机。1950 年，美国通过实施"空军重型压机计划"，建造了两台当时世界最大的 4.5 万吨模锻压机和两台 3.15 万吨模锻压机。此后，挤压技术广泛应用于了石油、化工、电力、航空、军工等领域。我国立式热挤压技术的发展源于 20 世纪 70 年代模锻压机的研制与应用。1973 年，我国第一重型机器厂研制了当时亚洲最大的 3 万吨级模锻压机，装备于重庆的西南铝加工厂；2007 年，中国第二重型机械集团公司等单位联合设计制造了 8 万吨级模锻压机，进一步推动了热挤压技术的发展及应用，使我国挤压成形技术跨入世界先进水平行列。

随着新型航天产品性能的不断提升，航天产品构件日趋复杂化、结构功能一体化，对力学性能、精度、轻量化、承载/承压等的要求越来越高，复杂高性能承载结构件在航天装备中的应用越来越广泛。近年来，航天产品批生产量的大规模提升，也迫切要求高效低成本制造。北京航星机器制造有限公司于 21 世纪 20 年代初开始进行热挤压技术在航天装备中的应用研究，在国内首次实现了连续热挤压技术在航天产品制造上的应用，数十倍提高了制造效能，大幅降低了制造成本，为航天产品制造开辟了一条新的技术途径。热挤压精密成形技术，特别是连续热挤压技术，将是航天产品制造的一个重要发展方向。

在本书编写过程中，张铁军拟定了全书的总体策划、系统构思、章节设计及主要内容，负责了全书的修改完善、审定和统稿工作。全书共九章，其中第一章、第九章由郭晓琳拟稿；第二章由刘奇拟稿；第三章、第八章由周小京拟稿；第四章、第五章由李建伟拟稿；第六章、第七章由王胜龙拟稿。

该书的编写得到了王国庆院士、朱坤院士以及中国航天科工集团有限公司科技与质量部和科学出版社等单位的大力支持，在此对在本书编写及出版过程中给予支持帮助的各位领导、专家及相关人员致以诚挚的谢意！

由于编写时间紧迫，加之知识水平的限制，书中难免有不妥之处，敬请读者多加谅解。

张铁军

2024 年 10 月

目　　录

第一章　绪　　论

热挤压技术作为一种精密塑性成形技术，可实现异型复杂结构产品的整体化、高性能、高精度、高效能、低成本制造，能更好地满足新型高性能航天产品研制及批量化生产要求，是航天产品构件制造的优异技术途径，在航天领域具有广阔的应用前景。本章重点介绍热挤压技术的分类及特点、国内外发展现状，及其在航天产品制造中的应用情况与需求，让读者对挤压技术及其应用情况有一个概括性的了解。

1.1　热挤压技术分类及特点

1.1.1　热挤压技术分类

热挤压是利用冲头或凸模对放置在凹模中的金属坯料在一定温度下施加外力，使之产生塑性流动，从而获得相应于模具型腔或者凸凹模形状的挤压制品的塑性成形方法。一般可以按照挤压方向、挤压温度的不同进行分类。

1. 按挤压方向不同分类

（1）立式热挤压：一般指主要工作部件的运动方向及挤压制品的流出方向与地面垂直的挤压方式，本书所述的立式热挤压包括正向热挤压与反向热挤压。

（2）卧式热挤压：一般指主要工作部件的运动方向及挤压制品的流出方向与地面平行的挤压方式，本书所述的卧式热挤压主要指连续热挤压。

（3）多向热挤压：一般指同时或按顺序在轴向和横向（侧）加压，即在封闭的型腔内，对坯料同时进行两个或两个以上方向的挤压，从而获得形状比较复杂的精密成形件的挤压工艺。该方法可以成形出具有不同方向空腔结构的复杂零件。

2. 按挤压温度差别分类

（1）温挤压：将坯料加热到金属再结晶温度以下、回复温度以上的某个适当温度范围进行的挤压。温挤压一般适用于材料低温流动性好且成形过程中变形量较小的构件。铝合金的温挤压温度一般在350℃以下。

（2）热挤压：将坯料加热至金属再结晶温度以上某个温度范围进行的挤压。热挤压一般适用于材料成形温度范围宽、结构复杂，且成形过程中变形量较大的构件。铝合金的立式热挤压温度在450℃左右，连续热挤压温度一般在500℃以上；钛合金的热挤压温度一般在800℃以上。

（3）等温挤压：挤压过程中，模具与坯料温度相同且恒定不变，坯料在恒温下发生变形的挤压。等温挤压一般适用于材料成形温度范围窄且对组织性能要求高的构件。等温挤压最大限度地降低了金属变形阻力，能很好地保持金属流动的均匀性，从而获得金属流线完整且沿挤压件几何形状合理分布、组织均匀、性能良好、几何形貌与尺寸精度很高的挤压件。

1.1.2 热挤压工艺特点

热挤压同冷挤压相比，坯料处于高温状态，材料的变形抗力大幅降低，可成形结构更为复杂的构件，并可部分替代轧制工艺挤压薄壁金属型材等复杂结构件。热挤压与轧制工艺相比有以下优点：① 小批量生产或加工非标准件时比轧制法更经济；② 挤压模具较为简单，不同金属型材生产切换只需更换挤压模具即可，生产便捷；③ 能够加工一些难以轧制的低塑性合金，适用范围更广。热挤压与普通锻造工艺相比有如下优点：① 挤压可实现少余量或无余量加工，提高材料利用率；② 批量生产时比普通锻造生产效率高；③ 可制造形状更为复杂的产品，且质量一致性好。

热挤压成形较适于复杂及薄壁构件的批量化生产，在材料成形的变形能力、产品的综合质量、生产的灵活性与多样性、生产效率与成本等方面具有诸多优势。

（1）提高金属的变形能力。金属在挤压时主要变形区处于三向压应力状态，有助于提高其塑性，获得更大的变形量。例如，纯铝的挤压比（挤压坯料截面面积与制品截面面积之比）可以达到 500，纯铜的挤压比可以达到 400，钢的挤压比可以达到 40~50。

（2）制造流程短、成本低。相对于航天复杂构件采用的传统的铸造、框架蒙皮钣焊、机加等工艺，热挤压成形可有效减少后续切削加工量和切削设备占用时间以及焊接工作量，具有工艺简单、制造流程短、占用设备少等优点，综合制造成本显著降低。

（3）产品综合质量高。与铸造、锻造等成形方法相比，热挤压产品的尺寸精度高、表面质量好，并具有优良的力学性能，同时便于实现整体成形，能大幅度减少焊缝数量，降低焊接缺陷的产生。特别是对于一些具有形变强化特性的材料，其挤压产品在固溶时效后，纵向（挤压方向）力学性能远高于其他加工方法生产的同类产品。

（4）材料利用率高。热挤压成形通过金属在热塑性状态下的体积转移实现，属于少/无切削加工近净成形工艺方法，能大幅节约原材料，材料利用率可达80%以上。

（5）生产效率高。挤压成形具有很大的灵活性，只需更换模具就可以在同一台设备上生产形状、尺寸规格和品种不同的产品，挤压操作简便，容易掌握，生产效率高。特别是连续热挤压技术用于舱体类构件生产，可实现多个舱体坯料的一次连续挤压成形，效率极高。

（6）成形范围广。挤压产品的尺寸范围也非常广，对于连续热挤压，可以实现最小壁厚 0.1 mm、轮廓尺寸 1 mm 的微小构件成形，也可实现最小壁厚 3 mm、轮廓尺寸达 680 mm 的异型大尺寸薄壁零件成形。多向热挤压和复合成形技术的出现，改变了传统挤压只能成形简单结构的问题，使得挤压技术可成形形状相对复杂的构件。

立式热挤压、连续热挤压和多向热挤压具有不同的工艺特点，适合于不同的产品结构，具体如下：

（1）立式热挤压。立式热挤压成形过程中，坯料处于强烈的三向压应力状态，金属流线沿锻件外形连续分布，工件的力学性能好、精度高、表面质量好。与锻造相比，立式热挤压减少了加热和模锻工步数，生产效率高，且为近净成形，适于成形低塑性材料和复杂模锻件，可以成形具有空腔、枝丫或加强筋等结构的零件，广泛应用于航天端框、法兰、接头、壁板、支架等零件的批量化生产。

（2）连续热挤压。可一次整体连续挤压成形获得特定截面和尺寸的产品，质量一致性好、重量可控，具有极高的生产效率和极低的制造成本。复杂结构产品的连续热挤压主要以分流挤压为主，通过在重要部位合理设置分流口控制工作压力，获得满足质量要求的复杂结构产品。连续热挤压被广泛应用于铝合金、镁合金等型材的挤压成形，在航天领域适用于燃料舱、设备舱、战斗部舱等产品的整体制造，具有效率高、成本低、质量一致性好的优点，特别适合于批量化生产。

（3）多向热挤压。多向热挤压属于多向模锻领域，一次成形即可获得形状复杂的精密结构件，并可进一步提高材料利用率，减少后续切削加工量。因受多向应力作用，挤压件内部组织结构致密，材料缺陷易于弥合，流线完整，内部及产品质量好，耐应力腐蚀性能好，疲劳强度高。多向热挤压适合成形深腔、中空多向带枝丫及凸台等复杂结构的精密热构件，相对于单向模锻，拔模斜度小，加工余量小。在航天领域广泛应用于复杂端框、支架、盒类、三通等结构件生产。

1.2 热挤压技术国内外发展现状

由于热挤压可显著提高金属的变形能力，所成形的产品具有高性能、高质量等综合优势，热挤压技术近年来得到了快速发展，已广泛应用于建筑、交通、通信等领域，在国民经济中占有极其重要的地位，在航空航天领域的应用也日益广泛。

1.2.1　热挤压成形材料

铝合金、镁合金、钛合金等材料密度小、性能高，非常适合航空航天产品高性能、轻量化的制造需求，是航空航天产品的重要主体材料。另外，钢铁材料也适合热挤压成形。

1. 铝合金

国际上通常将变形铝合金按其含有的主要合金元素分为 8 大类，分别为 1000 系、2000 系、3000 系、4000 系、5000 系、6000 系、7000 系和 8000 系。我国对变形铝合金按照性能与使用要求进行分类，分别为工业纯铝（L 系）、防锈铝（LF 系）、锻铝（LD 系）、硬铝（LY 系）、超硬铝（LC 系）、特殊铝（LT 系）、硬钎焊铝（LQ 系）等。不同合金系的材料特征与挤压产品主要用途如下：

（1）1000 系纯铝。热处理不可强化。具有优良的可加工性、耐蚀性、表面处理性和导电性，但强度较低。主要用于对于强度要求不高的家庭用品、电气产品、医药与食品包装材料、输电与配电材料等。

（2）2000 系 Al - Cu 合金。热处理可强化。对应于国内的硬铝和部分锻铝，如 2017（LY11）、2024（LY12）、2117（LY1）、2014（LD10）、2618（LD7）等。该系列具有可和钢材相媲美的强度，多用于飞机结构、弹体结构等材料。但由于 Cu 含量较高，耐蚀性较差，用于腐蚀环境时需要进行防腐蚀处理。

（3）3000 系 Al - Mn 合金。热处理不可强化。3003 合金（3A21，即 LF21）为其典型代表，可加工性、耐蚀性与纯铝相当，强度有较大提高，焊接性能良好。该系铝合金广泛用于日用品、建筑材料、器件等。

（4）4000 系 Al - Si 合金。热处理可强化。对应于国内的特种铝合金系列，具有熔点低（575~630℃）、流动性好、耐蚀性好等特点。主要用于建筑、机械零件锻造材料、焊接材料等，如含 5%Si（质量百分比）的 4043 合金（LY1）常用作焊接材料。

（5）5000 系 Al - Mg 合金。热处理不可强化。具有良好的耐蚀性及焊接性，通过控制 Mg 的含量，可以获得不同强度级别的合金，如 5052（LF2）、5083（LF4）、5056（LF6）等。含 Mg 量少的合金主要用于装饰材料、高级器件，含 Mg 量中等的合金主要用于船舶、车辆、建筑材料，含 Mg 量高的合金主要用于船舶、车辆、航空、航天等的焊接构件。

（6）6000 系 Al - Mg - Si 系合金。热处理可强化。耐蚀性良好，具有较高的强度（在铝合金中属于中等），且热加工性优良，大量用作挤压材料。据统计，6000 系挤压加工材料的使用量占全世界挤压材料使用量的 80% 以上，在日本甚至高达 90%[1]。尤其是 6005A 铝合金，除具有优良的挤压成形性能外，还具有良好的淬火性能，大量用于航天复杂型材结构的连续挤压生产。

（7）7000 系合金。热处理可强化。包括 Al－Zn－Mg－Cu 高强度铝合金和 Al－Zn－Mg 焊接构件用合金两大类，前者如 7075（LC9），后者如 7003、7N01 等。7075 在铝合金中强度最高，主要用于飞机等航空产品与体育用品等的制造；7003、7N01 为日本开发的合金，具有强度高、焊接性与淬火性优良等特点，主要用于铁道车辆焊接结构材料。7000 系合金的主要缺点是耐应力腐蚀裂纹性能较差，需要采用合适的热处理工艺予以改善。

（8）8000 系合金。热处理可强化。其中 8090 是典型的 8000 系挤压铝合金（Al－Li 合金），其最大特点是密度低、高刚性、高强度，是各国竞相开发的材料。例如，美国空军的开发目标是使其强度等性能指标与 7075 相当，而刚性提高 30%；美国铝业公司的开发目标是使其力学性能与 7075T6 或 6061T6 相当，而密度降低 8%～9%。该系铝合金在高端装备制造领域结构件上具有良好的应用前景。

随着航空航天产品对轻量化及其他特殊性能要求的提升，为进一步满足航空航天制品的要求，自 20 世纪末开始，国内外相继在铝合金材料的基础上发展出了铝锂合金、铝基复合材料等新型高性能轻质材料。

2. 铝锂合金

国外铝锂合金研究始于 20 世纪 20 年代，至今经过了三个阶段的发展，已经形成较为完整的合金体系、制备工艺及评价体系。通过不断优化合金成分，先后解决了合金强度低、可焊性差、各向异性、短横向断裂韧性低、热暴露后屈服强度低等问题，形成了综合性能良好的第三代铝锂合金；2195、1460 等铝锂合金已实现了工业化生产，并在飞机、火箭等航空航天器上获得广泛应用，技术成熟度等级达到 8～9 级。铝锂合金被认为是航空航天领域最有前途的结构材料之一。

我国在铝锂合金研究方面与西方发达国家相比起步较晚。20 世纪 60 年代初期，东北轻合金加工厂曾仿制 2020 铝锂合金，但该合金的塑性水平较低。"十三五"期间，我国对铝锂合金研发的重视程度大幅度提升，在军民等多领域设立项目 20 余项，投入数亿科研经费；工信部 2019 年将铝锂合金列为国家新材料生产应用示范平台建设项目；相关部门组织专家对铝锂合金现状进行了密集调研。国家、行业和地方在新材料产业规划中均将高性能铝锂合金作为重点支持方向。

3. 铝基复合材料

铝基复合材料的研究始于 20 世纪 60 年代。针对当时航天飞机和哈勃望远镜等航天应用需求，美国最早开始采用扩散黏结（diffusion bonding，DB）工艺制备铬（Gr）和硼（B）纤维增强铝基复合材料[2]。1969 年，针对交通等领域对低成本铝基复合材料的需求，出现了采用搅拌铸造（stir casting，SC）法制备颗粒增强铝基复合材料的工艺[3]；20 世纪 80 年代，出现了采用粉末冶金（powder metallurgy，PM）法制备铝基复合材料的工艺[4]。随后国内外出现了颗粒、晶须、短纤维、纳米颗粒和碳纳米管等增强高性能铝基复合材料的研究热潮。20 世纪 90 年代末至 2000 年初，国外高性能铝基复合材料已达到成熟状态，并进入批量生产和应用阶段[5]。2010 年后，国内高性能铝基复合材料也趋于成熟，开始进入批产试制和应用阶段。目前，国内外高性能铝基复合材料已形成了损伤容限型、耐蚀型、高强型、耐热型、低膨胀型等系列，并应用于航空航天、电子等领域。国外高性能铝基复合材料已成功应用于 1100/B/47f 风扇叶片、6061/B/50f 支柱、2009/SiC/15p 旋翼连接件和动环、6092/SiC/17.5p 风扇出口导向叶片等关键结构件的制造[6]。国内，上海交通大学研制的 SiCp/Al 均匀复合材料为"嫦娥四号"探测器和"玉兔二号"月球车提供了关键部件支撑[7]。中国科学院光电技术研究所采用 SiCp/Al 均匀复合材料制作了某航天项目的核心高精度主轴[8]。哈尔滨工业大学研制的 SiCp/Al 均匀复合材料可用于航天飞行器中惯性平台系统台体的制造[9]，近期开发的 SiCw/Al 复合材料挤压管件和包套锻造构件成功应用于"嫦娥五号"探测器某臂杆组件制造。

制备铝基复合材料的常用技术包括粉末冶金、熔体技术和挤压铸造等方法[10,11]。材料中的铸造缺陷，如孔隙的形成和界面反应等，会降低所制造复合材料的微观结构和耐磨性[12-15]；挤压、锻造或轧制等二次加工是改善颗粒分布、消除铸造缺陷、促进组织均匀分布的有效方法。研究表明，热挤压可以消除铸造缺陷，并在塑性变形过程中产生大量位错；热挤压还可以减少偏析，使增强颗粒均匀分布在基体中，进而提高铝基复合材料的机械物理性能和耐磨性。当前 6000 系铝基复合材料挤压棒材的挤压比可达到 30，并可实现横截面为 25 mm×3 mm 等不同规格板状型材的挤压。铝基复合材料挤压棒材在经 T6 热处理后抗拉强度相较铸态铝基复合材料可提高 14%～70%，且不使延伸率大幅降低，具有优异的强塑性综合性能。

经过多年的研究摸索，无论是制备方法、性能工艺，还是工程应用，铝基复合材料的应用越来越成熟。但一些铝基复合材料制备成本较高，以至其工业化生产受到限制，难以大面积替代传统的金属材料，应用的维度和深度远不及期望，需要从材料选择、制造成本和工艺流程简化等方面继续展开探究。

伴随着传统铝合金和树脂基复合材料不断改进、钛合金价格下降等，高性能铝基复合材料的应用也面临着较大挑战；但由于具有比铝合金和树脂基复合材料更高的耐热、耐蚀和耐磨性能，比钛合金更低的密度（2.7～3.1 g/cm³）等独特优势，高性能铝基复合材料在未来仍具有较好的发展前景。

4. 镁合金

镁及镁合金是实用中密度较低的金属结构材料，具有较高的比强度、比刚度、阻尼减振性能，且电磁屏蔽性能好、可回收，被视为是继钢铁、铝、铜、钛之后具有重要发展前景的金属材料。作为重要的结构材料，镁合金挤压棒材、板材、管材、型材的应用日益广泛，在航空航天、武器装备轻量化舱段以及防噪减振结构等方面的应用也日益增加。此外，镁合金应用于信息家电产品，可满足其轻、薄、短、小的发展要求，获得轻量化、美观、触摸质感以及减振、抗电磁干扰、散热等多种效果。

镁合金分为铸造镁合金和变形镁合金两大类。其中变形镁合金是指可以采用锻造、轧制、挤压、冲压等方法进行塑性加工的镁合金。主要的变形镁合金包括[12]：Mg‐Li 系合金（美国开发的迄今最轻的金属结构材料）、Mg‐Mn 系合金（MB1、MB8 等）、Mg‐Al‐Zn‐Mn 系合金（AZ1、AZ61、AZ63、AZ80等）、Mg‐Zn‐Zr 系合金（ZK60、ZK61 等）。镁合金为密排六方结构，其室温塑性指标较低，塑性加工性能较差，因而镁合金的塑性加工宜采用温加工或热加工。

5. 钛合金

钛合金为典型的低密度、高强度结构材料，且有良好的耐蚀性及高温热强性，是石油化工、船舶、能源、海洋工程、航空航天等领域的重要结构材料，常用于制造航空发动机压气机盘和叶片，空气收集器的零件、壳体件和紧固件，以及燃烧室外壳、尾喷口、排气管等。飞行器以超过 3 倍声速飞行时，蒙皮各部位的温度可达 250~320℃；当飞行速度更高时蒙皮温度更高，这种条件下钛合金是最理想的材料。为了减轻飞行器的结构重量，采用钛合金零件代替钢零件成为一个重要的发展趋势。

20 世纪 50 年代，伴随着钛材料开始工业化生产，热挤压成形技术在钛材料生产中得到快速应用和发展。经过几十年的研究，苏联/俄罗斯、美国、英国等除了用挤压法生产钛合金管、棒材以外，还可挤压制造种类繁多的钛及钛合金型材，制造的型材不仅有角材、丁字形材、槽形管材等，还包括各种各样的异形型面型材、变断面型材，甚至尺寸公差、表面质量达到可不进行机械加工的程度。苏联对钛合金的研究试验工作始于 1953 年，在 20 世纪 60 年代为迅速发展的航空工业提供了大量的薄壁型材、翼翅型材、空心型材、大型型材和壁板等，使俄罗斯钛挤压型材技术处于世界先进水平。苏联 20 世纪 60 年代研制生产了全钛合金艇身的核动力地下潜艇"战斗鼹鼠"。美国 1962 年研制了钛合金 U‐2 高空侦察机。为满足各种场合的应用需求，特别是武器装备的发展需要，现在研发应用的钛合金牌号达十几种，规格达两千多种。例如，俄罗斯生产的 OT4、OT4‐1、BT20、BT14、BT15 合金薄壁型材，其腹板厚度为 1.5~5 mm，腹板厚度公差为0.5 mm；俄罗斯上萨尔达冶金联合生产企业（VSMPO）的挤压管、棒和型材除自己使用外，也大量出口。

6. 钢铁材料

可挤压的钢铁材料主要有工业纯铁（碳的质量分数在 0.02% 以下）、碳素钢（碳的质量分数为 0.02%~2.1%）、不锈钢以及合金钢等。钢材挤压一般采用冷挤压或温挤压成形，也有一部分采用热挤压成形（如高强度合金、高温合金、粉末冶金零件等）。钢铁材料挤压型材制品主要有棒、管材（如各种不锈钢管、热交换器管、轴承座圈用管坯）等较为简单的型材，挤压的零件多为饼类、管类、轴类以及各种齿轮齿柱、蜗轮蜗杆、接头、联结件等。

1.2.2 热挤压成形工艺

1. 立式热挤压

立式热挤压技术的发展建立在模锻设备研制基础上。1934 年，苏联在新克拉玛托尔斯克重型机械厂（NKMZ）建成了第一台 10 000 吨水压机。同年，德国研制成功 7 000 吨模锻液压机，并在 1944 年前后相继制造出 30 000 吨模锻水压机 1 台、15 000 吨模锻水压机 3 台。二战结束后，美、苏两国开始意识到大型模锻压机的重要性，大力发展大型模锻液压机。1950 年，美国开始实施"空军重型压机计划"，建造了两台当时世界上最大的 45 000 吨模锻压机和两台 31 500 吨模锻压机。这时立式热挤压已经能够制造结构形状十分复杂的产品，并广泛应用于石油、化工、电力、航空、军工等领域。我国立式热挤压技术的发展源于 20 世纪 70 年代模锻压机的研制与应用，1973 年我国第一重型机器厂研制了第一台当时亚洲最大的 30 000 吨级的模锻压机，装备于重庆西南铝加工厂，为立式热挤压技术的发展创造了国际竞争优势；2007 年中国第二重型机械集团有限公司等单位设计制造了 8 万吨级模锻压机，进一步推动了立式热挤压技术的飞速发展及应用。

立式热挤压目前主要用于一些枝丫类零件以及端框、法兰、底座等零件的制造，此类零件一般在局部有突出部分，如汽车发电机的爪极[16]、单拐曲轴[17]、冠状齿轮[18]、转向节[19]、航天器承载端框和法兰等。立式挤压工艺不仅能够改善变形金属在复杂型腔中的流动性，还可提高成形件精度，降低成形负荷。图 1-1 为立式热挤压精确成形获得的捷达轿车转向节。

图 1-1 捷达轿车转向节

在常规的金属材料热挤压过程中，材料的温度和变形是很不均匀的，这将导致产品的尺寸、形状、组织和性能等质量方面的缺陷。随着挤压过程的进行，材料与工具摩擦产生的热量会使产品的组织、性能及表面质量沿长度方向发生变化，甚至会产生扭曲、裂纹等较严重的缺陷[20]。对此，可以采用将模具和坯料均加热到一定温度后再进行挤压的近等温方式进行挤压成形，改善材料温度和变形不均匀性，这对提高挤压产品的成形质量和复杂构件的近净成形均具有十分重要的意义。

2. 连续热挤压

1797 年前后，英国人布拉曼设计了世界上第一台用于铅挤压的机械挤压机；1820 年，英国人托马斯设计制造了一台具有现代管材挤压机基本组成部分的液压式铅管挤压机，从此管材连续挤压获得了快速发展；1870 年，英国人 Hainer 发明了铅管反向挤压机；1879 年，法国人 Borel 和德国人 Wesslau 先后开发成功铅包裹电缆生产工艺，成为世界上采用挤压法制备复合材料的开端；约在 1893 年，英国人 Robertso 发明了静液挤压法，但直到 1955 年才得以实用化。1910 年，出现了专用的铝型材挤压机，铝及铝合金型材的挤压工艺和挤压技术获得了飞速发展。20 世纪 70 年代，人们开始致力于挤压生产的连续性研究，1971 年，英国原子能管理局的 D. Green 发明了连续挤压方法。

我国铝合金型材连续热挤压的发展始于 20 世纪 80 年代后，随着装备的发展和技术的进步，连续热挤压铝合金、镁合金型材逐渐成为高速列车、汽车、船舶、航空航天等领域结构轻量化和性能提升的关键结构材料，目前正在向着高性能、大型化、复杂化、精密化、多品种、多规格、多用途方向发展。在我国快速发展的高速列车上应用的挤压型材较多，包括车体宽体多腔型材、薄壁超长大截面型材，材料多采用 6000 系铝合金，典型构件有车厢厢体、车顶、车厢型材、顶盖边梁、横梁、监控器外壳以及一些非标配件等（图 1 - 2）；此外，地铁、城铁等也大量应用铝合金连续热挤压型材产品，如地铁车顶型材、导电轨、车顶连接型材、地铁牵引梁、支撑梁等（图 1 - 3）。目前国内能够实现上述连续热挤压型材稳定批量生产的企业有辽宁忠旺集团铝合金车体制造有限公司、吉林麦达斯铝业有限公司、吉林利源精制股份有限公司、广西南南铝加工有限公司、明泰铝业股份有限公司、中铝种铝材（重庆）有限公司等，其中辽宁忠旺集团为"复兴号"的几十种车体铝型材提供深加工产品供货，是"复兴号"整体车体铝型材的重要供应商之一。

在镁合金连续热挤压生产技术方面，山西银光集团开发了如图 1 - 4 所示的镁合金精密挤压型材，主要包括挤压侧墙型材、底板导槽型材、横梁型材、中央纵梁及内外侧纵梁型材等，该系列高铁、地铁型材具有大截面、超长度、高精度和高难度的特点，形状复杂，对挤压、精加工及表面处理要求很高。

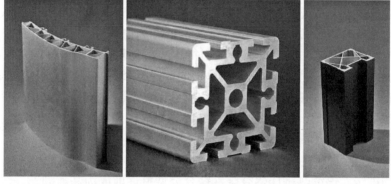

图 1-2　高铁车厢厢体、横梁及非标配件用铝合金型材

图 1-3　地铁用铝合金型材

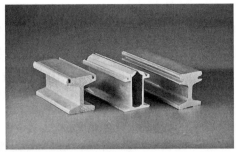

图 1-4　镁合金挤压型材

　　目前，新一代航天产品结构呈现异型薄壁复杂结构特征，对结构的本体性能、结构强度、密封性及重量等指标提出了更高的要求。近年北京航星机器制造有限公司开展了铝合金复杂薄壁结构连续热挤压技术研究，并攻克了薄壁大截面型材成形形性控制技术，使分流挤压技术在航天产品典型构件的批量生产中获得了应用，显著提高了航天产品的制造效能，降低了制造成本。

　　3. 多向热挤压

　　20 世纪 40 年代后期，以美国为代表的西方发达国家纷纷发展并推广多向热挤压技术。美国卡麦隆（Cameron Iron）公司于 1948 年正式对外宣布成功研发了多向模锻新工艺，随后建成了 100 MN、180 MN、300 MN 的多向模锻设备，成为世界上拥有大中型多向热挤压设备最多的企业。苏联于 20 世纪 70 年代开始研制多向挤压液压机，在进行了 6.3~10 MN 小型多向挤压液压机的研究后，开始研制 30~160 MN 的大型多向热挤压液压机，并在为法国建造 650 MN 热挤压液压机时，提出了配置两个 70 MN 水平液压缸的多向热挤压液压机方案。目前，国际上多向热挤压重型设备的承载机架主要采用整体机架结构和独立水平机架结构两种形式。万吨以上，尤其是侧向水平压制力超过 20 MN 的大型或重型多向挤压设备，是生产制造高性能大型热挤压件的核心技术装备，也最能体现多向热挤压节材、降耗和产品性能优良等技术特点及其水平和竞争力。

　　国内多向热挤压技术近年来也得到了快速发展，北京航星机器制造有限公司和天津市天锻压力机有限公司于 2020 年联合研制了总压力 12 000 吨的三向加压热挤压机（图 1-5），

图 1-5　三向加压热挤压设备

其中纵向压力 6 000 吨，两个水平方向压力各 3 000 吨，并在武器装备制造中实现了应用。中北大学张治民团队于 2014 年先后提出轴向-径向多向复合成形、分流导流多向开放成形、多向加载旋转挤压成形等技术方法，通过控制加载顺序（控制不同方向加力的大小、顺序和进给速度）与改变应力状态，实现复杂零件的整体成形，相关技术已在多个带孔（凸台）类构件成形方面进行应用，图 1-6 为近年来该团队研发的多向挤压试制产品。

图 1-6 中北大学多向挤压试制产品展示

4. 复合成形

随着航天装备性能提升，结构也日趋复杂化，单一的热挤压成形技术难以成形复杂结构的问题也越来越突出。为扩大挤压产品的应用范畴，热挤压与增材制造、旋压成形、充液镦压等复合成形技术的研究及应用越来越广泛。这种通过多技术间同步或分步式组合的制造方式，可以有效拓展热挤压技术的应用范畴，解决基于挤压成型的复杂结构产品的制造难题。

径向镦压与内压成形是典型的复合成形工艺，国外也称为低压成形（low pressure tube hydroforming，LPTH）。该工艺主要过程为：零件位于上下模之间并充入液压，下模固定、上模沿径向合模同时对管坯推动施压，在内压支撑下利用作用于充压管上的合模力完成零件的成形；该种成形方式可以显著降低合模力和成形零件所需的内压，有助于制造尺寸更大的零件。对如图 1-7 所示的具有曲边矩形截面和蝴蝶结形截面构件，在相同圆角半径下，成形所需的压力是内高压成形所需压力的 1/5~1/3，且弯曲边矩形截面的最大减薄量仅为 1.92%。在该成

图 1-7 充液压形典型截面

形方法中材料不需要发生伸长变形,因此降低了对材料成形性的要求,有利于获得高精度复杂零件。

回弹是复杂薄壁截面零件制造的难点之一。大曲率半径异形薄壁零件回弹十分显著,并存在轴线回弹和截面回弹并存等问题,大尺寸高强薄壁零件的成形制造始终是行业的痛点。针对该项技术瓶颈,哈尔滨工业大学苑世剑团队提出了垂向加载应力均化法,其原理为:利用法向支撑下失稳应力提高的原理,在内压支撑下沿径向对零件进行压缩并使其达到屈服,将原来由弯曲变形导致的内拉外压的应力释放,从本质上克服先贴模部位因为塑性变形不足导致形状弹复的问题,其原理如图 1-8 所示。该技术已在火箭构件制造中得到应用。

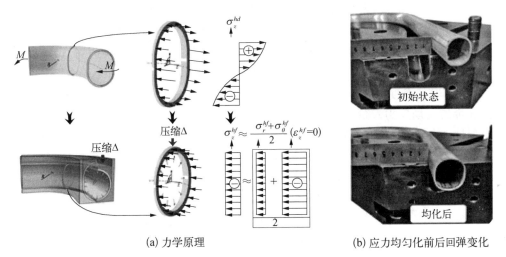

(a) 力学原理　　　　　　　　　　　(b) 应力均匀化前后回弹变化

图 1-8　垂向加载应力均化法

注: σ_z 为轴向应力; σ_r 为径向压力; σ_θ 为周向应力。

北京航星机器制造有限公司在发展了多年的多向挤压成形及增材制造技术的基础上,结合连续热挤压产品等截面的特点,开展了热挤压与充液镦压、增材制造等技术的复合成形研究,提高了产品的成形精度,并实现了非等截面/非直母线及带有凸台等局部结构的舱体类构件的精密成形,已在产品研制及批生产中得到应用,对高效低成本优质生产起到了重要作用。

1.2.3　热挤压成形仿真

从 20 世纪 70 年代开始,基于有限元法的结构线性分析已经成熟,并被工程界广泛采用。热挤压成形常用软件主要有 DEFORM、Dynaform、ANSYS、ADINA、Marc、ABAQUS 等,另外 LS-DYNA 也可以进行挤压、锻造等体积成形过程的分析，板材成形数值模拟软件有 Dynaform 等，超塑成形常用数值模拟软件有 Marc。这些软件包含众多的单元类型、材料模型及分析功能，并具有网格自动划分、结果分析和显示等先后处理功能。

有限元法作为一种数值计算分析方法，起初只是用于求解 20 世纪 50 年代航空航天领域的线性问题和静力分析，随着大型电子计算机的兴起以及有限元理论的日益完善，数值模拟方法（尤其是有限元法）在金属塑性加工领域已经成为一种先进的设计技术和手段，不但可以分析材料的变形和流动及应力应变分布规律，还能预测材料工艺缺陷的形成位置、形成条件和缺陷种类，用于指导工艺优化和模具设计，能够克服传统"试错法"的盲目性，节省大量人力、物力和时间。欧美工业发达国家均把成形制造数值模拟与优化作为优先资助和重点发展的技术领域，并已经大量应用于飞机、汽车等产品的成形制造过程。

近年来，铝合金成形数值模拟仿真方面的研究主要集中在数值仿真模型的建立，并预测工艺参数对于铝合金成形性能的影响等方面。Takuda 等对铝合金在 20～320℃进行单向拉伸试验并分析其结果，阐述了 150℃以上挤压成形时铝合金的流动应力及延伸率变化规律，建立了以应变硬化指数和强化因子的应用塑性强化准则的钢塑性材料模型[21]。严勇等以汽车铝合金油箱的拉深成形为例，对汽车铝合金成形过程进行有限元模拟，结合物理实验验证对比了使用不同屈服准则对有限元模拟结果精度的影响，明确了铝合金板料成形的有限元模拟，采用 YLD2000‐2D 屈服准则进行模拟实验为宜[22]。马闻宇等通过 AA6082 铝合金热压成形物理实验和仿真模拟分析相结合的方法，建立了一套 AA6082 铝合金热压工艺形变模型[23]。Yong 等分别采用三角形单元和线单元，假设材料各向同性并结合修正的库仑摩擦定律，用刚（黏）塑性有限元法分析研究了超塑性直壁筒、锥形件和方盒件充模胀形的过程[24]。S. Reza 等利用 Marc 软件对盆槽形件的成形过程进行了有效分析[25]。Bonet 等基于本构方程流动形式的几何假设提出了增量流动法，并将其应用于厚板复杂的零件超塑成形数值模拟中[26]。Chandra 等采用流动坐标系下的常应力常力矩三维薄壳单元、伪平衡概念的接触算法以及显式时间积分，对三维超塑成形进行了模拟[27]。

1.2.4　热挤压模具

采用模具制备的产品具备高度的一致性和极高的生产率，技术广泛应用于航空、航天、汽车、装备制造、建筑等领域。模具设计及制造随产品的材料、形状、尺寸、精度、粗糙度、工艺条件等因素变化，模具的好坏在很大程度上决定着产品的质量、效益和新产品创新开发能力，因此对设计及制造的专业化程度要求高。

工业发达国家已在铝合金挤压模具设计中广泛应用 CAD（计算机辅助设计，

computer-aided design）/CAE（计算机辅助工程，computer-aided engineering）/CAM（计算机辅助制造，computer aided manufacturing）技术，研发出了许多比较完善的二维智能模具设计软件，并开始了三维软件的设计开发。美国巴特尔纪念研究所（又名巴特尔实验室）研发了铝合金热挤压模具 CAD/CAM 集成系统"ALESTR"和"SHAPE"；英国有色金属技术中心（BNF）开发了有色金属热挤压模具 CAD/CAM 集成系统；意大利西科斯公司（SIGEXCO）开发了 CAD 系统"Olivetti"。随着模具设计及制造技术的完善和发展，国内的 CAD/CAE/CAM 技术在铝合金挤压设计中的应用已经逐渐得到普及。

随着挤压理论和弹塑性理论的日益完善，挤压模具设计制造领域已开始应用许多新型的实验和计算方法，如光弹光塑法、滑移线法、工程计算法、密栅纹云法、金属流动坐标网格法、上限元理论和有限元理论等被普遍用于模具应变场的确定和各种强度的校核，从而优化其结构和工艺要素。近年来国内外许多学者基于数值模拟和实验研究，聚焦基于 CAD/CAM 技术的模具优化设计方面。

现代模具产品趋向于典型的单件小批量、个性化、离散型生产，提高产品质量和生产效率，缩短模具设计制造周期，最大限度地降低生产成本及满足用户需求，适应技术和社会的进步，是模具领域不断追求的目标。因此热挤压成形模具设计制造发展的总体趋势是更加智能化、网络化、多元化。我国的模具设计制造产业在"中国制造 2025"的指引之下，也正加速向数字化、网络化、智能化方向发展，面向创新、提质、增效以及国际化方向转型升级的步伐在不断加快。

1.3　航天产品应用现状及需求

随着航天装备更新换代的速度越来越快、技术指标越来越高，其结构逐渐显现出大型化、异型化、轻量化、复杂化、一体化的特征，构件质强比要求不断提高，大型轻质合金构件结构轻量化、高强度、高性能、整体化的需求矛盾越来越突出。为满足航天产品需求，航天装备广泛采用铝合金、镁合金、钛合金等高性能合金，制备密封承载结构功能一体化燃料舱、设备舱，以及异型复杂承载端框、支撑支架等结构。上述复杂结构采用传统的铸造、锻造、钣焊等技术具有较大的局限性；热挤压技术作为一种精密塑性成形技术，具有成形能力高、成形精度高、产品力学性能高、生产效率高以及低成本等多方面优点，是实现异形复杂结构产品优质制造的优异工艺方法。

1.3.1　立式热挤压技术的应用与需求

立式热挤压技术是近净成型方法，基本的特点是成形零件的尺寸公差范围小、表面质量好、机加工余量小、材料利用率高、性能好、尺寸规格的一致性好，成形中可实现产品质量的有效控制，生产率高、成本低。我国自20世纪70年代开始探索立式热挤压技术，并逐步在航空、兵器、汽车、轨道交通、建筑及电子等领域实现产业化应用。

航天产品上大量使用的端框、法兰、接头、壁板、支架类等功能部件，典型产品见图1-9，原有的制造方法是采用厚板机加或自由锻后机加，材料利用率低、加工量大、占用加工设备时间长，整体制造效率低、成本高，大去除余量还可能导致零件加工过程中产生变形，影响零件的使用性能。立式热挤压技术能有效避免上述问题，充分挖掘现有材料潜力，大幅提高材料利用率和生产效率，并同时改善材料的组织性能，获得高性能的构件。

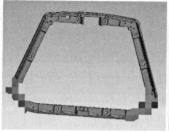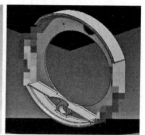

图1-9　典型航天端框类产品

新型航天产品性能指标不断大幅提升，对构件性能的要求也越来越高。近年来，航天产品批量化生产的规模也日益加大，对制造效率及成本也提出了越来越高的要求，立式热挤压技术的应用也就变得日益重要和迫切，尤其是精确热挤压成形技术的推广应用，对支撑我国新型航天装备的研制及批量化生产具有重要作用。

1.3.2　连续热挤压技术的应用与需求

连续热挤压技术在轨道交通、城市建设、电子通信等领域的应用较为广泛。近年来新型航天产品的结构不断呈现出轻量化、异型化、大型化的发展趋势，进而对结构高性能、高承载提出了更加苛刻的要求，也使原有的铸造+机加+焊接、钣金+机加+焊接制造方案越来越难以满足新型航天产品研制及批生产的需要。连续热挤压技术具有极高的制造效率和非常低的制造成本，且能实现舱体类薄壁产品的高性能、高质量制造，近年来逐渐在航天领域得到应用。代表产品为燃料舱，其结构复杂，集密封、贮油、承压/承力、顺序供油、抗过载、设备安装、进气道一体化设计等多种性能/功能要求于一体，既是承载结构也是功能部件，使用条件苛刻，是航天产品中的关重结构件。

航天装备燃料舱的典型结构如图 1-10 所示，多为单腔梯形或多容腔马鞍形的异型复杂薄壁结构。采用传统的铸造机加工艺进行制造，存在产品超重、性能不达标、合格率低三方面问题；采用传统的钣焊机加工艺制造，需要将燃料舱分割为多达 30 余块蒙皮分块成形加工，然后再逐块焊接组合而成，产品焊缝多、焊缝长、焊接变形大，产品尺寸精度和合格率低、生产周期长、综合成本高。连续热挤压成形可一次连续整体成形出 40 米长的复杂异型薄壁多腔或单腔等截面零件，后续再按航天产品设计要求定量切割为所需长度，大幅提升制造效率，同时大幅减少焊缝数量，且零件的变形易于控制，从而实现构件高质量、高精度、高效率及低成本制造。

图 1-10 典型单腔及多腔航天产品

连续热挤压技术在高性能、高效率、低成本以及轻量化制造方面，具有铸造机加、框架机加板焊等传统工艺无可比拟的优势，是新一代航天产品研制及批量化制造的重要技术途径。

1.3.3 多向热挤压技术的应用与需求

随着航天产品复杂程度的增加，对于侧向带有孔/凸台的箱体/框类等复杂构件的需求逐渐增大，目前该类构件常用的加工方法为厚板或棒材直接机加、铸造或分块焊接后机加。直接机械加工制造，工艺简单方便，但是材料利用率较低、成本高，对于一些结构复杂的产品，会切断金属流线，破坏金属流线的完整性，从而降低零件的机械性能；采用铸造后机加的方式制造，对于复杂结构零件，其内部不可避免地会存在晶粒组织粗大、砂眼、缩孔、缩松、裂纹等组织缺陷，从而影响产品的力学性能和质量；采用分块焊接的方式制造，工序流程长，焊缝多且长，焊接变形控制难度大，且易出现焊接缺陷。

多向热挤压作为一种相对于立式挤压适用性更强的精密近净成形技术，对于侧向带有孔/凸台的箱体/框类等复杂构件制造，具有以下技术优势。

（1）和传统的锻造工艺相比，多向热挤压可通过控制加载路径，进一步提高金属材料体积成形中的控制形状和微观组织，提高产品精度和性能效果，充分挖掘材料性能潜力，节约能源、材料，减少环境污染，实现"绿色制造"。

（2）多向热挤压可以改变成形过程中的应力应变状态，施加较小的变形力就可实现多个方向带孔穴和凸缘复杂形状零件的整体成形，对于变形抗力大、塑性差的合金材料锻件生产，其较普通锻造工艺的优势更为显著。

（3）具有较高的柔性成形能力，可以大幅度减少复杂零件加工工序，降低成本，缩短生产周期。

目前，航天领域在加工侧向带有孔/凸台的箱体/框类复杂构件时，普遍存在制件性能低、材料浪费严重等问题，多向挤压成形技术将为该类零件的整体高性能制造，特别是对大尺寸带有孔/凸台的箱体/框类复杂构件的高效高质量加工提供有效技术途径。

1.3.4 复合成形技术的应用与需求

随着航天产品性能及指标的不断提升，在轻量化、异型化、大型化的同时，变截面、非直母线以及带有局部特征的复杂结构的应用越来越多，同时对产品结构高性能、高承载、高精度等也都提出了更苛刻的要求，单一的制造技术越来越不能满足航天产品日益发展的需求。如图1-11所示的航天变截面及带有局部特征的复杂典型结构形式，其制造存在以下问题。

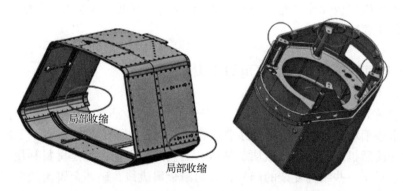

图1-11　航天变截面及带有局部特征的复杂典型结构

（1）采用铸造工艺：易产生缩孔疏松等缺陷，内部质量性能差；异型薄壁非对称结构热处理过程变形控制困难，难以满足产品精度要求，产品机加后构件壁厚不均匀，常导致超重；铸件端框与油箱主体焊接属异种材料焊接，接头质量差，难以达到一级焊缝标准并满足结构承载性能要求。

（2）采用钣焊工艺：蒙皮分块成形后拼焊焊缝多、焊缝质量稳定性差；焊接变形难于控制，多块蒙皮拼焊后产品型面精度差，难以满足型号外形精度要求；铸造骨架与变形铝合金蒙皮异种材料焊接性能低，焊接接头质量稳定性差。

（3）单一成形技术无法实现非直母线、变截面、带局部特征的复杂构件高精度制造，如单一连续热挤压技术难以整体成形变截面和局部带特征结构，单一增材制造效率低、成本高。

本书所述的复合成形制造指的是将挤压与增材、焊接、旋压等技术同步或者分步联合的制造方法，目的是实现非直母线、变截面以及带有局部特征的复杂结构的精密高效成形，该制造方法可解决复杂构件传统制造工艺成形精度与效率低，以及单一技术无法实现的复杂构件高精度整体成形等问题，是实现复杂结构航天产品高性能、高效、高精度、低成本制造的重要技术途径。

参 考 文 献

［1］ 黄伯云，肖鹏，陈康华. 复合材料研究新进展（上）［J］. 金属世界，2007（2）：46-48.

［2］ Rawal S. Metal-matrix composites for space applications［J］. JOM, 2001, 53（4）：14-17.

［3］ Rohatgi P K, Kumar P A, Chelliah N M, et al. Solidification processing of cast metal matrix composites over the last 50 years and opportunities for the future［J］. JOM, 2020, 72（8）：2912-2926.

［4］ Harrigan W C. Scaling up particulate-reinforced aluminum composites for commercial production［J］. JOM, 1991, 43（8）：32-35.

［5］ Miracle D B. Aeronautical applications of metal-matrix composites［M］. Ohio：ASM International, 2001：1043-1049.

［6］ 武高辉，匡泽洋. 装备升级换代背景下金属基复合材料的发展机遇和挑战［J］. 中国工程科学，2020, 22（2）：79-90.

［7］ 上海交通大学. 材料学院科学家助力人类首次登陆月球背面，为人类在月背留下第一道印迹贡献交大智慧［EB/OL］.（2019-01-04）［2023-10-30］. https://smse.sjtu.edu.cn/news-content.asp?id=2328.

［8］ 中国科学院光电技术研究所. 光电所在 SiCp/Al 复合材料精密加工方面取得重要进展［EB/OL］.（2018-04-24）［2023-10-20］. http://www.ioe.ac.cn/xwdt/kydt/201804/t20180424_5001181.html.

［9］ 杨朋军，李良，雷志强，等. SiC/Al 铝基复合材料在惯性器件上的应用研究［J］. 导航定位与授时，2016, 3（6）：63-66.

［10］ Panwar N, Chauhan A. Fabrication methods of particulate reinforced aluminium metal matrix composite — A review［J］. Materials Today：Proceedings, 2017, 5（2）：5933-5939.

［11］ Radhika N, Sam M. Tribological and wear performance of centrifuge cast functional graded copper based composite at dry sliding conditions［J］. Journal of Central South University, 2019, 26（11）：2961-2973.

［12］ Akhlaghi F, Lajevardi A, Maghanaki H M. Effects of casting temperature on the microstructure and wear resistance of compocast A356/SiCp composites：A comparison between SS and SL routes［J］. Journal of Materials Processing Technology, 2004, 155-156：1874-1880.

［13］ Lioyd D J. Particle reinforced aluminium and magnesium matrix composites［J］. International Material Review, 1994, 39（1）：1-23.

［14］ Han J M, Wu Z L, Cui S H, et al. Investigation of defects in SiCp/A356 composites made by a stir casting method［J］. Journal of Ceramic Processing Research, 2007, 8（1）：74-77.

[15] Mohanakumara K C, Rajashekar H, Ghanaraja S, et al. Development and mechanical properties of SiC reinforced cast and extruded Al based metal matrix composite [J]. Procedia Materials Science, 2014, 5: 934-943.

[16] 郑光文，丁伯良，白凤梅，等. 汽车发电机爪极浮动凹模双向闭式挤压热锻工艺 [J]. 安徽工业大学学报，2014, 31 (3): 250-253.

[17] 丁俊. 单拐曲轴闭式挤压成形工艺的模拟及试验研究 [D]. 北京：机械科学研究总院，2013.

[18] Chitkara N, Yohngjo K. Near-net shape forging of a crown gear: Some experimental results and an analysis [J]. International Journal of Machine Tools & Manufacture, 2001, 41 (3): 325-346.

[19] 赵德颖，孙惠学，苏升贵. 数值模拟在轿车转向节闭塞挤压成形中的应用 [J]. 热加工工艺，2007, 36 (13): 74-77.

[20] Zhu H, Caceres C H, Zhang X, et al. Investigation of streaking defects on aluminum extrusions [C]. The Sixth Pacific Rim International Conference on Advanced Materials and Processing. Jeju: Materials Science Forum, 2007: 341-344.

[21] Takuda H, Mori K, Takakura N, et al. Finite element analysis of limit strains in biaxial stretching of sheet metals allowing for ductile fracture [J]. Journal of Materials Processing Technology, 2001, 113 (1-3): 648-653.

[22] 严勇，刘晓东，郭玉峰，等. 基于 ABAQUS 的板料成形过程数值模拟 [J]. 机械工程学报，2010, 46 (10): 1-6.

[23] 马闻宇，李建军，王晓东，等. 基于 DEFORM-3D 的板料成形过程数值模拟 [J]. 热加工工艺，2018, 47 (5): 1-4.

[24] Yong H Kim, Dong W Kim, Young H Moon. Finite element analysis of sheet metal forming process using ANSYS [J]. International Journal of Mechanical Sciences, 1997, 39 (4): 419-436.

[25] Reza S, Mohammad B-J, Mohammad K. Finite element simulation of sheet metal forming process using MARC [J]. Journal of Materials Engineering and Performance, 2005, 14 (1): 49-55.

[26] Bonet J, Wood R D. An updated Lagrangian formulation for metal forming analysis [J]. International Journal for Numerical Methods in Engineering, 1997, 40 (21): 3999-4017.

[27] Chandra N, Shrivastava A. A finite element method for the analysis of sheet metal forming processes in a Lagrangian framework [J]. International Journal of Solids and Structures, 1998, 35: 4601-4620.

第二章 热挤压原理与组织性能调控

本章主要介绍金属热挤压塑性变形机制及动态再结晶理论基础、不同挤压方式的金属流动规律，以及挤压变形过程的应力与应变、附加应力与残余应力等，从微观组织变形行为、晶粒组织与力学性能的关系等方面阐述热挤压原理、组织与性能关系及调控方法，旨在指导读者以热挤压变形原理、变形分析解析为基础，实现热挤压组织性能调控。

2.1 热 挤 压 原 理

2.1.1 微观变形机制

1. 金属塑性成形变形机制

金属塑性成形是利用金属的塑性，在外力的作用下使其产生塑性形变，从而获得所需形状和尺寸的常见金属加工方法之一[1]。塑性变形机制可分为三类：剪切塑性变形机制、扩散塑性变形机制及晶间塑性变形机制。

剪切塑性变形机制如图 2-1 所示，主要有滑移和孪生两种形式。

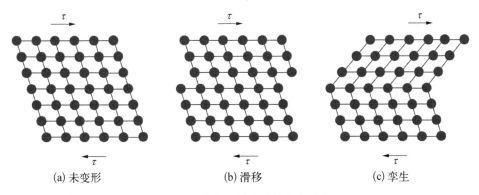

(a) 未变形　　　　　　　(b) 滑移　　　　　　　(c) 孪生

图 2-1 剪切塑性变形的基本形式

滑移是指在剪应力作用下，晶体的一部分相对于另一部分沿着一定晶面和晶向产生的移动，我们常常通过滑移系来断定金属变形能力的大小。滑移系由滑移面和滑移方向组成，其可以是多个，也可以是单个，数量越多则产生滑移的可能性越大，即塑性越好。金属三种典型晶格的滑移系如表 2.1 所示。铝合金属于面心立方晶格金属，具有 4 个滑移面，3 个滑移方向，其滑移系为 12 个，镁合金为代表的密排六方晶格金属只有 3 个滑移系，因此铝产生滑移的可能性相对更大。

表 2-1　金属三种典型晶格的滑移系

晶格	体心立方晶格		面心立方晶格		密排六方晶格	
滑移面	{110}×6	{110} {111}	{111}×4	{111}	六方底面×1	六方面 对角线
滑移方向	⟨111⟩×2	⟨111⟩	⟨110⟩×3		底面对角线×3	
滑移系	6×2=12		4×3=12		1×3=3	

2. 热变形过程的软化机制

金属在热塑性变形过程中主要发生加工硬化和动态软化两个相反的过程。在变形初始阶段，合金内部位错密度逐渐增大并相互作用形成位错塞积，导致合金应力快速增大，此时加工硬化起主要作用。随着变形程度的增加，合金发生动态软化，动态软化机制主要包括动态回复和动态再结晶[2]。合金在热压缩过程获得的应力-应变曲线可分为两种类型，分别对应于动态回复和动态再结晶两种软化机制。其中，动态回复对应的应力应变曲线如图 2-2（a）所示，应力在达到峰值后，其大小随着应变量的增加趋于稳定。动态再结晶对应的应力应变曲线如图 2-2（b）所示，流变应力在达到峰值后，其大小随着应变量增加而逐渐下降。合金发生动态回复与动态再结晶的程度及相对应的组织特征决定了材料的热

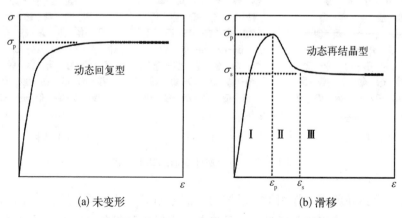

(a) 未变形　　　　　　　　　　(b) 滑移

图 2-2　合金热压缩典型流变应力-应变曲线[3]

注：σ 为应力；ε 为应变；σ_p 为应力峰值；ε_p 为应力达到峰值时的应变；σ_s 为发生
动态再结晶时下跌并趋于恒定的应力；ε_s 为应力趋于恒定时的应变。

加工性能，金属热挤压过程同样存在动态软化。

动态回复，是指合金在高温变形过程中位错分布不均匀，形成封闭的胞壁，把晶体分割成许多低位错密度的小区，形成胞状结构。随着变形的进行，位错胞壁发生多边形化并形成规则的边界，形成小角亚晶，使增殖的位错被吸引至亚晶界上，合金内部的位错密度降低，抵消部分加工硬化作用引起的应力提升。动态回复机制主要包括：① 刃型位错攀移；② 螺型位错交滑移；③ 滑动螺型位错上刃型割阶的非守恒运动；④ 点缺陷钉轧位错的脱钉及三维位错网络的脱缠。动态再结晶指合金在热变形过程中，当动态回复软化不足以抵消加工硬化时，在某一变形条件下，合金内部储存能超过临界变形能，材料发生再结晶形核及晶粒长大的过程。动态再结晶可分为三种类型[4]：连续动态再结晶、不连续动态再结晶与几何动态再结晶。连续动态再结晶由小角度亚晶界向大角度晶界转化来实现，不连续动态再结晶存在晶粒形核和长大两个过程，而几何动态再结晶由原始大角度晶界相互接触形成细小等轴晶粒完成。

铝合金属于高层错能金属材料，其扩展位错较窄，在高温下位错容易发生攀移和滑移诱发动态回复。对于低层错能金属材料，如铜合金等，其扩展位错宽，位错运动难以进行，储存的变形能超过临界值后容易诱发动态再结晶。合金发生何种动态软化机制不仅仅取决于材料的层错能，大量研究表明，铝合金在满足一定条件时也会发生动态再结晶。如沈健[5]研究了 Al－Zn－Mg－Cu 系合金热压缩变形时微观组织演变规律，发现温度较低时合金只发生动态回复，温度升高时合金发生动态再结晶。陈修梵等[6]对 7050 铝合金进行等温热压缩试验的结果表明，在低温高应变速率条件下，合金以动态回复为主，随着温度升高和应变速率降低，合金发生动态再结晶趋势增强。Huang 等[7]在研究 6016 铝合金热模拟试验时发现，合金软化机制主要以动态回复为主，在高温高应变速率下发生部分动态再结晶。

3. 挤压对金属组织和性能的影响

挤压对金属组织和性能的影响主要体现在以下几方面：

（1）细化显微组织。挤压变形中的金属处于三向应力状态，强烈的作用力使得金属晶粒受压或受拉而破碎，变成细小的晶粒，同时也有部分被拉长，本来杂乱无章的晶粒分布由于挤压作用而变得取向一致，晶粒细化和晶粒变形都会使材料的性能得到提高，也就是常说的变形强化[8]。

（2）力学性能方向性。一般情况下，金属流动方向与挤压凸模运动方向相同或者相反，沿着一个方向单一运动，因此导致力学性能存在方向性，与挤压流线平行的纵向和与挤压流线垂直的横向的力学性能不同，为了延长零件的使用寿命，需要保证流线的完整性，最好避免对挤压件进行切削加工。

（3）力学性能的变化。挤压过程中由于金属发生形变，内部组织也产生相应的变化，材料的强度、硬度会有一定的提升，塑性则会有所降低。对于铝合金来说，在力学上的变化是非常明显的。

2.1.2　金属流动规律

研究金属在挤压变形过程中的流动行为具有极其重要的实际意义。挤压产品的组织、性能、表面质量、外形尺寸和形状精度、材料利用率、挤压模具设计的合理性以及挤压生产效率等，均与金属流动有着十分密切的关系。

1. 正挤压实心件流动分析

为了解金属正挤压时的流动情况，可将圆柱体坯料切成两块，在其中的一块剖面刻上均匀的坐标网格，如图 2 - 3 (a) 所示，并在剖面上涂润滑油，再与另一块的剖面拼合在一起放入挤压凹模模腔内进行正挤压。当挤压至某一时刻时停止挤压，取出试件，将试件沿拼合面分开，此时可以清晰地观察到坐标网格的变化情况。

假如凹模出口形状和润滑状态是理想的，则挤出的材料变形为图 2 - 3 (b) 所示均匀的无剪切变形的理想变形。理想润滑时的挤压金属变形如图 2 - 3 (c) 所示。可以看到，坯料的边缘接近凹模孔口时才发生变形；坯料的中心部分首先开始变形，横格线向挤压方向弯曲，接近模具孔口部分的弯曲程度最大；而与模具型腔表面的接触部分，却倾向于停留不动，其表现是位于表层的横格线间隔基本不变；由于锥面的推挤作用，纵向方格线向中心靠拢，发生不同程度的扭曲，位于模具孔口附近的扭曲变形最为显著。可见，变形主要集中在模具孔口附近。处于凹模下底面转角处的那一小部分金属很难变形或停留不动，被称为死区。死区的大小与摩擦、凹模锥角、变形程度有关。

在实际生产中，由于外部摩擦、工件形状、变形程度及其他因素的影响，润滑条件达不到理想的情况，坯料与模具表面之间的摩擦会使变形不均匀程度加剧，见图 2 - 3 (d)。其表现是网格歪扭得更严重，死区也相应比较大。横向坐标线在出口处发生了较大的弯曲，且中间部分弯曲更剧烈，这是由于凹模与被挤压坯料表面之间存在着接触摩擦，使金属在流动时外层滞后于中层。

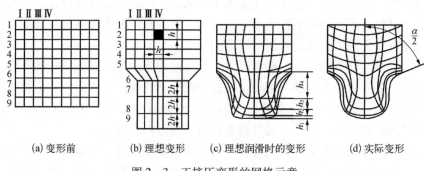

| (a) 变形前 | (b) 理想变形 | (c) 理想润滑时的变形 | (d) 实际变形 |

图 2 - 3　正挤压变形的网格示意

正挤压时坯料大致分为变形区、不变形区（待变形区、已变形区和死区），见图2-4（a）。因为变形区始终处于凹模孔口附近，只要压余厚度不小于变形区的高度，变形区的大小、位置就都不变，所以正挤压变形属于稳定变形。变形区的应力状态与应变状态见图2-4（b）。

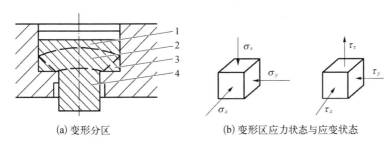

(a) 变形分区   (b) 变形区应力状态与应变状态

图2-4 正挤压变形分区

1—待变形区；2—变形区；3—死区；4—已变形区

注：σ_x为周向应力；σ_y为经向应力；σ_z为轴向应力；τ_x为周向应变；τ_y为经向应变、τ_z为轴向应变。

从上述分析可以看出，正挤压实心件的变形特点是：金属进入变形区才发生变形，此区称为剧烈变形区；进入此区以前或离开此区以后，金属几乎不变形，仅作刚性平移。在变形区内，金属的流动是不均匀的，中心层流动快，外层流动慢；而当进入稳定变形阶段以后，不均匀变形的程度是相同的。在凹模出口转角处会产生程度不同的"死区"

2. 正挤压空心件流动分析

正挤压空心件的坐标网格变化情况见图2-5。坯料除了受凹模工作表面的接触摩擦影响外，还受到芯棒表面接触摩擦的影响，因而坯料上的横向坐标线向后弯曲，不再有产生超前流动的中心区域，这说明正挤压空心件的金属流动比正挤压实心件均匀一些。在进入稳定流动时，剧烈变形区也集中在凹模锥孔附近高度很小的范围内，金属在进入变形区以前或离开变形区以后几乎不发生塑性变形，仅作刚性平移。

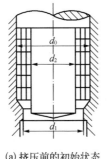 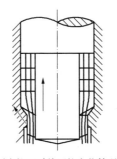

(a) 挤压前的初始状态   (b) 挤压时的网格变化情况

图2-5 正挤压空心件的金属流动情况

3. 反挤压变形流动分析

用实心坯料反挤压杯形件时，挤压变形过程的坐标网格变化情况见图2-6。

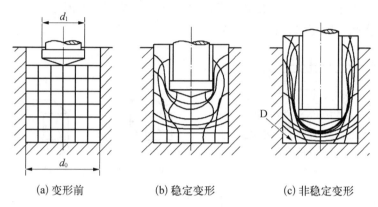

(a) 变形前   (b) 稳定变形   (c) 非稳定变形

图2-6 反挤压变形的网格示意图

图2-6（b）表示高径比大于1的坯料进入稳定挤压状态时的网格变化情况。此时可将坯料内部的变形情况分为五个区域（图2-7）：1区为金属已变形区；2区为金属"死区"，它紧贴着凸模端表面，呈倒锥形，该锥形大小随凸模端表面与坯料间的摩擦阻力大小而变化；3区为变形区，坯料金属在此区域内产生剧烈流动，该区的轴向范围大约为（0.1~0.2）d_1（d_1为反挤压凸模直径），当凸模下行，直到坯料底部尺寸仍大于此界限尺寸时，仍为稳定变形状态，金属流动局限于3区内；4区为过渡区；5区即紧贴凹模腔底部的一部分金属，保持原状，不产生塑性变形，当凸模再继续下行到坯料底厚小于此界限尺寸时，在此底厚内的全部金属材料皆产生流动，成为如图2-6所示的非稳定变形状态。图中D表示金属死区。反挤压变形区的应力状态与应变状态见图2-7（b）。

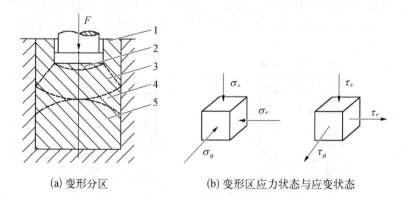

(a) 变形分区   (b) 变形区应力状态与应变状态

图2-7 反挤压变形分区

1—已变形区；2—死区；3—变形区；4—过渡区；5—待变形区

由图 2-7 可以看出，反挤压时内壁的变形程度大于外壁。同时，强烈变形区的金属一旦到达筒壁后就不再继续变形，仅在后续变形金属的推动和流动金属本身的惯性力作用下以刚性平移的形式向上运动。

4. 复合挤压变形流动分析

复合挤压是正挤压与反挤压的组合，有很多种复合的情况，其坐标网格的变化情况见图 2-8。复合挤压存在向不同出口挤出的流动分界面，即分流面。分流面的位置影响两端金属的相对挤出量，但由于受到零件形状及变形条件（如模具结构、摩擦润滑等）的影响，分流面至今尚无简单的确定方法。

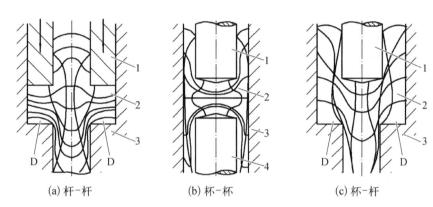

(a) 杆-杆　　　　　　(b) 杯-杯　　　　　　(c) 杯-杆

图 2-8　复合挤压变形的网格图

1—凸模；2—工件；3—凹模；4—下凸；D—死区

5. 挤压变形在不同阶段的金属流动行为

根据金属在挤压过程中的流动特点，为方便研究问题，通常把挤压变形过程划分为填充挤压、基本挤压和终了挤压三个阶段。这三个阶段分别对应于挤压力行程曲线上的 Ⅰ、Ⅱ、Ⅲ 区，如图 2-9 所示。

1）填充挤压阶段金属流动行为

挤压时，为了便于将坯料装入挤压筒内，坯料直径应比挤压筒内径小 0.5～10 mm（其中小挤压筒取下限，大挤压筒取上限）。理论上用填充系数 R_f 来表示这一差值：

$$R_f = F_f / F_o \qquad (2-1)$$

式中，F_f 为挤压筒面积；F_o 为坯料原始断面积。通常 $R_f = 1.04 \sim 1.15$，其中小挤压筒取上限，大挤压筒取下限。

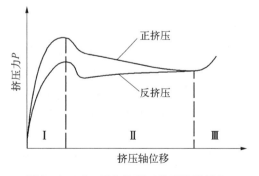

图 2-9　正、反向挤压时典型的挤压力-行程（挤压轴位移）曲线

由于挤压坯料直径小于挤压筒内径，因此在挤压轴压力的作用下，根据最小阻力定律，金属首先向间隙流动，产生镦粗，直至金属充满挤压筒。这一过程一般称为填充挤压过程或填充挤压阶段。

2）基本挤压阶段金属流动行为

基本挤压阶段从金属开始流出模孔到正常挤压过程即将结束时为止。在此阶段，当挤压工艺参数与边界条件（如坯料的温度、挤压速度、坯料与挤压筒壁之间的摩擦条件）无变化时，随着挤压的进行，正挤压的挤压力逐渐减少，而反挤压的挤压力则基本保持不变，如图2-9所示。这是因为正挤压时坯料与挤压筒壁之间存在摩擦阻力，随着挤压过程的进行，坯料长度减少，与挤压筒壁之间的接触摩擦面积减少，因而挤压力下降；在反挤压时，由于坯料与挤压筒之间无相对滑动，因而摩擦阻力无变化。

3）终了挤压阶段金属流动行为

在基本挤压阶段，可以认为挤压筒内的塑性变形区高度基本保持不变（尽管对于流动类型Ⅲ的情形，由于挤压筒壁上摩擦的作用，坯料后端部分也有少量变形发生，但与模孔附近的变形相比要小得多）。传统理论认为，当挤压筒内坯料的剩余长度减小到与稳定流动塑性区的高度相等（即垫片接触塑性变形区）时，挤压力开始上升，金属流动进入终了挤压阶段（或称紊流挤压阶段），对应于图2-9中的Ⅲ区。

终了挤压阶段第一个显著的特点是金属径向流动速度增加。如图2-10所示，在垫片未进入变形区前，变形区体积保持不变，金属从模孔中流出的量与进入变形区的量相等。而当垫片进入变形区后，变形区体积减小，塑性区与刚性区交界面积减小，在挤压速度、流出速度和挤压比不变的条件下，要满足体积不变条件，势必增加径向流速，以弥补金属轴向供给量的不足，致使金属流动进入紊流状态。

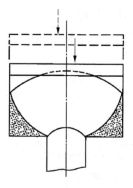

图2-10 终了挤压阶段垫片与变形区的交界

终了挤压阶段的第二个特点是挤压力迅速上升（图2-9）。关于挤压力上升的传统观点是：① 由于垫片进入变形区，金属径向流动速度增加，并导致金属与垫片间的滑动速度增加；② 挤压筒内金属的体积减小，冷却较快，变形抗力增加；③ 死区也参与变形。所有这些因素均会使挤压力增加，但需要指出的是垫片开始接触塑性变形区的时刻，未必是与挤压力开始上升的时刻相一致的。

数值模拟结果表明，挤压力是在垫片开始接触塑性变形区以后继续挤压一定时间才达到最大。关于终了挤压阶段金属的流动，纯塑性模拟实验的结果提出了一种新的流动模型，从而对此阶段挤压力上升的原因给予了另外一种解释。

在终了挤压阶段不同时刻终止挤压，所得压余内的塑性区变化情况如图 2－11 所示。在此情况下，挤压力从基本挤压阶段的最小值重新开始上升的时刻，对应图 2－11（a）所示的塑性区形状，此时垫片离塑性区尚有一段距离，在垫片与筒壁的交界处形成了两个很小的新的塑性区；进一步挤压时，此两个塑性区迅速增大，原来的塑性区体积也增大［图 2－11（b）］，然后三个塑性区互相连通并将刚性区分割成三个小区［图 2－11（c）］；再进一步变形，两侧的小刚性区和后端刚性区相继消失，直到产生最后缩尾［图 2－11（d）］。因此，终了挤压阶段挤压力上升的原因可以这样解释：在终了挤压阶段的初期，由于塑性区体积迅速增加，变形所需的能量上升，从而挤压力迅速上升；在此阶段的后期，塑性区体积明显减小而挤压力仍继续上升，才是前述传统观点的原因所致。

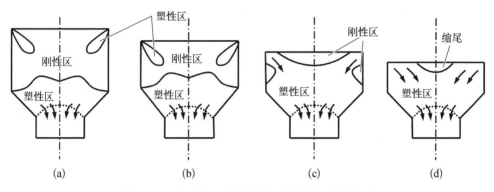

图 2－11　终了挤压阶段塑性区的变化与金属流动

由于图 2－11 的模型是采用光塑性模拟法在室温下实验得出的，可以认为该模型适合具有良好润滑条件的冷、温挤压时的情形，而前述的传统解释模型、数值模拟结果适合无润滑热挤压的情形。

终了挤压阶段的第三个特点是，当压余厚度很薄时，一般要形成缩尾。

2.1.3　挤压变形的应力与应变

2.1.3.1　挤压变形的应力与应变状态

正挤压与反挤压主要变形区的应力应变关系如图 2－4（b）和图 2－7（b）的单元体所示。挤压时变形区的应力状态是三向受压，变形是两向压缩、一向向外挤出伸长的应变状态。杯形件反挤压可把变形区分为内、外两个不同区域：内区域的变形与圆柱体镦粗类似，是一向压缩、两向伸长的应变状态；外区域的变形与受内压的圆环变形类似，是两向伸长（轴向和切向）、一向压缩（径向）的应变状态。

2.1.3.2　挤压变形程度

挤压变形程度表示方法有以下三种。

1. 断面减缩率 ε_A

$$\varepsilon_A = \frac{A_0 - A_1}{A_0} \times 100\% \tag{2-2}$$

式中，A_0、A_1分别是挤压变形前坯料和挤压变形后工件的横截面积，单位为 mm^2。

实心坯料正挤压的断面减缩率为

$$\varepsilon_A^{\text{正}} = \frac{d_0^2 - d_1^2}{d_0^2} \times 100\% \tag{2-3}$$

用实心坯料反挤压圆杯形件的断面减缩率为

$$\varepsilon_A^{\text{反}} = \frac{d_1^2}{d_0^2} \times 100\% \tag{2-4}$$

2. 挤压比 G

$$G = \frac{A_0}{A_1} \times 100\% \tag{2-5}$$

3. 对数变形程度 τ

$$\tau = \ln \frac{A_0}{A_1} \tag{2-6}$$

三者之间存在如下关系：

$$\varepsilon_A = 1 - \frac{1}{G}, \quad \tau = \ln G, \quad \tau = \ln \frac{1}{1 - \varepsilon_A} \tag{2-7}$$

2.1.3.3　应力状态对挤压变形的影响

1. 对塑性的影响

在塑性成形中，变形区内的金属受拉应力的影响越小、受压应力的影响越大，则塑性越高；相反，则塑性越低。因此，挤压变形可以大大提高被挤压坯料的塑性。三向压应力之所以可提高被挤压材料的塑性，归纳起来主要有以下几个原因。

（1）三向压应力状态能遏止晶间相对移动，阻止晶间变形，从而提高塑性。拉应力下金属的塑性低，是由于拉应力会促进晶间变形，加速晶界的破坏。

（2）三向压应力状态有利于消除由于塑性变形引起的各种破坏，能促使被破坏的晶内和晶间的联系得到恢复。不仅使金属变得致密，还能使各种显微裂纹甚至宏观破坏得到修复。

（3）三向压应力状态能使金属内某些夹杂物的危害程度大为降低。金属内部夹杂物的存在，正如内部空洞一样会产生应力集中带来的危害。

（4）三向压应力状态可以抵消或减小由不均匀变形面引起的附加拉应力，从而减轻附加拉应力所造成的破坏作用。

三向压应力状态可以提高金属材料塑性的关键是平均应力 σ_m。应力状态中的压应力个数多、数值大，平均应力 $\sigma_m = \frac{1}{3}(\sigma_1 + \sigma_2 + \sigma_3)$ 也就增大，则塑性就越优异。因此，在加工一些塑性很差的金属材料时，可采用施加反向推力挤压〔图 2-12（a）〕或采用包套挤压〔图 2-12（b）〕的方法，以进一步增加平均应力，提高塑性。

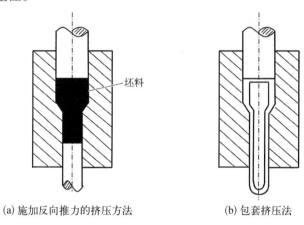

坯料

(a) 施加反向推力的挤压方法   (b) 包套挤压法

图 2-12　提高韧性的挤压方法

2. 对变形抗力的影响

应力状态对变形抗力的影响很大。例如，用挤压和拉拔方法加工同种材料、同样尺寸的零件，实测得挤压所需变形抗力为 450 MPa，总挤压力 F 为 35 kN，拉拔所需变形抗力为 220 MPa，总拉拔力 F 为 11 kN，挤压所需的单位挤压力约为冷拉拔的 2 倍，见图 2-13。这说明像挤压这样的塑性成形工艺，由于变形区内的基本应力状态为三向压应力，因而会增大材料的变形抗力。这种现象可以从屈服准则得到解释，米泽斯（Mises）屈服准则表达式 $(\sigma_1 - \sigma_2)^2 + (\sigma_2 - \sigma_3)^2 + (\sigma_3 - \sigma_1)^2 = 2\sigma_s^2$ 是在三向同号应力状态下推导出来的。由该式可知，必须使三向压应力之差的平方和达到 $2\sigma_s^2$，材料才开始产生塑性变形。而像拉拔"二压一拉"异号应力状态的屈服准则表达式为 $(\sigma_1 + \sigma_2)^2 + (\sigma_2 - \sigma_3)^2 + (\sigma_3 + \sigma_1)^2 = 2\sigma_s^2$，左边三项只有一项是应力之差的平方，而两项变为应力之和的平方；这说明，"二压一拉"的应力状态（冷拉拔）容易使左边三项数值之和达到 $2\sigma_s^2$。这就是加工相同零件时，挤压的变形抗力大于拉拔的原因。

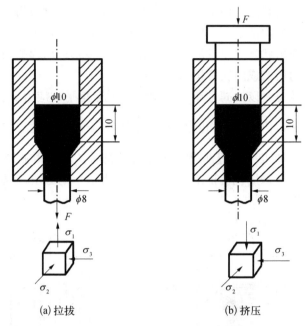

(a) 拉拔   (b) 挤压

图 2-13   不同加工方法对变形抗力的影响（单位：mm）

2.1.4 挤压变形的附加应力与残余应力

1. 挤压变形附加应力

在塑性变形过程中，变形金属内部除了存在与外力相应的基本应力以外，还由于物体内各层的不均匀变形受到变形体整体性的限制，从而引起变形金属内部各部分自相平衡的应力，也就是附加应力。挤压时，同样也会产生附加应力，图 2-14 为正挤压时产生的附加应力示意图。其产生机制为由于凹模内壁与变形金属之间存在着摩擦阻力，使得中心部分金属材料的流速大于外层金属材料的流速，但由于内外层金属是一个整体，流动快的金属力图使流动慢的金属快些流动，流动慢的金属又力图使流动快的金属慢些流动，这样便产生了自相平衡、相互牵制的应力——附加应力。外层金属的附加应力是拉应力，中层金属的附加应力是压应力。

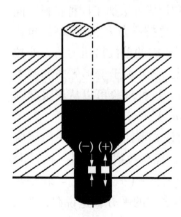

图 2-14 正挤压时产生的附加应力

正挤压的基本应力都是压应力。但由于金属流动不均匀，会在外层产生不利于塑性变形的附加拉应力。基本应力与附加应力的代数和就是工作应力。如果被挤材料的塑性较差，该附加拉应力可能使工件产生开裂。

2. 附加应力产生的原因

附加应力是由于材料各部分变形不均匀而产生的，而挤压时的变形又往往是不均匀的，因此产生附加应力是难免的。挤压时产生不均匀变形的主要原因如下。

（1）变形金属与模具之间存在着摩擦力。由此引起内外层金属流动不均匀，从而产生附加应力。

（2）各部分金属流动阻力不一致，例如反挤杯形件时，由于模具对中不好，会造成凸、凹模之间间隙不均匀。间隙大的位置阻力较小，间隙小的位置阻力较大，从而引起金属流动不均匀，产生附加应力。

（3）变形金属的组织结构不均匀。变形金属的组织结构往往是不均匀的，例如晶粒有大有小，方位也不相同，从而引起不均匀变形，导致附加应力的产生。

（4）模具工作部分的形状与尺寸不合理。例如，在正挤压时，如果凹模工作带高度尺寸不一致，那么在工作带较高的一边（h_2）的金属流动速度将慢于较矮的一边（h_1），造成挤压件产生弯曲，在挤件内部产生相互牵制的附加应力（图 2 - 15）。

附加应力可以分为三种：在变形体中，为了平衡几个大的部分之间由于不均匀变形而产生的附加应力，称为第一种附加应力；为了平衡两个或几个晶粒之间由于变形不均匀分布而产生的附加应力，称为第二种附加应力；为了平衡一个晶粒内部由于各部分之间的不均匀变形而产生的附加应力，称为第三种附加应力。

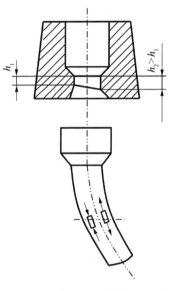

图 2 - 15 凹模工作带高度尺寸不一致所引起的附加应力

3. 残余应力

引起塑性变形的作用力取消以后，随之消失的仅是基本应力。附加应力不是由外力引起的，而是为了自身平衡而产生的。因此，当外力取消以后，附加应力并不消失而是残留在变形体内部，称为残余应力。与附加应力相同，残余应力也是互相平衡的。与三种附加应力相对应，残余应力也可分为三种，即第一残余应力、第二残余应力和第三残余应力。

4. 附加应力和残余应力的危害性

一般说来，附加应力和残余应力是有害的。它会引起以下后果：

（1）缩短挤压件的使用寿命。若具有残余应力的挤压件承受载荷，则其内部作用的应力为外力引起的基本应力与残余应力之和，因此易于产生变形或开裂，从而缩短使用寿命。

（2）引起挤压件尺寸及形状的变化。在挤压件内部作用着相互平衡的残余应力，表明各部分存在不同的弹性变形和品格畸变。当残余应力消失或平衡受到破坏后，相应的物体各部分的弹性变形也发生变化，从而引起物体尺寸或形状的改变。

（3）降低金属的抗蚀性。当挤压件表层具有残余应力时，会降低其耐蚀性。此外，残余应力还会使金属的塑性、冲击韧性及疲劳强度等降低。

2.2 挤压产品组织及性能

2.2.1 挤压产品的组织

1. 挤压产品组织

就实际生产中广泛采用的普通热挤压而言，挤压产品的组织与其他加工方法的组织（如轧制、锻造）相比，其特点是组织不均匀，在产品的断面与长度方向上都很不均匀，一般是头部晶粒粗大，尾部晶粒细小，中心晶粒粗大，外层晶粒细小（热处理后产生粗晶环的产品除外）。

挤压产品的组织在断面和长度上出现不均匀，主要是由不均匀变形引起的。根据挤压流动变形的特点可知，在产品断面上，由于在挤压过程中受模子形状约束和摩擦阻力作用，外层金属主要承受剪切变形，且一般情况下金属的实际变形程度由外层向内层逐渐减小，造成在挤压产品断面上出现组织的不均匀性。在产品长度上，同样是由于模子形状约束和外摩擦的作用，使金属流动不均匀性逐渐增加，所承受的附加剪切变形程度逐渐增加，从而使晶粒遭受破碎的程度由产品的前端向后端逐渐增大，导致产品长度上的组织不均匀。

造成挤压产品组织不均匀的另一个因素是挤压温度与挤压速度的变化。一般在挤压比较小、挤压速度极慢的情况下，坯料在挤压筒内停留时间长，坯料前部在较高温度下进行塑性变形，金属在变形区内和出模孔后可以进行充分的再结晶，故晶粒较大；坯料后端由于温度低（挤压筒的冷却作用造成），金属在变形区内和出模孔后再结晶不完全，故晶粒较细，甚至出现纤维状冷加工组织。而在挤压铝和软铝合金时，由于坯料的加热温度与挤压筒温度相差不大，当挤压比较大或挤压速度较快时，由于变形热与坯料表面摩擦热效应较大，可使挤压中后期变形区内温度明显升高，因此也可能出现产品中后段的晶粒比前端大的现象。

2. 粗晶环

挤压产品组织的不均匀性还表现在某些金属或合金在挤压或随后的热处理过程中，在其外层出现粗大晶粒组织，通常称为粗晶环，如图 2-16 所示。

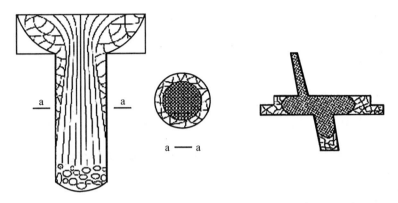

图 2-16　2A11 挤压棒材和 2A12 挤压型材淬火后的粗晶环组织

根据粗晶环出现的时间，可将其分为以下两类。

第一类是在挤压过程中形成的粗晶环，例如纯铝、MB15 镁合金挤压产品的粗晶环等。这类粗晶环的形成原因是，金属的再结晶温度比较低，可在挤压温度下发生完全再结晶。如前所述，由于模子形状约束与外摩擦作用造成金属流动不均匀，外层金属所承受的变形程度比内层大，晶粒受到剧烈的剪切变形，晶格发生严重的畸变，从而使外层金属再结晶温度降低，容易发生再结晶并长大，形成粗晶组织。由于挤压不均匀变形从产品的头部到尾部逐渐加剧，粗晶环的深度也由头部到尾部逐渐增加。挤压不均匀变形是绝对的，所以任何一种挤压产品均有出现第一类粗晶环的倾向，只是由于有些合金的再结晶温度比较高，在挤压温度下不易产生再结晶和晶粒长大，或者因为挤压流动相对较为均匀，不足以使外周层金属的再结晶温度明显降低，从而不容易出现粗晶环。

第二类粗晶环是在挤压产品的热处理过程中形成的，如含 Mn、Cr、Zr 等元素的热处理可强化铝合金（2A11、2A12、2A02、6A02、2A50、2A14、7A04 等），这些铝合金挤压产品在淬火后，常可出现如图 2-17 所示较为严重的粗晶环组织。

粗晶环的形成原因与不均匀变形及合金中含 Mn、Cr 等抗再结晶元素有关。Mn、Cr 等元素因溶于铝合金中能提高再结晶温度，合金中的化合物 $MnAl_6$、$CrAl_7$、Mg_2Si、$CuAl_2$ 等可阻止再结晶晶粒的长大。挤压时，由于模具几何约束与强烈的摩擦作用，使外层金属流动滞后于中心部分，外层金属内呈很大的应力梯度和拉附应力状态，因此促进了 Mn 等元素的析出，使固溶体的再结晶温度降低，产生一次再结晶，但因第二相由晶内析出后呈弥散质点状态分布在晶界上，阻碍了晶粒的集聚长大。这种情况下，挤压后铝合金产品外层会呈现细晶组织。

淬火加热时，由于温度高，析出的第二相质点又重新溶解，会使阻碍晶粒长大的作用消失。在这种情况下，二次再结晶的一些晶粒开始吞并周围的晶粒并迅速长大，形成粗晶组织，即粗晶环。挤压产品的中心区，由于挤压时呈稳定流动状态，变形比较均匀，又由于受附加压应力作用，不利于 Mn 等的析出，金属的再结晶温度较高，不易形成粗晶。

粗晶环是铝合金挤压产品常见的组织缺陷，它可引起产品的力学性能和耐蚀性能降低，例如可使金属的室温强度有较大的降低，如表 2-2 所示。

表 2-2 2A12（LY12）T4 合金型材粗细晶区力学性能

取样部位	取样区	取样方向	典型性能			图　例
			σ_b/MPa	$\sigma_{0.2}$/MPa	伸长率 δ/%	
1	粗晶区	纵　向	446	354	3.6	
2	细晶区	纵　向	545	438	15.4	
3	粗晶区	纵　向	419	349	16.4	
4	细晶区	纵　向	540	446	12.9	
5	粗晶区	纵　向	462	372	16.1	
6	粗晶区	长横向	415	326	13.2	
7	过渡区	长横向	421	320	12.2	
8	细晶区	长横向	449	378	10.2	

注：σ_b 为抗拉强度；$\sigma_{0.2}$ 为屈服强度。

要减少或消除粗晶环，应该围绕两个方面采取措施，一是尽可能减少挤压时的不均匀变形，二是控制再结晶的进行。

3. 层状组织

在挤压产品中，常常可以观察到层状组织，即片状组织。其特征是产品在折断后呈现出与木质相似的断口，分层的断口表面凹凸不平，分层的方向与挤压产品轴向平行，后续塑性加工或热处理均无法消除这种层状组织。层状组织对产品纵向（挤压方向）力学性能影响不大，但可使产品横向力学性能降低。例如，用带有层状组织的材料做成的衬套所能承受的内压要比无层状组织的材料低 30% 左右。

实际生产经验证明，产生层状组织的基本原因是坯料组织中存在的大量微小气孔、缩孔，或是在晶界上分布的较多未被溶解的第二相或者杂质等，在挤压时被拉长。层状组织一般出现在产品的前端，这是由于在挤压后期金属变形程度大且流动紊乱程度增加，从而破坏了杂质薄膜的完整性，使层状组织程度减弱。

在铝合金中，6A02（LD2）、2A50（LD5）等容易出现层状组织，7A04（LC4）、2A12（LY12）、2A11（LY11）等较少出现层状组织。防止层状组织的出现，应从坯料组织着手，减少坯料柱状晶区，扩大等轴晶区，同时使晶间杂质分散或减少。另外，对于不同的合金还有一些相应的解决层状组织的办法。6A02合金中 Mn 含量超过 0.18%（质量分数）时，层状组织可消失；对于铝青铜的层状组织，适当地控制铸造结晶器的高度（不大于 200 mm）可消除或减少层状组织。

4. 挤压织构

挤压变形过程中，变形区受到强烈的三向压应力作用，迫使金属从模孔中流出，使得挤压件中晶粒取向容易朝特定方向集中，从而产生挤压织构。

挤压过程中典型组织形成的模型如图 2–17 所示。一般认为，挤压加工产生的不同类型微观组织与挤压过程中的动态再结晶过程密切相关，未发生动态再结晶的基体常常呈现变形组织特征，如晶粒拉长或形成大量孪晶[9, 10]，通常形成较强的织构。对于发生动态再结晶部分的组织，动态再结晶的形核率是决定最终晶粒大小的关键因素，动态再结晶过程会弱化择优分布趋势。

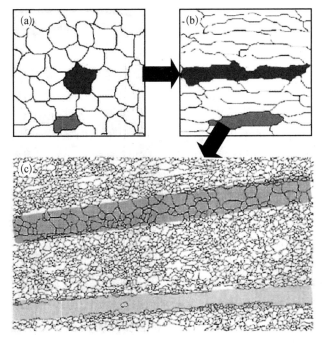

图 2–17　材料初始组织与挤压加工过程中组织示意图及
挤压后材料中存在两类组织显微图片

2.2.2 挤压产品的力学性能

1. 挤压产品力学性能特征

挤压产品的变形和组织不均匀性相应地引起力学性能不均匀性。一般来说，实心产品（未经热处理）的心部和头部的强度（$\sigma_{b内}$、$\sigma_{b外}$）低，伸长率 δ 高，而外层和尾部的强度高，伸长率 δ 低，如图 2-18 所示。

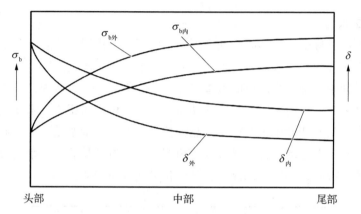

图 2-18　挤压棒材纵向和横向上的力学性能不均匀性

但对于挤压纯铝、软铝合金（3A21 等）来说，由于挤压温度较低，挤压速度较快，挤压过程中可能产生温升，同时挤压过程中所产生的位错和亚结构较少，因而挤压产品力学性能不均匀性特点有可能与上述情况相反。

挤压产品力学性能的不均匀性也表现在产品的纵向和横向性能差异上（即各向异性）。挤压时的主变形是两向压缩、一向延伸变形，使金属纤维都朝着挤压方向取向，从而使其力学性能的各向异性较大。

一般认为，产品的纵向与横向力学性能不均匀，主要是由于变形织构的影响；但也有存在于晶粒间的金属化合物沿挤压方向被拉长，挤压时气泡沿晶界析出等其他方面的原因。

2. 挤压效应及其影响因素

挤压效应是指某些铝合金挤压产品与其他加工产品（如轧制、拉伸和锻造产品）经相同的热处理后，前者的强度比后者高、塑性比后者低。这一效应是挤压产品所独有的特征，表 2-3 所示为几种铝合金以不同加工方法经相同淬火时效后的抗拉强度。

表 2 - 3　几种铝合金以不同加工方法经相同淬火时效后的强度　（单位：MPa）

产品合金	6A02（LD2）	2A14（LD10）	2A11（LY11）	2A12（LY12）	7A04（LC4）
轧制板材	312	540	433	463	497
锻　件	367	612	509	528	470
挤压棒材	452	664	536	574	519

挤压效应可以在硬铝合金（2A11、2A12）、锻铝合金（6A02、2A50、2A14）和 Al - Cu - Mg - Zn 高强度铝合金（7A04、7A06）中观察到。应该指出的是，这些合金挤压效应只是在用铸造坯料挤压时才十分明显；在经过二次挤压（即用挤压坯料再进行挤压）后，这些合金的挤压效应将减少，并在一定条件下几乎完全消除。

当对挤压棒材横向进行变形，或在任何方向进行冷变形时（在挤压后热处理之前），挤压效应也降低。

产生挤压效应的原因一般认为有以下两点：

（1）由于挤压使产品处在强烈的三向压应力状态，或二向压缩、一向延伸变形状态，产品内部金属晶粒皆沿挤压方向平稳流动，使产品内部形成较强的 [111] 织构，即产品内部大多数晶粒的 [111] 晶向和挤压方向趋于一致。对面心立方晶格的铝合金产品来说，[111] 方向是强度最高的方向，从而使得产品纵向的强度提高。

（2）在 Mn、Cr 等抗再结晶元素存在的情况下，挤压产品内部热处理后会仍保留着织构组织，而未发生再结晶。Mn、Cr 等元素与铝组成的二元系状态图的特点是，结晶温度范围窄，在高温下固溶体中的溶解度很小，所以形成的过饱和固溶体在结晶过程中分解出 Mn、Cr 等金属间化合物 $MnAl_6$、$CrAl_7$ 弥散质点，并在固溶体内枝晶的周围构成网状膜；又因 Mn、Cr 在铝中的扩散系数很低，且 Mn 在固溶体中也妨碍着金属自扩散的进行，这也阻碍了合金再结晶过程的进行，使产品内部再结晶温度提高，在进行热处理加热时产品内部仅发生不完全再结晶，甚至不发生再结晶，使制品内部在热处理后仍保留着挤压组织。应特别指出，挤压效应只显现在产品的内部，其外层则常因有粗晶环而使挤压效应消失。

在大多数情况下，铝合金的挤压效应是有益的，它可保证构件具有较高的强度，节省材料消耗，减轻构件重量。但对于要求各个方向力学性能均匀的构件（如飞机大梁型材），则不希望有挤压效应。挤压效应主要受下面四方面因素的影响：

（1）坯料均匀化。坯料均匀化可减弱或消除挤压效应。均匀化时一般情况下化合物被溶解，包围着枝晶的网膜组织消失，而剩余的化合物发生聚集，这就破坏了产生挤压效应的条件。

（2）挤压温度。随着挤压温度的升高，产品的强度极限 σ_b 显著增加。例如，

6A02 合金的挤压温度由 320℃升到 420℃，强度极限 σ_b 提高近 100 MPa；2A12 合金挤压温度由 300℃升高到 340℃，强度极限 σ_b 提高 20 MPa。挤压温度低，会使金属产生冷作硬化，使晶粒间界面层破碎和在淬火前加热中 Al－Mn 固溶体分解加剧，产生再结晶，其结果使挤压效应消失。

（3）变形程度。对于不含 Mn 或少含 Mn（Mn 的质量分数为 0.1%）的 2A12 合金来说，增大变形程度，会使挤压效应降低。例如，当变形程度从 72.5%增加 95.5%时，强度降低而塑性增高，当变形程度为 72.5%时，σ_b 为 451 MPa，σ_s 为 308 MPa，δ 为 14%；而在变形程度为 95.5%时，σ_b 为 406 MPa，σ_s 为 255 MPa，δ 为 21.4%。

当 2A12 的含 Mn 量增加时，增加变形程度挤压效果显著。如当 Mn 含量（质量分数）在 0.36%~1.0%，变形程度为 95.5%时，合金的强度 σ_b 最大；变形程度为 85.3%时，合金的强度 σ_b 中等；变形程度为 72.5%时，合金的强度 σ_b 最低。当含 Mn 含量（质量分数）为 0.5%~0.8%时，变形程度对强度的影响最大。对于标准的 2A12 合金，Mn 含量（质量分数）正好在 0.36%~1.0%的范围内，因此这种合金挤压材料强度随变形程度的增加而增大，但伸长率 δ 降低。变形程度对不同含 Mn 量的 7A04 合金挤压效应的影响与 2A12 合金类似。

（4）二次挤压。二次挤压在生产小断面型材和棒材时普遍采用，对不同含 Mn 量的铝合金均大大降低挤压效应，使所有硬铝及锻铝合金的强度降低，而伸长率 δ 有一定的提高。

2.2.3 挤压产品的组织性能控制

挤压过程中，金属由于发生形变，内部组织也产生变化，材料的强度、硬度会有一定的提升，塑性则会有所降低。挤压变形中的金属处于三向应力状态，强烈的作用力使得金属晶粒受压或受拉而破碎，变成细小的晶粒，同时也有部分被拉长，本来杂乱无章的晶粒分布由于挤压作用而变得取向一致，晶粒变形的方向通常和受力的方向一致，晶粒细化和晶粒变形都会使材料的性能得到提高，也就是常说的变形强化。

金属的挤压成形质量主要包括微观组织、力学性能和外形质量三个方面。挤压工艺参数与变形过程中微观组织的演变有密切关系，对材料的力学性能有着重要影响。同时，挤压工艺参数的控制不当也容易导致成形过程中的开裂。

在热挤压的过程中，合金的微观组织会发生一系列变化，如动态回复、动态再结晶、第二相粒子的演化及晶体学织构的转变等。挤压温度、挤压速度和挤压比是挤压过程中的重要工艺参数，改变工艺参数会影响挤压后合金的晶粒形貌、取向等微观组织特征，进而使材料的力学性能发生变化。

1. 挤压温度对产品组织性能的影响

在常规的铝及铝合金热挤压过程中，金属的温度和变形是很不均匀的，导致产品的尺寸、形状、组织和性能也很不均匀。当挤压开始时，由于坯料头部与较低温度的模具接触，使坯料温度降低，变形抗力增大，塑性下降，可挤压性变差。继续挤压时，坯料的中部和尾部由于变形热的作用，温度逐渐升高，从而使坯料的头、中、尾部的温差增大，造成产品性能显著不均匀。可采取如下措施控制挤压温度：① 控制模具温度，将模具加热到与挤压坯料相同的温度，开始挤压后根据坯料的温度来控制模具的温度；② 控制挤压筒温度，挤压筒分区加热，并带有直接空气冷却系统，精确地调控挤压筒温度；③ 坯料梯温加热或梯温冷却，采用感应加热炉或其他可控温炉型，根据挤压条件、坯料在挤压中的温升与温降的情况，实施沿坯料长度方向梯温加热，或将均匀加热的坯料在挤压前实施梯温水冷，使之在挤压过程中变形区内金属温度基本保持恒定。

2. 挤压速度对产品组织性能的影响

随着挤压速度的增加，产品晶粒尺寸逐渐增大，这是由于挤压速度增加致使型材变形温度升高，合金元素扩散加快，再结晶形核及长大速率也增加，促使晶粒尺寸发生长大。时效后合金硬度和强度大体上随挤压速度增加而增加。时效后合金硬度和强度主要由析出相和晶粒尺寸决定，随挤压速度和固溶度增加，基体中合金元素过饱和度增加，在时效过程中能够析出较多有利于强度和硬度增加的析出相。

挤压速度增加使产品硬度上升，源于挤压速度增加引起应变速率加快，金属变形所吸收的能量转化为变形热无法迅速散发，致使型材温度上升，固溶度提高；但当挤压速度超过一定值时，时效后合金强度则下降，这是温度上升致使合金晶粒发生长大所致。

3. 挤压比对产品组织性能影响

挤压比对微观组织的均匀性有着较大的影响。通常情况下，当挤压比小于 5 时，会残留一些铸态的组织；挤压比大于 10 时，其组织和性能基本上均匀。挤压合金的微观组织在断面和长度上的不均匀，主要是由不均匀变形引起的。根据挤压变形的流动特点可知，在挤压合金的断面上，外层金属在挤压过程中受到模具形状的约束和摩擦阻力的作用，使得外层的金属主要受到剪切作用发生变形，其实际的变形程度由外层向内层逐渐减少，因此形成了这种组织的不均匀性；而在挤压合金的长度上，同样是由于这两者的作用，金属的流动不均匀性逐渐增加，受到的剪切变形作用不断增加，因此使晶粒破碎的程度从前端向后端逐渐增加。除此之外，挤压温度与速度的变化也是影响挤压组织不均匀性的一个主要因素，在挤压过程中，模具和坯料之间的摩擦作用会使得挤压后期的温度高于挤压初始，因此挤压产品后端的晶粒尺寸更大。

　　综上，对于金属合金挤压来说，控制产品的组织及性能，主要是通过调整挤压温度、挤压速度以及挤压比等来实现的。

参 考 文 献

[1]　运新兵. 金属塑性成形原理 [M]. 北京：冶金工业出版社，2012.

[2]　刘凯. 300M 钢的热态变形特性及其动态再结晶模型研究 [D]. 南昌：南昌航空大学，2012.

[3]　Huang H F, Jiang F, Zhou J, et al. Hot deformation behavior and microstructural evolution of as-homogenized Al－6Mg－0.4Mn－0.25Sc－0.1Zr alloy during compression at elevated temperature [J]. Journal of Alloys & Compounds, 2015, 644：862－872.

[4]　田宇兴，李述军，郝玉琳，等. Ti2448 合金在不同应变速率下的高温变形机制 [J]. 中国有色金属学报，2010, 20 (1)：83－86.

[5]　沈健. AA7005 铝合金的热加工变形特性 [J]. 中国有色金属学报，2001, 11 (4)：593－597.

[6]　陈修梵，彭小燕，张慧颖，等. 7050 铝合金热压缩变形的流变行为及微观组织演变 [J]. 特种铸造及有色合金，2015, 35 (12)：1237－1242.

[7]　Huang C Q, Diao J P, Deng H, et al. Microstructure evolution of 6016 aluminum alloy during compression at elevated temperatures by hot rolling emulation [J]. Transactions of Nonferrous Metals Society of China, 2013, 23 (6)：1576－1582.

[8]　张水忠. 挤压工艺及模具设计 [M]. 北京：化学工业出版社，2009.

[9]　Bohlen J, Yi S B, Swiostek J, et al. Microstructure and texture development during hydrostatic extrusion of magnesium alloy AZ31 [J]. Scripta Materialia, 2005, 53 (2)：259－264.

[10]　Azeem M A, Tewari A, Mishra S, et al. Development of novel grain morphology during hot extrusion of magnesium AZ21 alloy [J]. Acta Materialia, 2010, 58 (5)：1495－1502.

第三章 热挤压工艺设计及过程控制

适合热挤压工艺制造的航天产品多为承载、承压等高性能结构，对制造工艺设计及工艺过程控制要求高，对于工艺设计中的仿真分析、毛坯设计、工艺参数、工艺流程以及预处理和后处理等方面都要进行严格的控制。一个完整的热挤压工艺设计过程，包括挤压成形工艺方法的选择、挤压成形力的计算、设备能力下的挤压工艺参数制定、挤压工艺装备设计、润滑剂的选择等内容。工艺设计时要综合考虑构件结构特点、设计制造技术要求，确定出构件加工过程所需的热挤压、无损检测、后处理（含热处理）等全部工序环节，结合工艺布局及能力情况，确定具体的挤压成形加工工艺流程。本章重点对航天产品常用的铝合金、镁合金热挤压的工艺设计及过程控制进行阐述。

3.1 热挤压主要工艺过程

3.1.1 立式热挤压工艺过程

立式热挤压主要有正挤压、反挤压工艺，还包括了分步/多工序局部挤压成形工艺等新型热挤压工艺。影响热挤压成形过程的因素众多，其中坯料的长径比、挤压件的孔深比、挤压件的工艺设计形式等对产品影响较大。

正挤压工艺适用于端框法兰、接头、支架类等产品特征规则对称结构件。正挤压中，坯料长径比 h/D 过大时会增加摩擦阻力，增大挤压力。正挤压实心杆部直径 d 过小时，变形程度会超出材料自身的许用变形程度范围。一般来讲，长径比 $h/D<5$，$0.5D \leqslant d \leqslant 0.8D$，适用于正挤压金属实心零件的一次成形。

反挤压工艺适用于投影截面复杂的深腔端框、筒体件、杯形件等典型结构零件。反挤压中，针对典型杯形件结构，为保证挤压件的凸模工作过程中不失稳，凸模的长径比限制着挤压件的深径比，有色金属及其合金杯形件一次成形允许的孔深比 h/d 为 3~6，内孔径 d 的适用范围为 $0.5D \leqslant d \leqslant 0.86D$；为避免底部缩孔缺陷和成形力的急剧上升，挤压产品底厚 $S_1 \geqslant S_0$（S_0 为挤压产品壁厚）。

分步或多次挤压工艺适用于典型的大尺寸带网格筋条的蒙皮、过半圆的圆弧板零件。针对典型大尺寸圆弧带筋类产品结构，总投影面积大，如采用一次挤压变形制得最终产品，对设备吨位要求过高。根据大尺寸产品结构特点，结合现有设备能力，可采用局部加载成形工艺，分步或多次挤压变形坯料制得符合挤压件精确尺寸和特征的产品。该成形工艺要求产品结构应具备对称性、等壁厚、等截面结构，以便利于局部加载成形。针对非对称、异形大尺寸的产品，亦可通过设计成简化或对称形式的挤压工件，以适应局部加载成形工艺特点要求。

立式热挤压工艺的主要过程为：坯料制备→坯料加热→挤压成形（预成形、终成形、局部加载成形）→后续加工（冲孔、校正或精压、飞边去除等）→挤压件热处理与冷却（退火、正火、淬火、时效）。

正挤压的基本形式见图3-1，正挤压主要适用于产品截面为变径或变截面的长轴类、盘形类、凸缘类等实心件和空心件，多为对称结构零件。

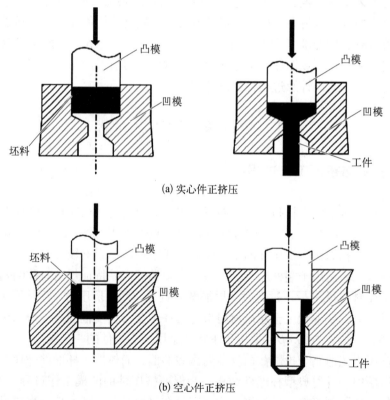

(a) 实心件正挤压

(b) 空心件正挤压

图3-1　正挤压原理示意图

反挤压的基本形式见图3-2，图3-2（a）为深孔反挤压，结构形式应用广泛，反挤压主要适用于产品截面为圆形、方形、"山"字形、筒形、盒形零件以及环类等空心零件。图3-2（b）为芯杆反挤压，芯杆的挤压高度可以通过调整凸模内腔工作带的宽度来控制。反挤压一般用来制造加工各种机械设备的零部件，凸模的行程相对较短，一般采用立式挤压机。

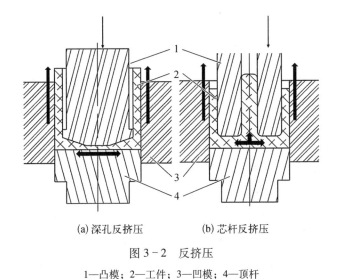

(a) 深孔反挤压　　　　(b) 芯杆反挤压

图 3-2　反挤压

1—凸模；2—工件；3—凹模；4—顶杆

3.1.2　卧式热挤压工艺过程

卧式热挤压成形技术，是对放置在挤压筒内加热到一定温度的金属锭坯施加外力，使之从特定的模孔中流出，从而获得所需断面形状和尺寸的一种塑性加工方法，如图 3-3 所示。

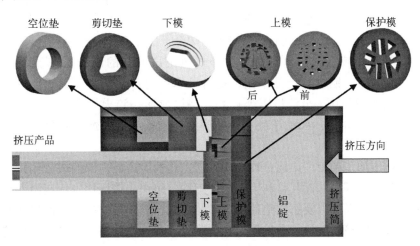

图 3-3　卧式热挤压成形示意图

可通过卧式挤压机采用正挤压、反挤压或联合挤压等方法，制得实心件、空心件以及沿产品长度方向截面变化的实心产品。图 3-4 为正挤压空心件和实心件的示意图。图 3 - 4 (a) 为管材正挤压，挤压前的坯料必须是带孔坯料，挤压时金属从凸模芯棒与凹模工作带间所形成的缝隙中流出，形成管形材料，其截面可以是圆形或其他对称、不对称的等截面材料。空心坯料可由反挤压等工艺制备。图 3 - 4 (b) 为型材正挤压，采用正挤压生产等截面、规则或不规则形状的型材具有生产效率高、尺寸收敛性好的优点。

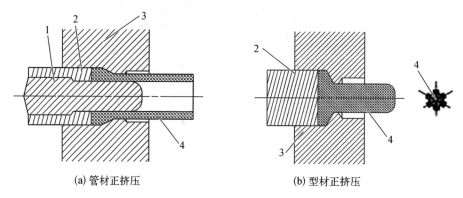

(a) 管材正挤压　　　　　　　　　　(b) 型材正挤压

图 3 - 4　正挤压

1—芯棒；2—凸模；3—凹模；4—工件

正挤压型材或管材时，若挤出产品长度远大于截面尺寸，应采用卧式挤压成形工艺。管材和简单结构的型材一般采用传统的卧式正挤压成形工艺。针对典型复杂异形多筋大尺寸蒙皮结构的构件，中部空腔分布纵横筋结构特征对挤压模具形式提出了更高的要求，上述传统卧式正挤压工艺无法满足成形要求，因此适宜采用卧式分流挤压工艺，通过分流模对金属铸锭进行分流与焊合，最终获得特定形状的挤压产品。

针对航天领域内的舱体类构件，卧式热挤压典型的制造工艺流程可参考图 3 - 5，具体为：制坯（产品不同，规格尺寸不同）→加热（铝锭加热、模具加热）→（平模挤压、分流挤压等）卧式挤压成形→淬火（在线淬火、离线淬火等）→冷却（风冷、水冷等）→拉伸矫直→检验→后处理（定尺锯切、时效处理等）→检验入库。

对于挤压加工的锭坯，通过均匀化处理工艺消除铸锭内部的成分偏析、枝晶以及粗大第二相等，从而获得利于挤压加工均匀组织；挤压比、锭坯温度、模具和挤压筒的加热温度以及挤压垫速度等工艺参数，需要根据型材几何尺寸和性能要求，以及选定挤压筒尺寸和挤压机吨位确定；合理设计挤压模具并进行挤压模具加工制造以及热处理等。

在挤压生产线上进行挤压加工，并对挤出型材进行在线淬火、拉伸矫直以及定尺锯切等。

最后，对挤压型材要进行时效处理和质量检验。

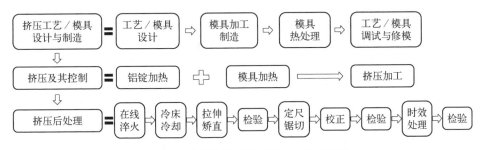

图 3-5 卧式热挤压型材制造工艺流程图

舱体类构件典型的分流挤压成形工艺如图 3-6 所示。当加热后的挤压模具在挤压机上装配完成后，在加热炉中加热到预设温度的坯料通过送料机构进入挤

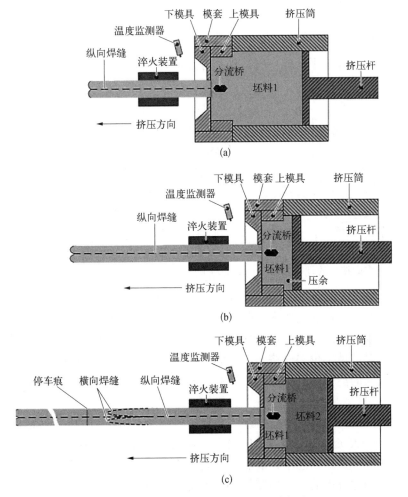

图 3-6 典型卧式分流挤压工艺示意图

压筒内，然后在挤压杆的挤压作用下进入挤压模具型腔发生分流焊合，最终在下模具的工作带部位成形为舱体构件并从出口处流出。此时，挤出型材中形成的焊缝为纵向焊缝，如图 3-6（a）所示。

从模具出口处挤出的型材穿过淬火装置并被位于淬火装置左边的牵引机夹持和牵引，同时淬火装置开始对挤压型材进行淬火。随着挤压的进行，当挤压筒内坯料长度减小到一定长度时，在坯料与挤压筒及挤压模具之间的强烈摩擦作用下，坯料表层金属开始向坯料中心区域流动。为避免带有杂质的表层金属进入挤压模具型腔以及在挤出型材内部形成缩尾缺陷，当挤压筒内坯料长度减小到预设长度时挤压过程终止。此时剩余在挤压筒内的坯料被称为压余，如图 3-6（b）所示。

3.1.3 多向热挤压工艺过程

多向挤压工艺在成形过程中，先将垂直、水平凹模闭合，形成封闭模腔，然后通过垂直凸模和水平凸模一起运动或分别运动，从两个方向对模腔内的坯料进行挤压成形。如图 3-7 所示的成形过程中坯料可同时或顺序受到垂直和水平两个方向动模的作用，完成两个方向的外轮廓成形和冲孔成形。成形过程中坯料处于三向压应力状态，金属流线沿挤压件外形多向连续流动，可得到力学性能优异的工件。

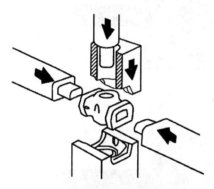

图 3-7 多向挤压的复合成形工艺示意图

各种复杂型腔构造的典型零件，如方形三通件、圆形三通件、三向接头、T 形接头、十字轴、管材和异型端框等在轴向和径向都有结构特征的工件（图 3-8），均适用多向挤压工艺方法。

随着对航天制造业低成本高效制造及对产品本身性能要求的不断提高，对多向热挤压技术的需求将进一步增加。传统的多向模锻技术也越来越难以满足设计要求，目前采用单工位多向挤压已不能获得最终挤压产品的理想结构，需要在尽可能减少火次的前提下，增加多工位的分步成形，以满足复杂结构产品的多向挤压成形。

多向热挤压工艺的主要过程为：下料（圆形棒料）→加热→（镦粗、拔长等）预制坯→去飞边→加热→多向挤压一次成形→后处理→检验。

多向热挤压成形工艺中，重点需要关注的因素包括水平穿孔缸的方向调节控制、穿孔运动过程中的位移精度控制、局部成形过程中的载荷不均匀影响控制，以及挤压坯料材料流动不均性和成形尺寸精度控制等。

图 3-8　多向挤压产品示意图

3.1.4　热挤压成形过程仿真

3.1.4.1　立式热挤压成形工艺模拟仿真

针对立式挤压等塑性成形技术，美国、德国等发达国家的公司开发了一些通用或专用的软件，例如 DEFORM-2D/DEFORM-3D、Simufact、MSC.Marc、ANSYS、ABAQUS、MSC.SuperForm 等。

1. DEFORM 有限元软件

DEFORM（Design Environment for Forming）是在 20 世纪 80 年代早期，由美国巴特尔实验室着手开发的一套有限元分析软件。早期的 DEFORM-2D 软件只局限于分析等温变形的平面问题或者轴对称问题。随着有限元技术的日益成熟，DEFORM 软件也在不断发展完善，目前已经成功用于分析考虑热力耦合的非等温变形问题和三维变形（DEFORM-3D）。此外，DEFORM 软件可视化的操作界面以及强大而完善的网格自动再划分技术，使 DEFORM 这一商业化软件在现代工业生产中变得越来越实用、可靠。

其中，DEFORM-3D 是针对复杂金属成形过程的金属流动分析的功能强大的过程模拟分析软件。该软件是一套基于工艺模拟系统的有限元系统，用于分析各种金属成形过程中的材料流动，提供极有价值的工艺分析数据及有关成形过程中的材料流动和温度变化规律。典型的 DEFORM-3D 包括锻造、轧制、旋压、拉拔和其他成形加工方法，是模拟 3D 材料流动的理想工具，不仅稳健性好，而且易于操作使用。DEFORM-3D 强大的模拟引擎能够分析金属成形过程中多个关联对象耦合作用的大变形和热特性。系统中集成了在任何必要时能够自行触发自动网格重划生成器，生成优化的网格系统。在要求精度较高的区域，可以划分细密的网格，从而降低题目的运算规模，并显著提高计算效率。

1）DEFORM 软件的功能

（1）成形仿真：① 冷、温、热锻的成形和热传导耦合分析，提供材料流动、模具充填、成形载荷、模具应力、纤维流向、缺陷形成和韧性破裂等信息；② 丰富的材料数据库，包括各种钢、铝合金、钛合金等，用户还可自行输入材料数据；③ 刚性、弹性和热黏塑性材料模型，特别适用于大变形成形分析，弹塑性材料模型适用于分析残余应力和回弹问题，烧结体材料模型适用于分析粉末冶金成形；④ 具有多种工艺仿真模型，可以进行液压成形、锤上成形、螺旋压力成形和机械压力成形等模拟；⑤ 后处理模块可简明直观地显示温度、应力、应变、损伤及其他场变量等仿真结果。

（2）热处理仿真：DEFORM 可分析热处理、变形、传热、相变和扩散之间复杂的相互作用，各种现象之间相互耦合的影响，包括由于塑性变形引起的升温、加热软化、相变控制温度、相变内能、相变塑性、相变应变、应力对相变的影响，以及含碳量对各种材料属性产生的影响等；可以模拟正火、退火、淬火、回火、渗碳等工艺过程，预测硬度、晶粒组织成分、扭曲和含碳量；可以输入顶端淬火数据来预测最终产品的硬度分布；可以分析各种材料晶相及对应的弹性、塑性、热和硬度属性。

2）DEFORM 软件结构及操作

DEFORM - 2D 和 DEFORM - 3D 软件的模块结构基本相同，由前处理、模拟处理和后处理三大模块构成，具有将有限元理论、成形工艺和计算机图形处理等理论和技术结合的完整 CAE 集成环境，方便对塑性变形的整个工艺流程进行模拟分析。不同的是 DEFORM - 2D 可以制作简易的线框模具，DEFORM - 3D 不具备实体造型能力，但它提供一些通用的 CAD 数据接口，如 IGES 和 STL 接口。

（1）前处理模块。包括三个子模块：① 数据输入模块，便于数据的交互式输入，如初始速度场、温度场、边界条件、冲头行程以及摩擦系数等初始条件；② 网格的自动划分与自动再划分模块，便于实施精确计算；③ 数据传递模块，当网格重划分后，能够在新旧网格之间实现应力、应变、速度场、边界条件等数据的传递，从而保证计算的连续性。

前处理模块主要用于：① 建立对象几何模型，通常使用系统以外的 CAD 模型完成模型的几何造型并导入系统；② 建立有限元分析模型，定义模型的材料-模型求解算法，导入材料参数，并根据模型集合特点完成网格划分；③ 定义模型边界条件，设置诸如摩擦系数、环境温度、热传递系数等边界条件参数。

（2）模拟处理模块。真正的有限元分析过程是在模拟处理器中完成的，

DEFORM 运行时，首先通过有限元离散化将平衡方程、本构关系和边界条件转化为非线性方程组，然后通过直接迭代法和牛顿–拉弗森法（Newton-Raphson method）进行求解，求解的结果以二进制的形式保存，用户可在后处理器中获取所需要的结果。

（3）后处理模块。后处理用于显示计算结果，通过读入并激活模拟处理的分析结果数据，可获得模拟成形过程每一步的网格划分、应力应变分布云图、材料损伤值分布、速度场分布、温度场分布、材料流动速度矢量、行程载荷曲线等结果，辅助后续分析[1, 2]。此外用户还可以列点进行跟踪，对个别点的轨迹、应力、应变、破坏程度进行跟踪观察，并可根据需要抽取数据。

DEFORM–3D 软件模拟金属塑性成形的有限元分析仿真流程如图 3-9 所示。

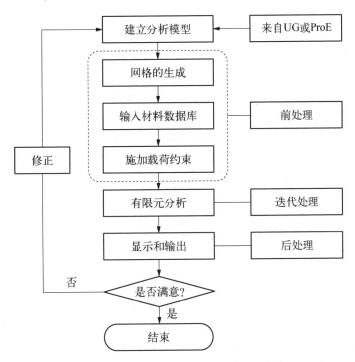

图 3-9　DEFORM–3D 有限元分析仿真流程图

2. Simufact 有限元软件

Simufact 公司成立于 1995 年，总部位于德国，是世界知名的 CAE 公司，致力于金属成形工艺仿真软件的开发、维护及相关技术服务。2005 年德国 Simufact 公司和美国 MSC.Software 公司达成协议，在 MSC.SuperForm 和 MSC.SuperForge 的基础上开发 Simufact.Forming 软件，用于模拟多种材料的加工工艺过程，包括辊锻、楔横轧、孔型斜轧、环件轧制、摆碾、径向锻造、开坯锻、剪切/强力旋压、挤压、镦锻、自由锻、温锻、锤锻、多向模锻、板管的液压涨形等。

Simufact.Forming 是一种先进的材料加工工艺仿真优化平台，具有多种功能和可视化界面，自身具备三维实体建模功能，还具有模具应力分析、热处理工艺仿真、材料微观组织仿真、焊接仿真等专业的配套功能模块。此产品为实际生产而设计，为设计和工艺人员提供较大便利，便于技术人员的工艺优化，可有效缩短设计和加工周期。

Simufact 软件具有如下特点：

软件采用 Windows 风格和 Marc 风格两种图形交互界面，操作简单、方便，用户可自行选择。内置各种成形工艺模板，用于不同成形工艺的模拟参数优化。求解器将非线性有限元求解器 MSC.Marc 和瞬态动力学求解器 MSC.Dytran 融合在一起，提供有限元法（FEM）和有限体积法（FVM）两种建模求解方法，具备快速、强健和高效的求解能力。

Simufact 采用的有限体积欧拉（Eulerian）网格技术是一个固定的参考框架，单元由节点连接构成，节点在空间上固定不动。非常适于精确模拟材料大变形问题，完全避免了用有限单元技术难以处理而又无法回避的三维网格的重划分问题。Simufact 采用了分辨率增强技术自动加密工件表面离散的小平面，提高对材料流动描述的精度。多道次锻造过程，跟踪材料表面的小平面数量会非常大，Simufact 提供的图形界面网格稀化器可以在两个锻造道次之间稀化材料表面的小平面，使模拟速度大大加快，减少所需内存。

Simufact 热处理模块可对正火、退火、淬火、回火、时效、感应加热、冷却相变等材料的热处理工艺和加工过程中的微观组织转变进行模拟仿真，可在充分考虑材料、边界条件、接触等非线性问题的基础上，对热处理和加工过程进行热力耦合分析，对现实进行虚拟仿真。

Simufact 软件拥有开放式结构的材料数据库和加工设备数据库，用户可以对数据库进行修改和扩展。系统提供的材料数据库，包括钢材、工模具钢以及铜、铝等有色金属、钛合金、锆基合金等；软件包含弹塑性、刚塑性、弹黏塑性和刚黏塑性四种分析类型，供用户自由选择。设备数据库中包含锻锤、曲柄压力机、螺旋压力机、液压机、机械压力机和辊锻机的参数，用户也可自定义工模具的运动方式。Simufact 可以同时提交多个模拟任务，不需人工干预，系统按顺序自动完成各个模拟任务，如果某个模拟过程意外终止，那么将继续进行列表中的下一个模拟任务。

随着科学技术的飞速发展，计算机水平也在不断进步，计算方法在不断优化，Simufact.Forming 界面越来越人性化、智能化，功能也在逐步增加。Simufact.Forming 能够对复杂零件进行自动网格划分，在模拟过程中能够自动网格重划；能够对产品的材料流动、应力、应变等多种指标进行显示、数据分析统计等；可以从三维造型软件中直接导入三维模型；具有多种后处理功能，模拟结果可以用矢量图、云图等方式显示。

3. MSC.Marc 非线性分析有限元软件

MSC.Marc 软件是有限元分析先驱美国布朗大学 Pedro Marcal 教授开发的非线性分析有限元软件。MSC.Marc 软件是国际上广泛应用的有限元软件之一，与DEFORM、ABAQUS、ANSYS、LS-DYNA 等软件一样，在国内外塑性加工领域得到了广泛的应用。MSC.Marc 软件功能强大，在处理非线性或线性结构问题、非线性场问题、结构场耦合问题上独树一帜。作为一种塑性成形模拟软件，它能精确迅速地模拟冷热成形、挤压、轧制等塑性成形过程。

MSC.Marc 软件是功能齐全的高级非线性有限元求解器。该软件具有极强的结构分析能力，可以处理各种线性和非线性结构分析，包括线性/非线性静力分析、模态分析、简谐响应分析、频谱分析、随机振动分析、动力响应分析、自动的静/动力接触、屈曲/失稳、失效和破坏分析等。MSC.Marc 软件提供了丰富的结构单元、连续单元和特殊单元的单元库，几乎每种单元都具有处理大变形几何非线性、材料非线性、包括接触在内的边界条件非线性以及组合非线性的超强能力。

MSC.Marc 软件具备如下特点：

Marc 的结构分析材料库提供了模拟金属、非金属、聚合物、岩土、复合材料等多种线性和非线性复杂材料行为的材料模型。分析采用具有高数值稳定性、高精度和快速收敛的高度非线性问题求解技术。为了进一步提高计算精度和分析效率，Marc 软件提供了多种功能强大的加载步长自适应控制技术，自动确定分析屈曲、蠕变、热弹塑性和动力响应的加载步长。

Marc 卓越的网格自适应技术，以多种误差准则自动调节网格疏密，不仅可提高大型线性结构分析精度，还能对局部非线性应变集中、移动边界或接触分析提供优化的网格密度，既保证计算精度，又使非线性分析的计算效率大大提高。此外，Marc 支持全自动二维网格和三维网格重划，用以纠正过度变形后产生的网格畸变，确保大变形分析的继续进行。对于包含对流、辐射、相变潜热等复杂边界条件的非线性传热问题的温度场，以及流场、电场、磁场等非结构的场问题，也提供了相应的分析求解能力；并具有模拟流-热-固、土壤渗流、声-结构，以及耦合电-磁、电-热、电-热-结构与热-结构等多种耦合场的分析能力。

为满足高级用户的特殊需要和进行二次开发，MSC.Marc 提供了方便的开放式用户环境。这些用户子程序入口几乎覆盖了 Marc 有限元分析的所有环节，从几何建模、网格划分、边界定义、材料选择到分析求解、结果输出，用户都能够访问并修改程序的缺省设置，在 MSC.Marc 软件的原有功能的框架下，用户能够极大地扩展 Marc 有限元软件的分析能力。

MSC.Marc 具有超强的单元技术和网格自适应及重划分能力、广泛的材料模型、高效可靠的高度非线性问题处理能力和极大开放的求解能力。软件被广泛应用于产品加工过程仿真、性能仿真和优化设计。此外，MSC.Marc 独有的基于区域分割的并行有限元技术，能够实现在共享式、分布式或网络多 CPU 环境下非线性有限元分析准线性甚至超线性的并行性能扩展比。利用 MSC.Marc 软件进行非线性分析流程如图 3-10 所示。

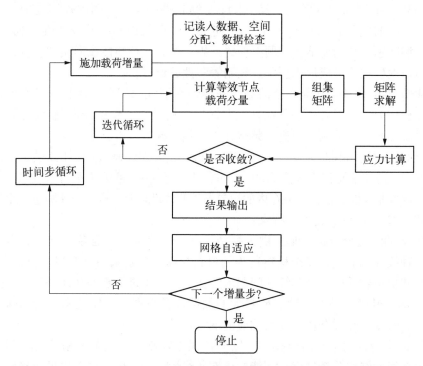

图 3-10　MSC.Marc 非线性分析流程图

在使用的过程中，相比其他有限元软件，Marc 侧重于非线性分析，对于大变形过程，在变形过程中单元格变形量较大，计算很难收敛，而 DEFORM 在这方面完胜 Marc，但是 DEFORM 的后处理能力不如 Marc；在有限元建模方面，Marc 的建模能力处于一个比较弱的水平，而与它同类型的软件 ABAQUS 兼具强大的建模能力以及非线性分析能力；但 Marc 拥有非常人性化的人机交互界面，采用 Windows 操作界面，可以使新用户更好地掌握和使用。

4. ANSYS 有限元分析软件[3]

ANSYS 软件由美国 ANSYS 公司开发，软件功能强大，操作简单方便，是一种融合结构、热、流体、电磁和声学于一体的大型 CAE 通用有限元分析软件，可广泛用于航空航天、核工业、铁道、石油化工、机械制造、能源、汽车交通、国防军工、电子、土木工程、造船、生物医学、轻工、地矿、水利，以及日用家电等一般工业及科学研究。该软件可在大多数计算机及操作系统（Windows、UNIX、Linux）中运行。它能与多数 CAD 软件接口，实现模型数据的共享和交换，如 ProE/ENGINEER、SolidWorks、AutoCAD 等，是现代产品设计中的高级 CAD 工具之一。

　　ANSYS 软件主要包括三个部分：前处理模块、分析计算模块和后处理模块。前处理模块用来进行实体建模，建模完成之后对模型进行网格划分，可以方便地构造有限元模型；分析计算模块包括结构分析、静力学分析、电磁场分析、动力学分析、声场分析及多物理场的耦合分析，对分析的结果可以进行优化处理；后处理模块可将计算结果根据用户需求，以表格、折线图、柱状图或者比例图等不同形式显示或输出。软件内部提供了 100 种以上的单元类型，并且涵盖了大多数常用的材料属性，便于用户调取[4, 5]。

　　ANSYS 的技术特点如下：

　　（1）可实现多场及多场耦合功能；

　　（2）是实现前后处理、分析求解及多场分析统一数据库的大型有限元分析（finite element analysis，FEA）软件；

　　（3）是具有流场优化功能的计算流体力学软件；

　　（4）融前后处理与分析求解于一体；

　　（5）强大的非线性分析功能；

　　（6）快速求解器；

　　（7）最早采用并行计算技术的 FEA 软件；

　　（8）支持从个人机、工作站到巨型机的所有硬件平台；

　　（9）可兼容个人机、工作站、大型机及巨型机等硬件平台上的全部数据文件；

　　（10）在个人机、工作站、大型机及巨型机等硬件平台上具有统一的用户界面；

　　（11）可与大多数 CAD 软件集成并有接口；

　　（12）具有智能网格划分；

　　（13）具有多层次多框架的产品系列；

　　（14）具有良好的用户开发环境。

　　ANSYS 的基本功能如下：

　　（1）结构静力分析。用来求解外载荷引起的位移、应力和力，这种分析广泛应用于机械工程和结构工程。非线性静力分析通常通过逐渐施加载荷完成，以获得精确解。

　　（2）结构动力学分析。用来求解随时间变化的载荷对结构或部件的影响，并考虑载荷随时间的变化、阻尼和惯性的影响。

　　（3）结构非线性分析。结构非线性导致结构或部件的响应随外载荷不成比例变化，ANSYS 可求解静态和瞬态非线性问题。

　　（4）动力学分析。ANSYS 可分析大型 3D 柔体运动。当运动的累积影响起主要作用时，可使用这些功能分析复杂结构在空间中的运动特性并确定结构中由此产生的应力、应交和变形。

（5）热分析。对于热分析的 3 种基本类型（即传导、对流和辐射）均可进行稳态和瞬态、线性和非线性分析。热分析还具有可模拟材料固化和熔解过程的相变分析能力及模拟热与结构应力之间的热-结构耦合分析能力。

（6）电磁场分析。主要用于电磁场问题的分析，如电感、电容、磁通量密度、涡流、电场分析、磁力线分布、力、运动效应、电路和能量损失等，还可以用于螺线管、调节器、发电机、变换器、磁体、加速器、电解槽及无损检测装置等的设计和分析领域。

（7）计算流体动力学分析。流体动力学分析类型可分为瞬态和稳态，分析结果可以是每个节点的压力和通过每个单元的流率，并利用后处理功能产生压力、流率和温度分布的图形显示。

（8）声场分析。声场分析用来研究在含有流体的介质中声波的传播，或分析浸在流体中的固体结构的动态特性，这些功能可以用来确定音响话筒的频率响应，研究音乐大厅的声场强度分布或预测水对振动船体的阻尼效应。

（9）压电分析。用于分析 2D 或 3D 结构对交流（AC）、直流（DC）或任意随时间变化的电流或机械载荷的响应，这种分析类型可用于换热器、振荡器、谐振器、麦克风等部件及其他电子设备的结构动态性能分析，包括静态分析、模态分析、谐波响应分析和瞬态分析。

5. ABAQUS 软件

ABAQUS 软件是一款功能强大的有限元分析软件，其最初由 HKS 公司（原先为 ABAQUS 公司）开发。ABAQUS 在很多国家的不同领域得到了广泛的应用，涉及机械、土木、水利、航空航天、船舶、电气、汽车等工程领域。

ABAQUS 软件含有 ABAQUS/Standard（隐式求解器）以及 ABAQUS/Explicit（显式求解器）两个主求解器模块，用户在使用软件时能够依据自身的需求进行求解器的选择。该软件还含有一个图形用户界面 ABAQUS/CAE，能够用来实现有限元模型的建立、处理等操作。图 3 - 11 中显示的是 ABAQUS 软件中所含有的主要模块以及各个模块之间的结构关系。

ABAQUS 软件的功能及特点如下[6, 7]。

（1）ABAQUS 是当今世界公认的大型非线性有限元软件之一，其强大的非线性求解能力使得很多复杂、难以处理的问题得到模拟解决。如金属旋压成形过程中涉及大量的材料性能、工艺参数等问题，模拟其过程将十分复杂，而运用 ABAQUS 能很好地将其逐个处理解决，这是由于 ABAQUS 是应用 Newton-Raphson 法来求解非线性问题的。非线性分析求解不同于只求解一组方程即可的线性求解法，非线性是利用多步载荷进行最终的趋于平稳的施加载荷。

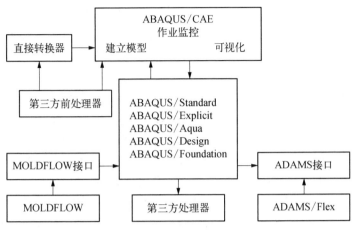

图 3-11　软件模块关系图

（2）ABAQUS 软件自带良好的建模功能模块，建模功能与专业的 ProE、CATIA、UG 等三维建模软件类似，用户上手容易，可以直接运用 ABAQUS 软件进行建模而不需要其他三维软件提前建立模型导入，可极大地减少模型导入过程中的数据参数丢失，为后续的仿真奠定良好基础。

（3）ABAQUS 提供了十分方便的接触约束定义模块。该模块可以很好地定义各部件之间的相互作用、约束和连接装配。提供了多种的接触属性选项，使得模拟过程更加符合实际情况。而其连接器的运用更是使得一些很难实现的部件之间的运动形式得以实现，操作简单，准确率高。

（4）ABAQUS 有着强大的划分网格功能模块，在有限元分析软件中，针对所模拟研究工件的网格划分情况，直接关系到模拟最终结果的计算时间、模拟的准确度以及是否符合实际的变形情况等。ABAQUS 的自由划分网格模块可以将复杂的模型划分成不同单元类型，并再划分成为三面体、四面体和六面体等网格。最主要的是 ABAQUS 可以定义模型自适应网格的划分，通过模型在模拟过程中所受的边界条件自我调整网格的划分，这使得模拟金属材料的非线性变形的过程结果更加真实可靠。

（5）ABAQUS 同样具有强大的二次开发能力，但最为主要且应用最多的是利用操作简单且灵活的 Python 语言进行二次开发和接口编辑。通过二次开发可以建立更为精细复杂的模型，同时也可以更准确地施加多个边界条件。

6. MSC.SuperForm 软件

MSC.SuperForm 是美国 MSC 软件公司（MSC.Software Corporation）采用有限元网格和求解技术开发的一个专用制造过程仿真软件。MSC.SuperForm 的图形用户界面以 MSC.Mentat 菜单设计思想为基础，综合了 MSC.SuperForm，除了可完成全 2D 或全3D的成形分析外，还可自动将2D分析与3D分析无缝连接。MSC.SuperForm还可以与ProE/ENGINEER、CATIA等一系列著名的CAD/CAE软件实现自动几何造型直接传输，也可直接在MENTAT里定义有限元分析模型。MSC.SuperForm是市场上较成熟的锻造/挤压过程与制造过程的仿真工具，其功能包括二维、三维热机耦合分析、损伤分析、成形仿真等，并将材料数据库、压力机运动学等集成为一体。

MSC.SuperForm是非线性有限元模拟软件，在分析非线性问题，特别是在分析金属成形、温度场、应力场方面的问题时，其强大的功能和可靠性得到公认。MSC.SuperForm可以分析不受温度影响或与温度有关的金属成形过程，描述其在平面状态、轴对称和三维状态下的应变等的分布情况。MSC.SuperForm可广泛用于冷热锻、挤压、轧制、摆辗、旋压、多道次体成型过程及焊接和热处理等工艺仿真。

MSC.SuperForm同时具有极大的求解开放性，为用户扩展软件功能和解决特定问题提供了便利。MSC.SuperForm的交互式图形界面支持创建工艺仿真模型、处理分析结果，高度集成了分析求解加工过程温度、变形、成形力求解器。MSC.SuperForm独家拥有的三维六面体网格自动划分及自动重划分功能和对高度非线性问题的快速求解能力，使其成为名副其实的全三维、全自动、高效精确的体积成形仿真软件。

MSC.SuperForm软件具有以下特点：

（1）反复的数值实验减少了耗时的原型实验，缩短了产品投放市场的时间；

（2）合理的设计，降低工件的损耗；

（3）合理的坯料设计，减少原材料的浪费；

（4）对模具设计、加工提供合理建议；

（5）优化加工过程，提高产品质量；

（6）对加工过程中材料流动、热影响下的模具损伤等积累更多认识。

MSC.SuperForm共分5个功能模块[8]：

（1）坯料与模具图形绘制模块。软件充分考虑了实际生产情况，为用户提供了精确绘制坯料、模具形状尺寸的绘图模块。

（2）材料选择或材料特性定义模块。此模块主要用于材料变形特征的定义工作。

（3）变形参数输入模块。变形参数无疑是影响成形过程的重要条件，变形参数主要包括坯料与模具的初始状况以及所用设备的工作参数。

（4）有限元分析模块。对塑性成形过程进行有限元分析计算，形成模拟结果。本模块是软件的核心组成部分。

（5）可视化处理模块。用户要求计算机能够将计算结果直观地显示为图形，通过色彩的变化、线条的层次来反映变形情况，该模块很好地满足了用户的这一需要。

MSC.SuperForm仿真流程如图3-12所示。

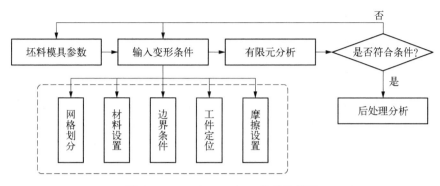

图 3－12　MSC.SuperForm 仿真流程图

在不断进步的新技术和实际生产新要求的相互促进下，各类立式热挤压成形常用的仿真软件功能日趋完善，模块界面越来越人性化。各软件都有自己的独特优势和适用范围，实际生产中可结合多种软件的优势模块功能，通过整合利用，提高立式热挤压成形工艺仿真的精确性和适用性。

3.1.4.2　卧式热挤压成形工艺模拟仿真

卧式热挤压生产过程中金属的流动特性、温度分布、模具受力情况等对挤压制品的质量、尺寸精度以及模具使用寿命会产生重要影响，而在实际生产中难以测量金属的流速、温度和应力状况。因此，需要对挤压成形过程进行数值模拟，通过对模拟结果的分析来预测产品质量，并及时对挤压模具结构和挤压工艺参数进行调整，以获得具有良好质量的挤压制品。卧式热挤压主要仿真软件有 DEFORM Extrusion、HyperXtrude、Inspire Extrude 等。近年来，国内外多采用基于任意拉格朗日-欧拉（ALE）算法的 HyperXtrude 分析软件对金属挤压成形过程进行数值模拟研究。

HyperXtrude[9]是 Altair 工程软件公司一款针对挤压生产过程中分析材料流动和传热的有限元应用商业软件，基于 ALE 算法，专门模拟金属挤压加工（如铝合金挤压成形工艺）中材料经历复杂的塑性成形、材料流动和传热过程。HyperXtrude 是 HyperWorks 的一个子软件，基于 HyperWorks 统一平台，集成了一个强大的网格划分软件 HyperMesh，它提供了最广泛的 CAD 和 CAE 软件接口，还提供分析结果的 HyperView，以及优化设计的 HyperStudy。

HyperXtrude 的功能：多用于稳态分析金属流动、型材变形及模具受力分析等，再根据反馈信息进行设计模型修改，从而实现模具结构优化[10-13]；它的瞬态过程分析功能也十分强大，能实现梯温加热以及速度分段控制挤压，从而实现等温挤压，并可进行计算机优化挤压工艺；可实现棒料接口的追踪分析，以及进行棒料表皮材料跟踪分析，准确预测压余长度，提高生产效率；还可以通过 HyperStudy 进行模具工作带自动优化。

HyperXtrude 的算法特点：有限元分析模拟研究大多数使用拉格朗日法[14, 15]

和欧拉法[16, 17]。在拉格朗日描述中，有限元的剖分是对物质的剖分，网格点就是物质点，即在整个模拟运动过程中结构变化与网格变化保持一致，它能非常精确地描述结构边界的运动，但在大变形时会出现网格严重畸变，因此需要频繁地划分网格，会导致体积损失过大，影响计算精度。在欧拉描述中，有限元的剖分是对空间进行的，在整个模拟过程中，网格始终保持不变，材料在网格之间流动。因而在模拟过程中，需要利用复杂的数学映射来描述自由表面的运动状况，并且对材料所有可能流过的区域划分网格，会占用大量计算机内存，特别是分析薄壁、空心、复杂断面型材时，计算时间过长。

HyperXtrude 采用任意拉格朗日-欧拉算法[18, 19]进行描述，不同于拉格朗日描述及欧拉描述，它引入一个独立于物质构型和空间构型的参考构型，即有限元剖分根据参考构形进行，网格点是独立于物质和空间运动的参考点，使得计算网格能够任意移动，从而避免单元畸变以及自由界面追踪所带来的困难。

航天领域中的挤压舱体构件具有多孔非对称的复杂特征，采用 HyperXtrude 软件对挤压成形过程进行数值模拟较为适宜。

采用 HyperXtrude 软件进行有限元仿真的基本操作为：建立产品的挤压数值模型，将构建的铝合金材料本构模型导入基于 ALE 算法的 HyperXtrude 软件中，建立铝合金型材的稳态数值模型，探索适合该模型的最佳工艺参数。最后根据最佳工艺参数对挤压过程进行数值模拟分析，通过型材的位移分布云图、速度分布云图、温度分布云图、应变分布云图、晶粒尺寸分布云图等揭示金属在模具中的流动规律、预测型材质量。基本的仿真流程如图 3-13 所示。

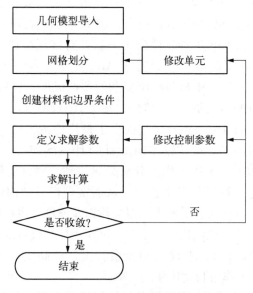

图 3-13 HyperXtrude 软件模拟流程

3.1.4.3 多向热挤压成形工艺模拟仿真

多向热挤压成形工艺模拟仿真与立式挤压有限元模拟仿真采用的软件工作原理基本一致，其不同点是在传统单向立式热挤压的工艺方法基础上，同步或分步增加与立式挤压方向垂直的横向或轴向加载，对应仿真模拟中增加水平或垂直的力载荷或运动方向，同时约束其他方向的模具运动边界，其工艺参数可参考立式挤压仿真示例设置。

3.2 热挤压工艺设计

热挤压工艺设计内容主要包括工艺流程制定、工序间工艺状态协调、热挤压工艺参数选择及控制等。

3.2.1 工艺流程

立式热挤压成形的一般工艺流程见图 3-14。

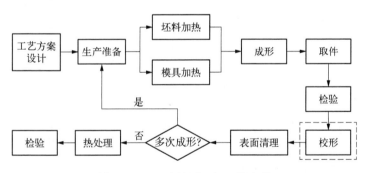

图 3-14 立式挤压一般工艺流程

卧式热挤压成形的一般工艺流程见图 3-15。

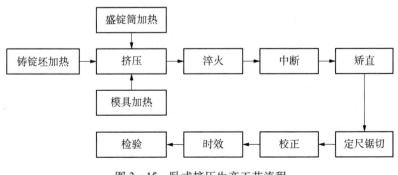

图 3-15 卧式挤压生产工艺流程

多向热挤压成形的一般工艺流程见图3-16。

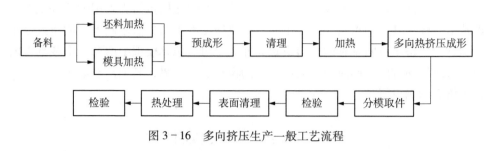

图3-16 多向挤压生产一般工艺流程

根据不同构件组成结构特点、设计制造技术要求，确定出构件加工过程所需的热挤压、无损检测、热处理、机加等全部工序环节，结合企业工艺布局情况，确定出具体成形加工工艺流程。确定时需考虑如下原则：

（1）热挤压工序需要基于关键尺寸综合考虑热处理、精加工等工序要求；

（2）热处理工序应在规定的热挤压成形后时间间隔内完成；

（3）构件精加工部位应在构件主体结构成形、定位基准稳定后进行。

工艺流程设计如图3-17所示。

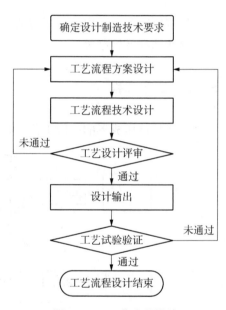

图3-17 工艺流程设计

3.2.2 工序间工艺状态协调

1. 确定零件最终形位尺寸要求

在零件设计形位要求的基础上，将构件形位尺寸要求分解到机加前后零件对应形位要求上，形成零件的最终形位尺寸要求。一般情况下，构件形位尺寸要求主要依据零件之间的位置关系、构件上设备安装尺寸、与其他部件的对接配合尺寸等确定。

2. 确定加工过程约束条件

按照构件的加工工艺流程方案，分析、确定每道工序对零件最终形位尺寸要求的影响情况，确定零件最终形位尺寸传递的约束条件。一般情况下，约束条件主要包括热挤压后的冷收缩、热处理变形、无损检测盲区、化学清洗减薄、机加工变形等。主要确定的约束条件如下：

（1）确定零件各部位的机加工余量。根据零件结构尺寸，由机加专业工艺通过以往经验值或试验值，定出构件加工余量（建议复杂端框类加工余量为 3~7 mm；支架、盒体类加工余量为 3~5 mm；法兰、接头类加工余量为 1~3 mm；内腔不加工或少加工的盖板、蒙皮类产品，加工余量为 0~0.5 mm）。

（2）确定挤压件的冷收缩量。根据构件各部位的尺寸，由挤压专业工艺人员通过以往经验值或试验值，确定构件冷收缩量。铝合金挤压型材件的收缩率一般在 1% 以内，铝合金锻件为 0.8%~1%，镁合金锻件为 0.8%，钛合金锻件为 0.5%~0.7%。

（3）确定热处理变形量。根据构件结构尺寸，由热处理工艺人员通过以往经验值或试件试验值确定挤压件热处理变形量。铝合金真空热处理变形量一般在 0.1~0.3 mm。

（4）确定清洗部位。一般情况下，清洗部位控制在产品工作部位，其他部位在有必要时进行清洗。

3. 确定余量和公差

由于坯料在高温下加热，使热挤压件不同程度地存在较严重的氧化等现象，成形后挤压件的尺寸精度、表面粗糙度数值不可能达到零件图的要求，需要再进行机械加工。机械加工余量的大小取决于零件的形状、尺寸、精度和表面粗糙度等要求。此外，还应考虑生产条件等制约因素，如加热手段、设备精度、模具结构和制造精度等。显然，机械加工余量越小，原材料的利用率就越高，但随之对成形和模具制造的要求也越高，即成形难度增大。

挤压件应允许有成形公差，这是由坯料体积变化及成形温度的波动、挤压模型腔的磨损、上下模出现的错位，以及设备状态和操作人员的技术水平等原因所致。挤压件偏差分为上偏差和下偏差，挤压件实际尺寸大于基本尺寸的部分称为上偏差，挤压件实际尺寸小于基本尺寸的部分称为下偏差。挤压件的机械加工余量和成形公差的相互关系见图 3-18。挤压变截面的零件时，由于金属流动的特殊性，必须在零件的变截面处添加一部分大于余量的金属，使挤压件呈等截面，这部分附加的金属称为挤压工艺余料，见图 3-19。

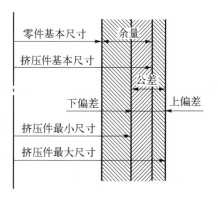

图 3-18 挤压件的机械加工余量与成形公差的关系

4. 挤压件设计

热挤压件图是控制生产过程、设计与制造模具的依据，需在冷挤压件图的基础上加上收缩量。设计挤压件图时，应遵循以下基本原则：

（1）挤压件的形状应易于挤压成形，并且使施加在模具上的载荷尽量均匀；

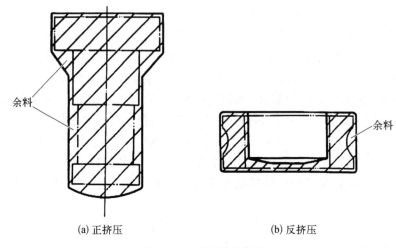

(a) 正挤压　　　　　　　　　　　(b) 反挤压

图 3-19　挤压件的余料

（2）挤压件的尺寸应在冷挤压成形加工范围之内；

（3）凡机械加工容易实现的形状和尺寸，不强求用挤压法。

冷挤压件图在零件图的基础上考虑加工工艺、余量和公差等因素绘制。为了便于了解零件的形状和检查挤压后挤压件的实际余量，可用假想线（双点划线）绘出零件的形状。挤压件的尺寸和公差标注在尺寸线上面；零件的尺寸加括号标注在尺寸线下面，作为检查挤压件质量的参考值。图 3-20 为挤压件示例图，图中 D_{1n}、D_{2n}、d_{1n}、d_{2n}、h_{1n}、h_{2n} 和 h_{3n} 为挤压件尺寸，D_1、D_2、d_1、d_2、h_1、h_2 和 h_3 为零件尺寸。

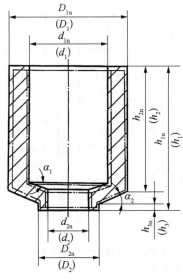

图 3-20　热挤压件示例图

热挤压件图与冷挤压件图的主要区别是：热挤压件在挤压时因在模具中冷却快，收缩率应当减小或取下限值；热挤压后在进行热校正或进行热冲孔等工步时，其收缩率应取校正或冲孔时的温度下的收缩率。要考虑金属的冷缩现象，即热挤压件图上的尺寸应比冷挤压件图上的尺寸有相应的增加。理论尺寸可按公式 $L = l(1 + \delta\%)$ 计算（L、l 分别是热、冷挤压件尺寸，单位为 mm；δ 为挤压结束温度下金属的冷缩率，钢为 1.2% ~ 1.5%，不锈钢为 1.5% ~ 1.8%，铝合金为 0.8% ~ 1.0%，铜合金为 1.0% ~ 1.3%，钛合金为 0.5% ~ 0.7%，镁合金为 0.8%）。在计算热挤压件尺寸时还应注意：无坐标中心的圆角半径不放收缩率。

设计挤压件图时需先确定冷挤压和进一步加工的工艺基准。对于不经机械加工的部位，不加余量，按零件图的技术要求直接给出公差，而对于需机械加工的部位应按相关标准给出公差，并按照零件的技术要求及冷挤压可能达到的精度确定表面粗糙等级和形位公差值。

挤压件加工余量一般是根据成品零件尺寸的大小和挤压后所需机加工方法而确定的。在生产实际中，凡需进行机械加工的面或直径，通常给以单面 3~5 mm 的加工余量。反挤杯形件的孔口修边余量，可参照表 3-1 选取。

表 3-1　杯形件的修边余量

零件高度/mm	10	10~20	20~30	30~40	40~60	60~80	80~100
修边余量/mm	2	2.5	3.0	3.5	4.0	4.5	5.0

注：（1）零件高度大于 100 mm 时，余量为零件高度的 6%；
　　（2）复合挤压时余量应加大，因为双向金属流动不均；
　　（3）挤压矩形零件时，表中相应数据加倍。

立式挤压或多向挤压成形的挤压件图设计中，除上述的各工序间余量外，还需要根据产品设计拔模斜度。拔模斜度是指为便于挤压件从模具型腔中取出，特意将模具型腔侧壁做成一定的斜度。

拔模斜度有内斜度 β 和外斜度 α 之分，当热挤压件冷缩时，挤压件外侧趋向离开模具侧壁，而内侧包住模具型腔中突出部分造成抱模难以取出。因此，β 应大于 α 一级。一般来讲，针对铝合金、镁合金、铜合金等有色金属挤压件，其拔模斜度 α 取 3°~7°，β 取 5°~10°。若考虑采用液压机设备，自带顶出系统，则上述材料的挤压件拔模斜度 α 可取 1°~3°，β 可取 1.5°~5°。针对钛合金挤压件，其拔模斜度 α 取 7°，β 取 7°~15°

实际生产中，拔模斜度经常偏大或偏小。拔模斜度过大，金属充填型腔阻力增大，挤压件侧壁余量越大，金属的消耗和机加工量也增大。因此，在保证挤压件能顺利脱模取出的前提下，挤压件拔模斜度应尽可能取小值。

5. 构件最终挤压成形后的加工状态

根据构件确定的形位尺寸要求，将零件需要在成形后进行加工的相应形位尺寸要求进行协调统一，形成构件最终挤压成形后的加工状态。各加工工序间以工艺状态表的形式明确，并在相应加工工艺规程提出要求。

3.2.3　热挤压工艺参数

1. 原材料坯料尺寸

坯料尺寸依据体积不变原理，由工件的体积、工艺余量以及模具尺寸确定，应有足够的加工余量和最少的废料，可根据公式（3-1）粗略计算坯料体积。

$$V_m = KV_j \qquad (3-1)$$

式中，V_m 为坯料体积（mm^3）；K 为余量系数；V_j 为热挤压件体积（mm^3）。

余量系数 K 一般为 1.1~1.4。简单结构件一次挤压成形时，可以设计较少的加工余量，减少废料产生，余量系数取 1.1~1.2；复杂非对称构件，尤其是大尺寸挤压件的工艺设计，宜采取多向热挤压成形或者分步成形工艺成形，余量系数建议取 1.3~1.5。

对初步选取的坯料尺寸，推荐使用 DEFORM 或者 FORGE 软件分别进行有限元分析，通过分析金属流动充填情况、金属折叠情况、损伤因子、等效应力、成形力等，对坯料尺寸进行优化，选取最优坯料尺寸。

2. 成形载荷

可依据公式（3-2）粗略计算变形力（即成形载荷）。

$$F = pS/1\,000 \qquad (3-2)$$

式中，F 为变形力（kN）；p 为单位变形力（MPa）；S 为热挤压成形时作用的总面积（mm^2）。单位变形力 p 一般是流动应力的 2~4 倍。

现有确定挤压变形力的方法很多，大致可以分为以下三类：

1）类比法

根据生产中所积累的经验，对同一类型的热挤压件采用类比法进行估算，作为选用设备吨位的依据。其所得结果的准确程度，取决于原始经验数据的可靠性、热挤压件的类似程度、具体生产条件的差异和估算者的经验。这种方法具有较大的局限性。

2）经验公式近似计算法

所有经验公式都是在某一特定条件下进行试验所得出的统计结果，使用它们时要注意两点：① 要了解每个经验公式的适用范围，选用与实际生产条件相符合的公式；② 应选取恰当的系数。经验公式中的系数变动范围可能很大，如选取不当，将会引起很大的误差。

3）理论分析方法

随着数学-塑性力学和数值计算方法的发展，研究者对塑性加工的各类问题提出了多种解法。采用这些理论分析方法算出的结果，其准确程度除与计算方法本身有关外，还与选用的原始数据（如变形金属在锻造温度下的流动应力和摩擦系数等）有关，而与计算者的经验关系较小。其中某些方法除计算变形力和变形功外，还能求出变形体内的应力场、速度场和温度场等，从而可以根据金属的流动情况合理地设计各个工序间的锻坯形状和尺寸，这是这类方法的一个突出优点。

推荐使用 DEFORM - 3D 等仿真软件进行有限元分析计算，通过分析不同温度、不同变形速度、不同坯料外形尺寸等，对成形载荷进一步确认，获取合适的成形载荷。

3. 关键工艺参数

1）温度

热挤压温度：是指开始挤压时的温度与结束挤压时的温度之间的温度区间。确定热挤压温度的基本原则：在热挤压温度内，应具有良好的塑性和较低的变形抗力，能挤压成形出具有良好组织性能和力学性能的工件；热挤压温度范围尽可能放宽，以便在一火加热后完成数道变形工步，提高挤压生产效率。

确定热挤压温度范围的基本方法：以金属材料二元平衡相图为基础，参照金属材料的塑性图、抗力图和再结晶图，综合考虑塑性、质量和变形抗力三个方面的因素，确定热挤压的开始挤压温度和结束挤压温度。

开始挤压温度的确定：就提高金属的塑性和降低变形抗力而言，材料热挤压的开始挤压温度越接近固相线越有利，但加热温度过高会出现过热、过烧缺陷等。

结束挤压温度的确定：确定结束挤压温度时，既要保证材料具有足够的塑性，又要使挤压件能够获得良好的组织性能。为了保证完全再结晶，使挤压件获得细晶粒组织材料的结束挤压温度应高于其再结晶温度。常用铝合金的挤压温度见表 3 - 2。

表 3 - 2 常用铝合金的挤压温度[20]

铝 合 金	挤压温度范围/℃	铝 合 金	挤压温度范围/℃
1A50，1A70（L3，L1）	380~470	2A50（LD5）铸态	350~450
5A20（LF2）	380~510	2A50（LD5）变形态	350~500
3A11（LF21）	380~510	2A07（LD8）	350~480
2A01（LY1）	380~475	2A14（LD10）铸态	350~450
2A02（LY2）	380~450	2A14（LD10）变形态	350~450
2A11（LY11）	380~500	7A04（LC4）铸态	350~430
2A12（LY12）	380~460	7A04（LC4）变形态	350~430
6A02（LD2）	380~500	7075（7A09）铸态	350~425
2A07（LD7）	380~475	7075（7A09）变形态	350~425

镁合金的锻造温度比固相线低 55 K 左右，大多数镁合金可在 563~658 K 温度范围内进行锻造。AZ 系列镁合金的最高锻造温度约 693 K。工业生产中 AZ 系、ZK 系合金的锻造温度一般为 523~673 K。镁合金型材的挤压温度一般控制在 300~460℃，挤压具有细化晶间的作用。常用 AZ 系列镁合金最佳挤压温度见表 3 - 3。

表 3 - 3　常用 AZ 系列镁合金最佳挤压温度[20]

镁合金型号	最佳挤压温度/℃	抗拉强度/MPa	屈服强度/MPa	伸长率/%
AZ31	350	301	214	20
AZ61	400	297.43	221.42	22.39
AZ81	370	340.5	239.6	14.1
AZ91D	390	390	288	11

注：表中力学性能为常温下测试的数据。

2）热挤压成形速度

挤压速度是通过变形抗力的变化影响挤压力的，也是挤压成形的重要工艺参数。金属在热挤压变形过程中产生的硬化可通过再结晶软化，但这种软化需要充分的时间进行。一般情况下当挤压速度增加时，软化来不及进行，导致变形抗力增加，使挤压力增加。

材料变形过程中，随着累计应变量的增加，位错增殖使位错密度不断提升，因而产生明显的加工硬化作用。变形程度较小时，回复或者再结晶需要孕育过程，加工硬化的较强作用使流变应力急剧增加；变形程度达到一定临界值后，上述软化作用开动并增强，流动应力趋于稳定，变形程度的影响明显减弱。

材料热塑性变形同时存在加工硬化与回复软化两种矛盾过程。回复软化需要一定的孕育期，增加变形速率会缩短软化过程的时间，削弱其软化作用，使加工硬化作用明显导致材料的流变应力增加。另外，变形速率的提升促使变形功迅速增加，转化为内能且来不及向周围环境传递，变形热促使合金内部温度提升，促使软化作用加强，对流变应力的提升起到缓和作用。

立式热挤压工艺参数一般包括成形模具温度、坯料温度、坯料保温时间、成形压力、保压时间和下压速度等，常用铝合金热挤压工艺参数范畴见表 3 - 4。

表 3 - 4　常用铝合金热挤压工艺参数范畴

铝合金	坯料温度/℃	模具温度/℃	坯料保温时间常数 K_t	成形压力/t	保压时间	下压速度
2A12	360~460	360~450	根据温度、厚度及外形复杂程度及尺寸确定。K_t 一般为 1~1.5 min/mm	应不大于设备最大极限，具体根据零件外形尺寸、合金牌号、温度参数和润滑效果确定	0.5~3 min，具体时间根据成形效果确定	1~10 mm/s
2A50	360~470	360~460				
5A06	400~460	380~450				
6005A	430~480	430~480				
7A04	380~450	380~440				

4. 影响卧式热挤压成形的主要因素

影响卧式挤压产品成形过程中金属流动的主要因素，除合金特性、摩擦润滑条件、挤压工模具外，还包括挤压比、挤压速度等工艺参数。

挤压比、挤压速度、铸锭及工模具的加热状态等对金属的流动均匀性有较大影响。挤压比过大或过小，均会使得金属的流动均匀性变差。金属的流速过快会增加金属流动的不均匀性。在挤压成形过程中，铸锭横截面上的温度越均匀，则挤压时的材料流动也越均匀。在挤压生产时，应尽量减少挤压筒、挤压垫片和穿孔针、挤压模具与变形金属之间的温度差。在各种因素的综合作用下，挤压过程金属的流动特性表现出多种多样的形式。

1）分流比

$$K_W = \frac{\sum F_K}{F_f} \qquad (3-3)$$

式中，$\sum F_K$ 为各分流孔横截面积之和（mm^2）；F_f 为型材横截面积（mm^2）；K_W 为分流比。

分流比的大小将直接影响挤压力的大小、制品的成形和焊合质量。分流比越小，挤压变形抗力越大，这对模具和生产都不利；分流比越大，越有利于金属流动，从而利于提高焊合质量、减少挤压力，但会使模具强度降低。在模具强度足够的情况下，应尽量选择较大的分流比。对于一般的空心型材，分流比一般取 $10 \sim 30$。

2）挤压比

挤压比是指挤压筒腔的横截面积同挤压制品总横截面积之比，也叫挤压系数。挤压比是挤压生产中用于表示金属变形量大小的参数，即

$$\lambda = \frac{F_t}{\sum F_1} \qquad (3-4)$$

式中，F_t 为铸锭在挤压筒内填充后的横截面积（mm^2）；$\sum F_1$ 为挤压制品的总横截面积（mm^2）；λ 为挤压比。

挤压比 λ 的选择与合金种类、挤压方法、产品性能、挤压机能力、挤压筒内径及锭坯长度等因素有关。如果 λ 值选用过大，挤压机会因挤压力过大而发生"闷车"，使挤压过程不能正常进行，甚至损坏工具，影响生产；如果 λ 值选用过小，挤压设备的能力得不到充分利用，不利于获得组织和性能均匀的制品。对于大型空心薄壁型材，挤压比理想值为 $40 \sim 80$。

3）挤压温度

挤压温度（包括坯料预热温度、模具温度和挤压筒温度）直接影响金属的

变形抗力。通常，较高的挤压温度使金属软化，有利于变形；随着挤出温度的升高，挤出力会减小。

4）挤压速度

在给定挤压模具温度和坯料温度的情况下，挤压速度是影响塑性变形区温度分布的重要参数。在挤压温度不超过给定合金极限的情况下，挤压速度越快，生产效率越高。但是过快的挤压速度会导致挤出型材产生过热、撕裂以及其他与温度相关的表面缺陷。另外，由于模具与坯料接触时间过长，低速也会增加所需的挤压力，降低模具寿命。

合适的挤压速度对热挤压十分重要。在适合的挤压温度下，铝合金型材合理挤压速度大致为 0.5~3 mm/s。挤压速度大于 3 mm/s，会因塑性变形热过高而使挤出型材的晶粒粗大，增加出现缺陷的概率；挤压速度小于 0.5 mm/s，会导致因塑性变形热低，使焊合质量降低，型材最终性能达不到要求。

3.3　热挤压润滑

3.3.1　润滑剂通用要求

热挤压变形时，坯料和模具均处于较高温度，有些适于冷挤压的润滑剂在高温下可能会发生分解，不仅不能起到润滑作用，还会因其性质的改变而增加坯料表面与模具的摩擦力。高温下理想的热挤压用润滑剂应具有良好的耐热性，在使用时应不分解、不变质，同时又具有良好的耐压性能，在高压力作用下，润滑膜仍能吸附在接触表面上，保持润滑效果。

热挤压用润滑剂不仅应有润滑作用，还应具有冷却模具的作用，以达到挤压过程中降低模具表面温度的目的。此外，润滑剂应具有使用和清理方便、来源丰富、成本低、对人体无毒、绿色环保、对金属和模具无腐蚀作用等特点。

目前，常用的热挤压润滑剂主要有以石墨为主要原料的水基石墨润滑剂以及玻璃润滑剂、氮化硼等。此外，也有以其他金属包覆坯料以达到润滑和防止氧化及开裂的特殊润滑方法，如以纯铝包覆铝合金，以钢板包覆铸铁、钨、铀、钛等难以挤压变形的材料。

3.3.2　石墨润滑剂

石墨的来源广泛，价格较低，故常被配制成钢以及铝合金热挤压用的水基润滑剂；也有用油脂等配制石墨乳作为热挤压润滑剂的，但其在高温下使用会有烟雾产生，对操作人员的健康不利。

常用的石墨润滑剂有水基石墨、胶体石墨两种。胶体石墨在使用时主要用涂刷方式进行润滑；水基石墨可采用自动喷涂法润滑模具，同时也可以起到对模具的冷却作用。挤压件表面的石墨残迹去除比较方便，只要将工件浸在水中煮沸即可洗刷掉。在实际生产中，当热挤压的变形程度不高或被挤压金属的强度相对较低时，一般不对模具和坯料进行润滑，主要考虑是增强模具的冷却效果。

国内常用的是 MD-2 型、MD-7 型、MD-12 型等 MD 型水基胶体石墨润滑剂，其中 MD-2 型适用于齿轮等黑色金属产品的模锻、精锻，MD-7 型适用于轻合金挤压加工，MD-12 型适用于锤锻工艺。

3.3.3　玻璃润滑剂

玻璃润滑剂常用在钢、钛合金等金属的热挤压制造中。具有以下特点：

玻璃在加热过程中没有明显的熔点，随着温度升高它逐渐软化，直至成为液体。液态玻璃包在坯料表面上，使坯料不与模具直接接触，从而起到润滑作用。同时，由于玻璃的导热性差，可以减少坯料的温降和坯料与模具间的热传导，在一定程度上避免模具过热。

玻璃熔化后的黏度随温度的升高而降低，不同成分的玻璃有不同的黏度-温度特性，可根据塑性成形的温度和所需要的黏度选择合适的玻璃成分。玻璃使用的温度范围很广，450~2 200℃都可采用玻璃作润滑剂。玻璃的化学稳定性很好，不与金属起化学作用，可单独使用，也可与其他润滑剂混合使用，都有良好的润滑效果。

玻璃润滑剂可以制成粉末状、薄片状和网状，一般做成粉末状，配制水玻璃溶液喷涂或涂刷在坯料、模具表面进行润滑。将浸涂玻璃润滑剂的坯料再进行加热，可以隔绝空气与坯料接触，有利于减轻加热氧化和脱碳。若将玻璃制成纤维细度为 0.01~0.05 mm 的玻璃棉置于凹模内，热挤压时效果非常好；也可将玻璃纤维做成玻璃布置于凹模内进行润滑。玻璃棉和玻璃布的软化温度可达 700~900℃，对于热挤压很适宜，润滑效果较理想。表 3-5 为常用于热挤压的玻璃润滑剂成分。

表 3-5　常用于热挤压的玻璃润滑剂成分

润滑剂代号	成形质量分数/%				
	SiO_2	Al_2O_3	CaO	Na_2O	其　他
1	60	5	14	14	7
2	72	4	8	13	3
3	65	4	14	8	9

玻璃润滑剂的缺点是：加工后的零件表面上会附上一层玻璃，不易清除。目前常用的从挤压件和模具上清除玻璃润滑剂的方法有两种：一种是喷砂、抛丸或滚筒等机械法清除；另一种是酸洗化学法，即用氢氧化钠或氟氢酸和硫酸的混合物浸除。

3.4 坯料制备

热挤压成形前，合理制定或选择坯料的形状尺寸和坯料的预处理等工序有利于挤压成形过程中的金属流动，并对提高挤压产品的质量及模具使用寿命有较好的帮助。

3.4.1 毛坯下料

热挤压成形一般以轧制和挤压棒材、轧制板材、锻制的半成品为原材料。若以棒材为原材料，下料要求重量公差小，断面塌角小，断面平整并与轴线垂直；若以板材和锻制坯料为原材料，坯料应具有合理的几何形状和尺寸，这样可以在飞边损耗很少的情况下得到轮廓清晰且无表面缺陷的热挤压件。

热挤压件坯料的形状一般根据产品零件截面形状来确定。一般的旋转体构件和轴对称构件可采用圆柱形坯料或棒材。横截面复杂的零件可采用预制和凹模内腔形状一致的多边形坯料。大批量挤压零件时，为有效控制原材料成本，可采用棒料截切后，再通过镦粗等工艺制得预制坯料，作为挤压后续工序的坯料。

厚板或棒材是热挤压坯料主要形式。目前常用的下料方法有水切割、线切割、剪切、车削、锯切以及冷折棒材等方法。为了得到断面平整、没有塌角以及重量公差均质的优质毛坯，必须研究和发展精密下料工艺及其相应的专用设备。图3-21与表3-6是评价毛坯剪切质量的一些技术参数。

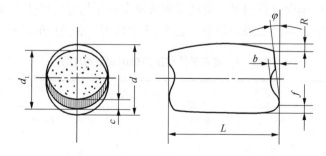

图3-21　评价毛坯剪切质量的一些技术参数

注：f、R分别为静、动剪刀形成的压塌深度；b为断面不平度；φ为断面倾角；d、d_1分别为棒料直径和毛坯最小直径；c为断面光亮带宽度；L为毛坯长度。

表 3-6　各种下料方法

下料方法	材料利用率/%	坯料厚度或直径尺寸范围/mm	坯料长度/直径	特　点
水切割	90~95	<150	—	厚板常用下料方式；尺寸精度一般，适用于钢板、铜板、铝板、钛板等
线切割	80~95	<100	—	属于高精度要求常用下料方式，公差在 0.1 mm 以内，加工效率低，适用于钢板、铜板、铝板、钛板等
剪切	100	<50	$>\frac{1}{2}$	剪切速度一般只有 0.3 m/s，易出现马蹄形端面，倾斜大时应采用预成形，有时产生表面裂纹和加工硬化，生产效率和材料利用率高
车削或锯切	70~95	自由	$>\frac{1}{4}$	坯料端面平整，冷作硬化小，效率低和材料利用率低，制造成本高
冷折	很高、几乎没有断面损耗	中、小断面棒材的高碳钢和高合金钢	—	设备装置简单，操作安全且方便，降低剪切力，提高端面质量，生产效率高、长度尺寸精度差
板料冲裁	40~60	10~40	$<\frac{3}{4}$	下料尺寸精度高，生产效率高，材料利用率低

3.4.2　预制坯处理

预制坯或预成形工序处理，是针对一次成形工艺无法满足挤压件尺寸要求的复杂构件，通过体积再分配的方式制得下一挤压工序所需的坯料，从而制得最终合格挤压工件的处理方法。挤压预制坯的基本工序有镦粗、拔长、冲孔、弯曲、切割等。

3.4.2.1　镦粗

使毛坯高度减小、横截面积增大的锻造工序称为镦粗；在坯料上某一部分进行的镦粗称为局部镦粗。

镦粗的作用是：由横截面积较小的毛坯得到横截面积较大而高度较小的挤压件；冲孔前增大毛坯横截面积和平整毛坯端面；提高下一步拔长时的锻造比；提高挤压件的力学性能和减少力学性能的异向性。

镦粗和局部镦粗的主要方法和用途见表 3-7。

表 3-7　镦粗的方法和用途

序　号	名　称	简　图	用　途
1	平砧间镦粗		用于镦粗棒料和切去冒口、底部厚的锭料
2	在带孔的垫板间镦粗		用于锻造带凸座的齿轮、凸缘等锻件。当锻件直径较大、凸座直径很小且所用的毛坯直径比凸座的直径要大得多时采用
3	在漏盘或模子内局部镦粗		用于锻带凸座的齿轮和长杆类等锻件的头部和凸缘部分。这时凸座的直径和高度都较大

　　低塑性坯料镦粗时侧表面常易产生裂纹；铸锭料镦粗时上、下端部常易残留铸态组织。这些问题都是由镦粗过程中的变形不均匀引起的。

　　一般毛坯（$H/D = 0.8 \sim 2$）在平砧间镦粗时，外部呈现鼓形，中部直径大，两端直径小，见图 3-22。

　　用网格或硬度试验等方法可以观察到坯料镦粗后的内部变形情况。图 3-23 是用网格法试验的网格变化情况。从对试件变形前后网格的测量和计算可以看出，镦粗时坯料内部的变形是不均匀的。变形程度沿轴向和径向的分布如图 3-23 所示。

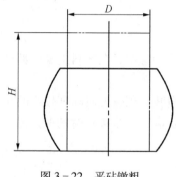

图 3-22　平砧镦粗

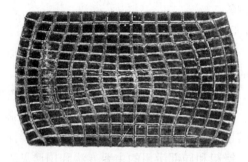

图 3-23　平砧镦粗时坯料子午面的网格变化

短毛坯（$H/D \leqslant 0.5$）镦粗时，按变形程度大小可分为难变形区、大变形区、小变形区三个变形区，但由于相对高度较小，内部各处的变形条件相差不太大，内部变形较一般毛坯（$H/D = 0.8 \sim 2.0$）镦粗时均匀些，鼓肚度也较小。与工具接触的上、下端金属也有一定程度的变形，并相对于工具表面向外滑动。一般毛坯镦粗初期端面尺寸增大的主要因素是侧表面金属的上翻。

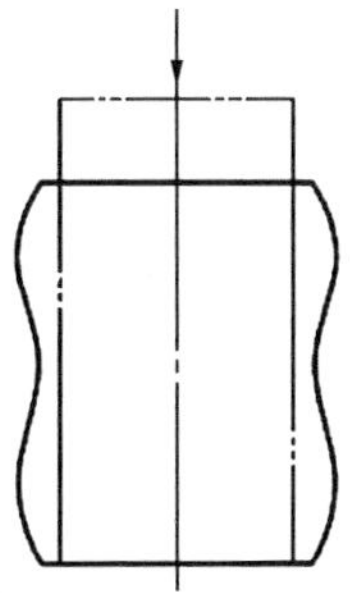

图 3-24 高毛坯镦粗时形成双鼓形

镦粗较高的毛坯（$H/D \approx 3$）时，常常先要产生双鼓形（图 3-24），上部和下部变形大、中部变形小。在锤锻、水压机或热模锻压机上镦粗时均可能产生双鼓形，特别是锤上镦粗时双鼓形更容易产生。

毛坯更高（$H/D > 3$）时，镦粗时容易失稳而弯曲，尤其当毛坯端面与轴线不垂直、毛坯有初弯曲，或毛坯各处温度和性能不均时，砧面不平时更容易产生弯曲。弯曲了的毛坯如不及时校正而继续镦粗则会产生折叠。

镦粗时的注意事项如下：

（1）为防止镦粗时产生纵向弯曲，圆柱体毛坯高度与直径之比不应超过3，在 2~2.2 的范围内更好；对于平行六面体毛坯，其高度与较小基边之比应小于3.5。镦粗前毛坯端面应平整，并与轴心线垂直。镦粗前毛坯加热温度应均匀，镦粗时要把毛坯围绕着它的轴心线不断转动，毛坯发生弯曲时必须立即校正。

（2）镦粗时每次的压缩量应小于材料塑性允许的范围。如果镦粗后需进一步拔长，应考虑到拔长的可能性，即不要镦得太低。

（3）对有皮下缺陷的锭料，镦粗前应进行倒棱制坯，其目的是焊合皮下缺陷，使镦粗时侧表面不致产生裂纹，同时也去掉钢锭的棱边和锥度。

（4）为减小镦粗所需的载荷，毛坯应加热到该种材料所允许锻造的最高温度。要避免在终锻温度以下镦粗。

（5）镦粗时毛坯高度应与设备空间相适应。在锤锻机上镦粗时，应使

$$H - h_0 > 0.25H \qquad (3-5)$$

式中，H 为锤头的最大行程；h_0 为毛坯的原始高度。

3.4.2.2 拔长

使毛坯横截面积减小而长度增加的工序叫作拔长。

拔长可以分为矩形断面毛坯的拔长和圆断面毛坯的拔长，拔长的主要问题是生产率和质量，主要的工艺参数是送进量（l）和压下量（Δh），见图 3-25。

1. 矩形断面毛坯拔长

矩形断面毛坯在平砧间拔长，当相对送进量（送进长度 l 与坯料宽度 a 之比，即 l/a，也叫作进料比）较小时，金属多沿轴向流动，轴向的变形程度 ε_l 较

大，横向的变形程度 ε_a 较小，随着 l/a 的不断增大，ε_l 逐渐减小，ε_a 逐渐增大；ε_l 和 ε_a 随 l/a 变化的情况如图 3-26 所示。为提高拔长时的生产率，应当采用较小的进料比。但送进量 l 也不宜过小，l 过小时总的送进次数要增多。通常取 $l = (0.4\sim0.8)\,b$，b 为平砧的宽度。

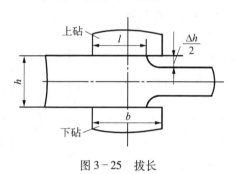

图 3-25　拔长

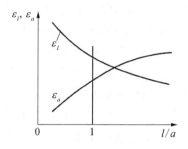

图 3-26　轴向和横向变形程度随相对
送进量的变化情况

在平砧上拔长低塑性的坯料时，毛坯的外部常出现表面横向裂纹（图 3-27）及角裂纹（图 3-28），内部常出现由组织和性能不均匀导致的纵向裂纹（如图 3-29 所示的对角线裂纹）和横向裂纹（图 3-30）等。这些问题都是由拔长过程中的变形不均匀引起的。

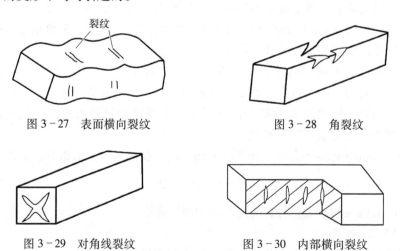

图 3-27　表面横向裂纹　　　　　　图 3-28　角裂纹

图 3-29　对角线裂纹　　　　　　图 3-30　内部横向裂纹

矩形断面毛坯拔长时，送进量和压下量对质量的影响很大。

拔长时，坯料内部的变形情况与镦粗很近似，当送进量较大时（$l > 0.5h$）（图 3-31），轴心部分变形大，处于三向压应力状态，有利于焊合坯料内部的孔隙、疏松，而侧表面（确切地说应是切向）受拉应力作用。当送进量过大（$l > h$）和压下量也很大时，侧表面可能因展宽过多产生大的拉应力而开裂（犹如镦粗）。但拔长时由于受两端未变形部分（或称外端）的牵制，变形区内的变形分布与镦粗时也有一些差异，表现在每次压缩时沿接触面 $A-A$ 有较大的变形，见图 3 - 32 （a）；由于工具摩擦的影响，该接触面中间变形小，两端变形大，其总的变形程度与沿 $O-O$ 面是一样的。图 3 - 32 （b） 是一次压缩后 $A-A$ 及 $O-O$ 面沿轴向的变形分布；沿接触面 $A-A$ 及其附近的金属主要由于轴心区金属的变形而被拉伸长。因此，在压缩过程中一直受到拉应力，与外端相接近的部分受拉应力最大，变形也最大，因而常在此处产生表面横向裂纹，尤其在边角部分，由于冷却较快，塑性降低，更易开裂。

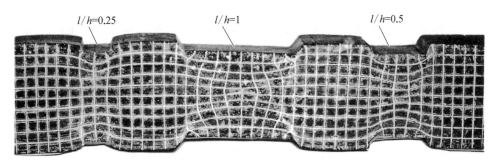

图 3 - 31　拔长时坯料纵向剖面的网格变化

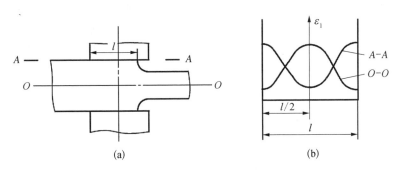

图 3 - 32　拔长时的变形分布

拔长时，若送进量过大，沿长度方向流动的金属减少，沿横断面上金属的变形就更为剧烈，沿对角线产生纵向裂纹的可能性也就更大，操作时需注意经常倒角。拔长时的坯料横截面上金属流动情况如图 3 - 33 所示。

由以上可见，送进量 l/h 过大时易产生外部横向裂纹、角裂纹和对角线裂纹；但送进量过小也不好。例如当 $l/h=0.25$ 时 （图 3 - 31），变形情况如图 3 - 34 所示，上部和下部变形大，中部变形小，变形主要集中在上、下部分，中间部分锻不透，而且轴心部分沿轴向受附加拉应力，在拔长锭料和大截面的低塑性坯料时，易产生内部横向裂纹。

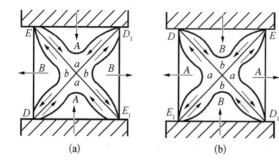

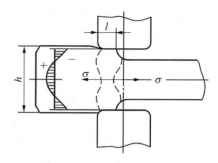

图 3-33 拔长时的坯料横截面上金属流动情况   图 3-34 小送进量拔长时情况

正确地选择送进量，对保证锻件质量极为必要。根据试验结果和生产实践经验，一般认为 $l/h = 0.5 \sim 0.8$ 较为合适，但由于工具摩擦和两端不变形部分的影响，一次压缩后沿轴向和横向的变形分布仍会不均匀；为获得较为均匀的变形，使挤压件锻后的组织和性能均匀，在拔长操作时，应多次压缩并使前后各遍压缩时的进料位置相互交错开。

2. 圆断面毛坯拔长

用平砧拔长圆断面毛坯时，若压下量较小，则接触面积较窄较长（见图 3-35），金属多横向流动，不仅生产效率低，而且易在挤压件内部产生纵向裂纹（见图 3-36），其原因是：① 此时困难变形区 A、B、C 好像刚性的楔子（见图 3-37），能通过 AB 及 BC 两个面将力传给毛坯的其他部分，形成横向应力 σ_R。② 由于作用力在坯料中沿高度方向分散地分布，上、下端的压应力大，于是变形主要集中在上、下部分，轴心部分金属变形很小（见图 3-38），使变形金属主要沿横向流动，并对轴心部分作用以附加拉应力。

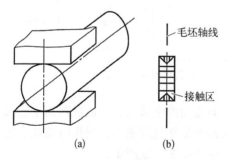

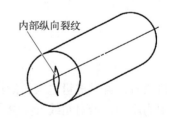

图 3-35 平砧、小压下量拔长   图 3-36 平砧拔长圆断面坯料时
　　　　　圆形断面坯料　　　　　　　　　　产生的纵向裂纹

附加拉应力和横向应力 σ_R 的方向是一致的，越靠近轴心部分受到的拉应力越大。在此拉应力的作用下，坯料轴心部分原有的孔隙、微裂纹继续发展和扩大；当拉应力的数值大于金属的抗拉强度时，金属开始破坏，产生纵向裂纹。

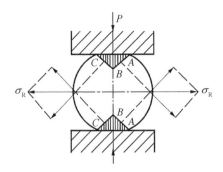 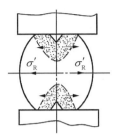

图 3 - 37　平砧拔长圆形断面坯料时　　　　图 3 - 38　由变形不均引起的
　　　　　　横向拉应力 σ_R 的形成　　　　　　　　　　　附加拉应力

　　拉应力的数值与相对压下量 $\Delta h/h$ 有关，当变形量较大时（$\Delta h/h>30\%$），困难变形区的形状也发生改变（见图 3 - 39），这时与矩形断面坯料在平砧下拔长相同，轴心部分处于三向压应力状态。

　　因此，拔长圆断面毛坯通常采用下述两种方法：

　　（1）在平砧上拔长。先将圆断面毛坯压成矩形断面，再将矩形断面毛坯拔长到一定尺寸，然后再压成八角形，最后锻成圆形（见图 3 - 40），其主要变形阶段是矩形断面毛坯在平砧下拔长。

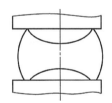 

图 3 - 39　平砧大压下量拔长时　　　　图 3 - 40　圆断面毛坯拔长时截面的变化过程
　　　　　　坯料的变形情况

　　（2）在型砧（或摔子）内进行拔长。利用工具的侧面压力限制金属的横向流动，迫使金属沿轴向伸长。在型砧内（或摔子内）拔长时的应力状态，能在一定程度上防止内部纵向裂纹的产生。拔长用型砧有圆形砧和 V 形砧两类（见图 3 - 41）。用 V 形砧拔长，当角 α 较小时，拔长效率较高，与平砧比可提高拔长生产率 20%~40%。

　　拔长时的注意事项如下。

　　（1）每次锤击的压下量应小于材料塑性所允许的数值，此外为保证不产生局部夹层，还应注意以下两点：① 每次压缩后的挤压件宽度与高度之比应小于2.5，即 $b/h<2.5$（见图 3 - 42），否则翻转 90° 再锻打时容易产生弯曲和折叠；② 每次送进量与单边压缩量之比大于 1，即 $l/h>1$，否则容易产生折叠

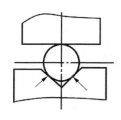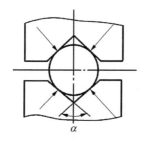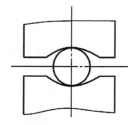

图 3-41　型砧拔长圆断面毛坯

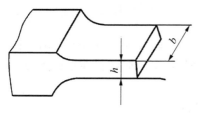

图 3-42　拔长后的尺寸

（见图 3-43）。

拔长低塑性材料或锭料时，送进量 l 在 $(0.5\sim1)$ h 时较为适宜，生产中常用的是 $(0.6\sim0.8)$ h，前后各遍压缩时的进料位置应当相互交错开。

（2）为得到平滑的挤压件表面，每次送进量一般应小于 $(0.75\sim0.8)$ B（B 为砧宽）。

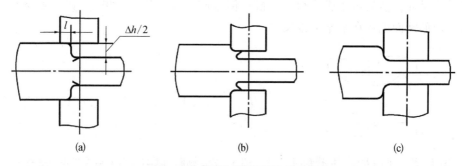

(a)　　　　　　(b)　　　　　　(c)

图 3-43　拔长时形成折叠的过程

（3）沿方形毛坯的对角线锻压时（见图 3-44），应当锻得轻些，以免中心部分产生裂纹。

（4）拔长挤压件端部时，为防止产生端部内凹和夹层现象（见图 3-45），端部压料长度的最小值应满足下列规定：① 圆形断面毛坯［见图 3-46（a）］，应使端部压料长度 $A>0.3D$。② 矩形断面毛坯［见图 3-46（b）］，当 $B/H>1.5$ 时，$A>0.4B$；当 $B/H=1.5$ 时，$A>0.5B$。

（5）钢锭倒棱制坯时，单边压缩量应不大于 60 mm；锻造高合金钢时，倒棱不能重打。

（6）为防止压锻件表面裂纹，上、下砧的边缘应做出圆角，以减少产生夹层的危险。

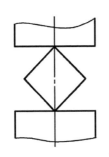

图 3-44　对角线锻压

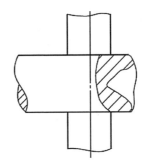

图 3-45　拔长时产生端部凹陷

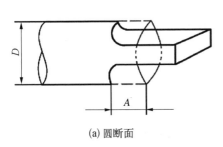

(a) 圆断面

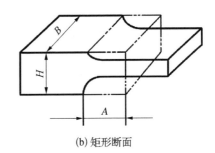

(b) 矩形断面

图 3-46　拔长端部时的压料长度

拔长操作时，对长毛坯应由中间向两端，这有助于使金属平衡。锻造锭料时，用这种方法可以将疏松和分布在冒口附近的偏析区挤到顶部去。短的毛坯可以从一端开始拔长。

3. 芯棒拔长

芯棒拔长是一种减小空心毛坯外径（壁厚）而增加其长度的锻造工序，用于锻制长筒类挤压件，见图 3-47，有些工厂也称作芯棒上拔长。

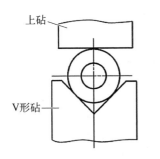

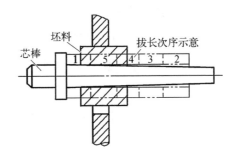

图 3-47　芯棒拔长

长筒类挤压件的锻造变形过程和对坯料尺寸的要求见图 3-48。

预冲孔的直径 d_1 如小于芯棒的直径，拔长前需进行扩孔，这时坯料尺寸取

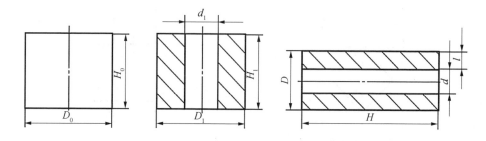

图 3-48　长筒类挤压件的锻造变形过程

$H_0 \approx D_0$ 为宜。

在芯棒上拔长时的主要质量问题是内孔壁常易产生裂纹,尤其是在两端。为保证挤压件质量和提高拔长的效率,对不同特征的挤压件应采用不同的方法和工具:

(1) 对薄壁的空心件应在型砧内拔长;

(2) 对厚壁空心件,可用平砧,但必须先锻成六角形再进行拔长,达到一定尺寸后再锻成圆形;

(3) 对 $H/d \leqslant 1.5$ 的空心件,由于拔长时的变形量不大,可不用芯棒,直接用冲头拔长。

挤压件两端部锻造终了的温度应比一般的终锻温度高 $100 \sim 150$℃,锻造前芯轴应预热到 $150 \sim 250$℃。

为了使挤压件壁厚均匀和端面平整,坯料加热温度应当均匀,操作时每次转动的角度应均匀。

在锤上锻造时如果芯棒被咬住,可将挤压件放在平砧上,沿轴线轻压一遍,然后翻转 90° 再轻压,使挤压件内孔扩大一些,即可取出芯棒。

3.4.2.3　冲孔

在坯料中冲出透孔或不透孔的锻造工序叫冲孔。

常用的冲孔方法和应用范围见表 3-8。

表 3-8　冲孔方法和应用范围

序　号	冲孔方法	简　图	应用范围和工艺参数
1	实心冲子冲孔 (双面冲孔)		用于冲一般的孔。 工艺参数: (1) $D_0/d_1 \geqslant 2.5$; (2) $H_0 \leqslant D_0$。 D_0 为原毛坯直径;H_0 为原毛坯高度;d_1 为冲头直径

序　号	冲孔方法	简　图	应用范围和工艺参数
2	在垫环上冲孔		用于冲较薄的毛坯。例如锻件高度 H_0 和直径的比值 $H/D < 0.125$ 时，常采用此法

用实心冲子冲孔时，主要质量问题是走样、裂纹和孔冲偏等，分别介绍如下。

1. 走样

实心冲子冲孔时毛坯高度减小，外径上小下大，而且下端面突出，上端面凹进（见图 3-49），这些现象统称走样。走样的程度与 D/d_1 有关，D/d_1 越小时，走样越显著。为减小走样一般取 $D/d_1 \approx 3$。

2. 裂纹

低塑性坯料冲孔时常易在外侧表面和内孔圆角处产生纵向裂纹（见图 3-50）。外侧表面裂纹是由于冲头下部金属向外流动时，外层金属切向受到拉应力和拉应变而引起的。D/d_1 越小时，最外层金属的切向伸长变形越大，越易产生裂纹，为避免产生这种裂纹，通常取 $D/d_1 \geq 2.5$。

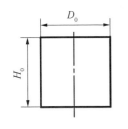

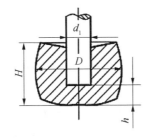

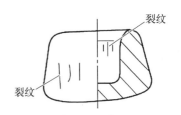

图 3-49　冲孔时的走样　　　　　　图 3-50　冲孔时的裂纹

冲孔时内孔圆角处的裂纹是由于此处温度降低较多，塑性较低，加之冲子一般都有锥度，当冲子往下运动时，裂纹处便被胀裂。因此，从避免产生裂纹出发，冲子的锥度不宜过大，当冲 Cr12 型钢等低塑性材料时，不仅要求冲子锥度较小，而且要经过多次加热，逐步冲成。

3. 孔冲偏

引起孔冲偏的原因很多，如冲子放偏、环形部分金属性质不均匀、冲头各处的圆角和斜度不一致等。原毛坯越高越易冲偏。因此在冲孔时，毛坯高度 H 一般

小于直径 D，在个别情况下，采用 $H/D \leq 1.5$。

坯料冲孔后的高度 H 通常小于或等于坯料原高度 H_0。由图 3 - 51 可以看出，随着冲孔深度的增加（即 h/H_0 的减小），坯料高度将逐渐减小。但当超过某极限值后，坯料高度反而又增加，这是坯料底部产生"突出"现象的缘故，从图 3 - 51 还可看出，D_0/d_1 越小，坯料高度减小越显著。因此，实心冲子冲孔时，坯料高度按以下考虑：

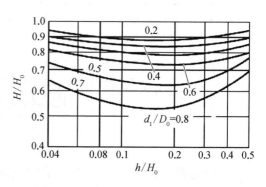

图 3 - 51　冲孔深度与毛坯高度的关系

当 $d_1/D_0 > 0.2$ 时，取 $H_0 = (1.1 \sim 1.2) H$；

当 $d_1/D_0 \leq 0.2$ 时，取 $H_0 = H$。

其中，H 为冲孔后要求的高度；H_0 为冲孔前坯料的高度。

冲孔时的注意事项：

（1）冲孔前坯料必须镦粗，使端面平整，高度减小，直径增大；

（2）冲头必须放正，打击方向应和冲头端面垂直；

（3）在冲出的初孔内应撒上煤末或木炭粉，以便取出冲头；

（4）在冲孔过程中要不断地移动冲头并把毛坯绕轴心线转动，以免冲头卡在坯料内，并可防止孔形位置的偏斜；

（5）冲制深孔时要经常取出冲头在水中冷却。

4. 扩孔

减小空心毛坯壁厚而增加其内外径的工序叫扩孔。

常用的扩孔方法和应用范围见表 3 - 9。

表 3 - 9　锤上扩孔方法和应用范围

序　号	扩孔方法	简　图	应 用 范 围
1	冲头扩孔		用于 $D/d_1 > 1.7$ 和 $H \geq 0.125D$ 的锻件

序　号	扩孔方法	简　图	应 用 范 围
2	马杠扩孔		用于薄壁的环形件

注：(1) 扩孔前，如冲孔直径 d_1 小于马杠直径 $d_{马杠}$，则应先用冲头扩孔，再用马杠扩孔；
　　(2) 冲头扩孔前如孔冲偏了，应采用局部蘸水等办法，使薄壁处变形抗力增大，以保证扩孔正常进行；
　　(3) 在马杠扩孔时，为保证壁厚均匀，每次转动量和压缩量应尽可能一致，马架间距离不宜过宽，还可以在马杠上加一垫铁以控制壁厚。

冲头扩孔时，壁厚减薄，内、外径扩大，高度变化很小。由于冲头扩孔时坯料沿切向受拉应力，容易胀裂，故每次扩孔量 A 不宜太大（可参照表 3-10）。

表 3-10　每次允许的扩孔量

d_2/mm	A/mm
30~115	25
120~270	30

冲孔后可直接扩孔 1~2 次（质量小者扩两次），当需多次扩孔时，应中间加热，每中间加热一次允许扩孔 2~3 次。

冲头扩孔前坯料的高度尺寸按下式计算：

$$H_1 = 1.05H \tag{3-6}$$

式中，H_1 为扩孔前坯料高度；H 为挤压件高度；1.05 为考虑端面修整的系数。

马杠扩孔又称芯轴扩孔。马杠扩孔时壁厚减薄，内、外径扩大，高度（宽度）稍有增加。马杠扩孔时，由于变形区金属受三向压应力，故不易产生裂纹。因此，在马杠扩孔可以锻制薄壁的挤压件。

马杠扩孔前坯料的高度按下式计算：

$$H_0 = 1.05KH \tag{3-7}$$

式中，H_0 为扩孔前坯料高度；H 为挤压件高度；K 为考虑扩孔时高度（宽度）增大的系数，可按图 3-52 选用；1.05 为修整系数。

在马杠扩孔时，马杠直径取决于挤压件高度 H 和挤压件壁厚与马杠直径 $d_{马杠}$

之比值，锤上扩孔时，最小马杠直径可参考表3-11，应随着壁厚减薄和高度增加，更换直径大一些的马杠。

在马杠扩孔时，设备吨位是按挤压件的外廓尺寸来确定的。锤上扩孔时锻锤吨位可按图3-53近似确定。

图3-53中所规定的是一般扩孔的情况，在个别情况可以将下砧和砧垫取下来，将马架直接装在砧座上进行扩孔。

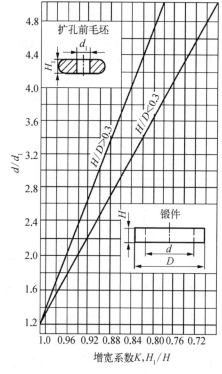

图3-52　马杠扩孔增宽系数

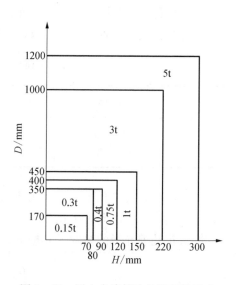

图3-53　锤上允许扩孔的挤压件尺寸

表3-11　最小马杠直径与锻锤吨位的关系

锻锤吨位/kg	最小马杠直径 $d_{最小}$/mm
75	60
100	80
200	110
300	120
500	160

注：马杠材料为40CrNi 或 40Cr。

3.4.2.4 弯曲

将毛坯弯成所规定的外形的锻造工序叫弯曲。

弯曲过程中弯曲区的内边金属受压缩，外边受拉伸，因而弯曲后毛坯的断面形状发生改变（见图 3 – 54），弯曲区毛坯的断面积要减小，内边可能产生折叠，外边可能产生裂纹，圆角半径越小，弯曲角越大时，上述现象越严重。

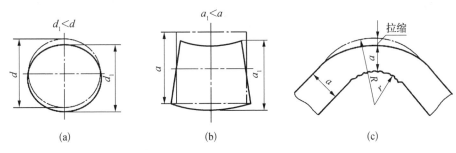

图 3 – 54　坯料在弯曲时的变形

弯曲时的注意事项：

（1）当挤压件有数处弯曲时，弯曲的次序一般是先弯端部及弯曲部分与直线部分交界的地方，然后再弯其余的圆弧部分（见图 3 – 55）。

图 3 – 55　带弯挤压件的操作顺序

（2）为了抵消弯曲区断面积的减小，一般弯曲前在弯曲的地方预先聚集金属，或者取断面尺寸稍大（一般为 10%～15%，视具体情况而定）的原毛坯，弯曲以后再把两端延伸到要求的尺寸。

（3）被弯曲挤压件的加热部分不宜太长，最好只限于被弯曲的一段，加热必须均匀。

最简单的弯曲方法是在砧角上用大锤弯曲，或毛坯夹在锻锤上下砧间，用起重机来弯曲，或采用与断面相适应的垫模、冲头及万能辅具进行弯曲。

3.5 后 处 理

不同成形工艺的热挤压产品，经热挤压成形出挤压工件后，都会出现与理论设计的工件尺寸不相符的金属飞边或扭拧变形、缩尾等缺陷，这些典型缺陷均是前期工艺特点造成且无法避免的。为便于后续工序的进行，要加工出最终合格产品，需根据不同缺陷的特点来制定相应的后处理工序。

对于立式挤压、多向挤压工件，由于工艺和模具结构设计间隙量的考虑，在成形过程中，部分金属流动进入模具间隙中，进而产生飞边，若采用局部加载或者分布挤压成形工艺，则需要对挤压工件进行表面清理和去飞边处理，从而避免造成后续成形过程的影响。

对于卧式挤压成形工件，尤其薄壁舱体构件，由于工艺自身特点的限制，挤出产品会在不同方向产生扭拧、弯曲等缺陷。因此，为保证产品满足设计尺寸要求，需要对扭拧、弯曲的挤压型材进行校形处理。

此外，不同材料的挤压工件在热挤压变形完成后，为保证最后产品的力学性能符合设计要求，以及消除挤压件的内应力，需要开展淬火、退火去应力等热处理工序。

3.5.1　挤压件清理

热挤压件清理包括两项内容：一是切割挤压飞边；二是清理表面石墨、油污等多余物。闭式热挤压件，往往在分模面上带有一定宽度的飞边，这对后续切削加工十分不利，可以用类似于板料冲裁模的切边模切掉。清除热挤压件氧化皮的方法，一般采用酸洗、干法滚筒清理、湿法滚筒清理、喷砂或喷丸等。

干法滚筒清理会引起热挤压件变形，特别是细长和薄壁件容易变形和碰伤。干法清理后的热挤压件，一般需进行校正。

湿法滚筒清理是在滚筒内用液体和磨料组成的研磨剂与热挤压件一起滚动来清理热挤压件表面的氧化皮。湿法清理的热挤压件表面非常光洁，相当于研磨，而且成本不高。与干法滚筒清理相似，清理时热挤压件会发生变形和尖角被磨钝。

采用喷砂和喷丸清理，可避免热挤压件变形，还能提高热挤压件表面的硬度，一般在 0.3 mm 的深度内硬度可提高 30%~40%。

对于较重要的热挤压件，要采用酸洗清理。酸洗的优点是不会使热挤压件变形，并能显露热挤压件表面裂纹。但酸洗废液是有害物质，会造成环境污染，所以必须对酸洗废液进行净化处理，以保护环境。

各种常用清理方法的比较和应用范围见表 3-12。

表 3-12　挤压件常用的表面清理方法

方法名称	优　点	缺　点	应用范围
酸洗	适于大批量生产；保持毛坯或热挤压件原有尺寸和形状；可发现表面缺陷	劳动条件不好；废液会污染环境	用于毛料和热挤压件的清理；不受热挤压件形状和重量的限制
干法滚筒清理	适于大批量生产；成本低	热挤压件的棱角磨钝；热挤压件可能变形	可用于热挤压件的清理；毛坯重量一般小于 6 kg

方法名称	优 点	缺 点	应 用 范 围
湿法滚筒清理	适于大批量生产；表面粗糙度相当于研磨；成本不高	热挤压件棱角磨钝（相当于 $r \leqslant 1.5\,mm$），热挤压件可能发生变形	用于热挤压件的清理。若零件尺寸精度不高于7级，可作热挤压件最后加工用；热挤压件重量一般小于 6 kg
喷砂、喷丸	适于大批量生产；保持毛坯或热挤压件原有尺寸	成本较高	主要用于热挤压件的清理，热挤压件重量不限
车削	能同时除去氧化皮和表面脱碳层	生产率低；材料利用率低；成本较高	用于直径较大的毛坯，要求除去脱碳层的表面清理
无心磨削	能同时除去氧化皮和表面脱碳层	成本高	用于较小直径的毛坯，要求除去脱碳层的表面清理
冷水浸、镦粗	成本低	清除氧化皮不十分完全	用于加热后毛坯氧化皮的清理

3.5.2 热处理

3.5.2.1 热挤压件冷却和热处理的特点

1. 工艺过程复杂，质量要求严格

热挤压件挤压成形后冷却和热处理是热加工过程中的最后一个环节，也是控制内部组织性能的关键工序。由于热挤压件结晶、相变复杂，内应力大，会导致热扩散与氢气扩散困难、温度分布不均匀等问题，因而热处理过程比较复杂。热挤压件在挤压成形后冷却和热处理中，不仅要改善组织性能，细化匀化结晶结构，消除内应力，个别材料还要扩散氢气，防止白点、裂纹，以获得产品良好的使用性能，并为后续的超声波探伤与机加工创造好的条件，因此必须认真进行工艺质量控制。

2. 工序周期长，设备能耗较大

传统的热挤压件挤压成形后冷却与热处理不仅工艺方法多、周期长，加热、保温、冷却制度需要科学的调控，而且需要热处理设备多，作业时间长，能耗大。但随着挤压成形技术的进步，其热处理工艺在节能、降耗、提高技术水平方面有了快速明显的发展。

3.5.2.2 热挤压件热处理规范[21]

变形铝合金热挤压件通常采用的热处理种类有退火、固溶、淬火与时效等。

1. 退火

变形铝合金挤压成形产品，常用的退火方式为完全退火和低温退火。

1）完全退火

完全退火是将合金加热到再结晶开始温度以上，一般为 400～450℃，保持一定时间，然后缓慢冷却到某一较低温度，使其再结晶和强化相析出、集聚的过程得以充分完成，从而得到近于平衡的组织，达到软化目的的工艺方法。

完全退火可以使零件获得最高塑性，并能完全消除由于淬火时效及压力加工形成的硬化，还可以充分消除中间坯及焊接件的内应力。

压力加工中一般用于工序间退火（即中间退火），以便恢复金属的塑性，继续进行后续的变形加工；也可用于不要求热处理强化的软状态制品（即成品退火）。

2）低温退火

低温退火是将合金加热到一个较低温度，一般为 150～300℃，保持一定时间，使其完成回复或部分再结晶，然后冷却的工艺方法。低温退火分为消除应力低温退火和部分软化低温退火。

消除应力低温退火可以减小或消除零件的残余应力，稳定组织和尺寸，减轻应力腐蚀倾向。部分化低温退火可获得不同硬状态制品。

低温退火用于经压力加工的铝合金零件，作用是在提高塑性的同时，还能部分保留所得的强化效果。此外，低温退火还常用于铝合金焊接件、切削件、冷变形件消除应力。

3）退火工艺及选用规则

推荐的退火工艺规范见表 3-13，保温时间从炉温达到规定的温度范围下限开始计算，具体参数见表 3-14。

表 3-13　变形铝及铝合金退火工艺规范

牌　　号	完 全 退 火			不 完 全 退 火		
	退火温度/℃	保温时间/min	冷 却 方 式	退火温度/℃	保温时间/min	冷却方式
5083、5A02、5A03、5B05	350～410[a]	见表注[b]	水冷或空冷[c]	150～300	120～180	空冷
5A01、5A05、5A06				—	—	—
2024	410～440	60～180	以不大于 28℃/h 的冷却速率随炉冷却至 260℃以下，出炉空冷[d]	—	—	—
2219、2A01、2A02、2A04、2A06、2A10、2A11、2A12、2A16、2A17、2B11、2B12	350～410	60～180	以不大于 28℃/h 的冷却速率随炉冷却至 260℃以下，出炉空冷[d]	350～380	120（≤3 mm）；180（>3 mm）	空冷
2B06、2D12、2D70	380～420	10～180		250～280	60～240	空冷或水冷

牌　号	完　全　退　火			不　完　全　退　火		
	退火温度/℃	保温时间/min	冷　却　方　式	退火温度/℃	保温时间/min	冷却方式
6063、2A14、2A50、2A70、2A80、2A90、2B50、6A02	340~410	60~180	以不大于28℃/h的冷却速率随炉冷却至260℃以下，出炉空冷d	350~380	60（≤3 mm）；120（>3 mm）	空冷
6061	360~440	120~360		—	—	—
7A03、7A04、7A09、7A19、7A33	320~380	60~180		290~320	120（≤3 mm）；240（>3 mm）	空冷
5B02	310~420	≤90	空冷或水冷	—	—	—
7B04	380~430	10~180	以不大于28℃/h的冷却速率随炉冷却至150℃以下，出炉空冷d	—	—	—

a. 5A01、5A03、5A05、5A06、5B05 板材可选用 300~350℃。

b. 按材料和零件的直径或厚度确定保温时间。

c. 镁含量大于 5% 的耐蚀铝合金采用空冷。

d. 该退火冷却方式可消除固溶处理的影响。

一般情况下，完全退火的次数不应超过三次。

表 3-14　变形铝及铝合金退火保温时间

材料的有效厚度	保　温　时　间	
	空　气　炉	硝盐槽
0.3~3.0 mm	30~50 min	10~35 min
3.0~6.0 mm	45~70 min	15~50 min
3.0~10.0 mm	60~90 min	25~60 min
>10.0 mm	90-3 min/mm	60+2 min/mm

注：低温退火的保温时间一般为 1~3 h。

2. 固溶

航天常用的变形铝合金产品固溶处理加热温度见表 3-15，固溶加热应以尽可能大的速率进行。固溶处理的保温时间推荐参数见表 3-16。

表 3 – 15 推荐的固溶处理加热温度

牌　号	温度/℃	牌　号	温度/℃
2024	488~502	5A90	450~465
2219	530~540	6A02	515~525
2A04	502~508	6061	530~575
2A11	495~505	6063	520~530
2A12	490~503	7475	470~490
2A14	495~505	7A03	465~475
2A50	510~520	7A04	465~475
2B50	510~520	7B04	465~475
2A70	525~535	7A09	465~475

注：2A12 板材可采用 492~503℃；7A04 挤压件可采用 472~477℃。

表 3 – 16 推荐的固溶处理保温时间

材料厚度/mm	保温时间/min			
	板材、挤压件		自由锻件、模锻件	
	盐浴炉	空气炉	盐浴炉	空气炉
≤0.5	5~15	10~25	—	—
>0.5~1.0	7~25	10~35	—	—
>1.0~2.0	10~35	15~45	—	—
>2.0~3.0	10~40	20~50	10~40	30~40
>3.0~5.0	15~45	25~60	15~45	40~50
>5.0~10.0	20~55	30~70	25~55	50~75
>10.0~20.0	25~70	35~100	35~70	75~90
>20.0~30.0	30~90	45~120	40~90	60~120
>30.0~50.0	40~120	60~80	60~120	120~150
>50.0~75.0	50~180	100~220	75~160	150~210
>75.0~100.0	70~180	120~260	90~180	180~240
>100.0~120.0	80~200	150~300	105~240	210~360

固溶处理保温时间应按材料和零件的最大厚度确定。材料和零件因厚度过大而淬不透时，应在粗加工后进行固溶处理，其保温时间应根据原毛坯的最大厚度确定。对于厚度大于 120 mm 的材料和零件，其固溶处理保温时间按厚度 1 min/mm 增加计算。

采用空气炉进行固溶处理时，保温时间从炉温达到表 3 – 16 规定的温度范围下限开始计算。采用盐浴炉进行固溶处理时，保温时间从炉料完全浸入盐液且炉温达到表 3－16 的温度范围下限开始计算。

3. 淬火与时效

1）淬火

淬火是指将合金加热到强化相能最大限度地溶入固溶体而又不至于产生过烧的温度，保持一定时间，然后快速冷却，以得到过饱和固溶体的工艺方法。

淬火为时效强化的前提。淬火用于可热处理强化的 2 系、6 系、7 系等铝合金。利用淬火孕育期，可校形或成形。

2）时效

时效是指将经淬火或冷变形加工后的合金，在一定的温度下，保持一定时间，使其组织结构发生变化，提高合金性能的一种工艺方法。用于可热处理强化的铝合金，能使淬火后的合金进一步强化，获得所需要的各种机械性能，并可减小应力。

时效分为自然时效和人工时效两种。自然时效指的是在室温下进行的时效；人工时效是在高于室温（一般 70～200℃）下进行的时效。根据合金的成分与特性不同，两种时效的用途也有所差异。自然时效主要用于普通硬铝件，可获得一定的强度及好的抗蚀性；人工时效用于要求屈服强度高或在高温条件下工作的普通硬铝件及超硬铝件、锻铝件。

3）淬火及时效工艺及选用规则

航天常用的变形铝合金产品推荐的时效工艺制度按表 3－17 执行、淬火保温时间按表 3－18 执行。

表 3－17　推荐的常用变形铝合金时效工艺制度

牌　号	材料和零件种类	时效种类	时 效 制 度		时效后状态
			温度/℃	时间/h	
2024	薄板	人工时效	185～190	9～14	T62
2219	各种材料和零件	人工时效	160～170	18	T6
2A06	各种材料和零件	自然时效	室温	120～240	T4
2A11	各种材料和零件	自然时效	室温	≥96	T4
2A12	各种材料和零件	自然时效	室温	≥96	T4
	挤压型材（壁厚≤5 mm）	人工时效	185～195	12	T62
				6～12	T6
2A14	各种材料和零件	自然时效	室温	≥96	T4
		人工时效	155～165	4～15	T6

牌　号	材料和零件种类	时效种类	时　效　制　度		时效后状态
			温度/℃	时间/h	
2A50	各种材料和零件	自然时效	室温	≥96	T4
		人工时效	150~160	6~15	T6
2A70	各种材料和零件	人工时效	185~195	8~12	T6
2A90	挤压棒材	人工时效	155~165	4~15	T6
	锻件、模锻件、挤压件	人工时效	165~175	6~16	T6
6061	各种材料和零件	人工时效	150~170	16~20	T62
6063	各种材料和零件	人工时效	195~205	8~12	T6
7475	薄板	分级时效	120	3~8	T76
			163~165	18~22	
7A04	挤压件、锻件及非包铝板材	人工时效	135~145	16	T6
	各种材料和零件	分级时效	115~125	3	T6
			155~165	3	
7A09	板材	人工时效	125~135	8~16	T6
	挤压件、锻件	人工时效	135~145	16	T6
	模锻件、锻件	过时效 I	105~115	6~8	T73
			172~182	8~10	
		过时效 II	105~115	6~8	T74
			160~170	8~10	
7A12	自由锻件和零件	过时效	105~115	10~12	T73
			175~180	7~8	

表 3-18　变形铝合金淬火保温时间

材　料　种　类	材料有效厚度/mm	保温时间/min	
		空　气　炉	盐　浴　炉
板材、棒材、管材、型材	≤1.0	10~30	7~15
	1.1~2.5	15~40	10~25

材 料 种 类	材料有效厚度/mm	保温时间/min	
		空 气 炉	盐 浴 炉
板材、棒材、管材、型材	2.5~5.0	20~50	15~35
	5.0~10.0	30~60	20~45
	10.0~20.0	40~80	25~60
	20.0~100.0	20+(1.5~2.0) min/mm	10+(1.0~1.5) min/mm
	>100.0	20+(1.0~1.5) min/mm	—
锻件、模锻件、挤压件	≤2.5	30~45	10~20
	2.6~5.0	45~60	15~30
	5.0~10.0	50~70	25~40
	10.0~20.0	55~90	35~60
	20.0~30.0	60~120	40~80
	30.0~50.0	65~150	50~100
	50.0~75.0	150~210	60~150
	75~100	180~240	90~180
	100~150	210~360	120~240

4) 淬火参数的选择

淬火过程中，加热温度、保温时间、淬火转移时间和冷却方法是影响淬火质量的主要因素。制定淬火工艺时，必须合理选择。

（1）在不引起合金过烧的情况下，对要求屈服强度的、淬火前进行退火的零件，以及厚度小于 5 mm 的板材，尽量选用淬火温度的上限。对于变形程度较小、带包铝层、横截面大及挤压的中间坯，淬火温度最好取中下限。

（2）在保证强化相充分溶入固溶体的条件下，采用尽可能短的保温时间。淬火温度高、带包铝层、加工硬化状态薄壁的零件宜采用工艺规范的中下限。

（3）为防止从过饱和固溶体中分解和析出强化相，使中间坯的机械性能和抗蚀性能降低，淬火出炉要迅速，淬火转移时间越快越好。

（4）根据零件性能的要求及产生变形或开裂可能性大小，准备好适宜的水温。一般情况下，淬火前的水温在 10~30℃，淬火后的水温不宜超过40℃。对于大而厚或形状复杂、壁厚相差较大的零件，可把水温提高到 30~50℃，淬火后水温不宜超过55℃。为加快冷却速度及提高冷却的均匀性，可辅以压缩空气或其他形式进行搅拌。

（5）时效参数的选择。时效温度和时间是影响合金强化效果的主要因素，要根据技术要求选取适合的时效工艺，并注意搭配选取合理的工艺参数，如时效温度取上限，时间则应取中下限。

为提前测出2A11、2A12自然时效零件的机械性能，允许将试样在沸水中煮2~3 h或在室温下时效24 h的规范进行检测。

因某种原因使时效中断，必须进行补充时效。时效时间的总和应符合规范的规定。

2A50、2A14合金自然时效后的塑性和耐蚀性高于人工时效。

要求屈服强度的2A12合金宜采用时效保温时间的上限，并可将时效时间延至16 h。

3.5.2.3　卧式热挤压产品的人工时效

1. 产品入炉

入炉前将每框的生产检验随行卡取下，切实保护好，并将各料框的编号、合金牌号、状态、产品系列、重量、支数、时效炉号等填写入时效原始记录中。入炉前应对产品进行分类：一是按时效温度进行分类；二是按保温时间进行分类。

2. 时效工艺

卧式热挤压的热处理特点为坯料加热到固溶温度以上，在挤压出型材同时，采用了在线热处理设备进行风冷/水冷等，实现了固溶与挤压同时进行。常用挤压型材时效工艺参数见表3-19。

表 3-19　挤压型材时效工艺表

合 金 状 态	设定控制温度/℃	实际时效温度/℃	升温时间/h	保温时间/h
6063 - T5	195±10	195±10	1~2	2.5~4
6063 - T6	195±10	195±10	1~2	3~4
6005 - T5	180±10	180±10	1~2	5~7
6005 - T6	180±10	180±10	1~2	6~8
6061 - T6	190±10	195±10	1~2	4~6

当在同一时效温度情况下，薄料及通风良好的料保温时间可取下限，细料、厚料和通风不良的料保温时间应取上限，以确保时效效果满意。

3. 产品出炉

保温时间达到设定值，即可出炉。出炉时应先关电源和风机，再打开炉门，将料拖出来采用风冷处理。产品出炉后,验收项目包括产品的化学成分、尺寸、外观质量、性能取试、附带试板数量、尺寸。

4. 人工时效原始记录的填写

入炉时应做好时效批号、入炉时间、炉子定温、保温时间、时效日期、时效炉号、料框编号、产品系列、定尺长度、支数、重量、挤压班次等记录。出炉时应做好出炉时间、硬度、尺寸等检验项目的记录。

3.5.3 挤压件校形

1. 拉伸矫直工序

针对卧式挤压件,在固溶后需要进行拉伸矫直。挤压密封舱体构件为典型大尺寸薄壁多腔体结构的型材,经挤压出模并冷却后,易出现不同程度的扭曲、褶皱等缺陷,需要经过拉伸矫直工序进行校形。

基本要求:

(1) 在冷床上要冷却到50℃以下才能进行拉直;

(2) 等待拉直的型材,用步进方式或用输送带输送方式送到拉直机前;

(3) 型材拉直时,其拉直量一般控制在1%~2%,超厚型材的拉直变形量允许稍大一些,但不许超过3%;

(4) 拉直前后必须查看开口尺寸,对有装配关系的型材必须做装配试验,以便调整拉伸量;

(5) 对形状复杂的型材,应找出与它相配的垫块和工装等辅具协助夹料;

(6) 对长度较长的型材,当看不清楚是否扭拧或型材易摩擦时,中间需有人协助拉直和测量,检查拉直后型材形位尺寸是否符合要求,以便随时调整拉直量。

拉直时,要注意保护装饰面不被擦伤,尽可能做到以非装饰面接触输送带。经过拉直的型材应该无波浪、弯曲、扭拧存在,同时又要避免由拉直所引起的收口、张口、橘皮、形位尺寸超差和不平度出现。

2. 校正

某些结构形式的热挤压件,如薄腹板高肋挤压件、落差较大的挤压件、壁厚较薄的挤压件、相邻断面外形差别较大的挤压件和形状复杂的挤压件等,在挤压、切边、冲孔、热处理、清理以及运送过程中,或由于冷却不均、局部受力、碰撞等原因,往往产生弯曲、扭转、翘曲变形,造成挤压件走样。若这种变形超出了挤压件图的技术条件允许公差范围,便要经过校正工序将挤压件校直、校平。

一般来说,挤压件的校正多是在校正模内进行的。在模具内校正时,还可使得挤压件在高度方向上因欠压而增加的尺寸减小,起到局部精压的效果。

　　校正一般分为热校正和冷校正两种。热校正通常与热挤压同一火次，在切边和冲孔之后进行。可利用终挤压模具型腔进行多次挤压成形，也可在专用设备上的校正模中进行。热校正一般用于大型挤压件、锻件和容易在切边、冲孔时变形的复杂形状挤压件。冷校正作为热挤压生产的最后工序，一般安排在热处理和清理工序之后进行。冷校正主要在专用设备上的校正模中进行，一般用于中小型挤压件，以及容易在冷切边、冷冲连皮、热处理和清理过程中产生变形的挤压件。尤其针对薄壁中空的大尺寸密封舱体挤压产品，为保证整体端部的外形尺寸，挤压件在校正同时进行去应力退火处理或时效处理，保证不改变产品性能。

　　热校正模型腔根据热挤压件图设计，冷校正模型腔根据冷挤压件图设计。无论哪种校正方式，其模具型腔应力求形状简化、定位可靠、操作方便、制造简单。

　　其模具型腔设计应注意以下几点：

　　（1）考虑挤压件切边后的毛刺尺寸，模具型腔水平方向尺寸应适当放大。

　　（2）模具型腔垂直方向尺寸应等于或小于挤压件高度尺寸。考虑到小型挤压件欠压量小，校正模具型腔高度可等于挤压件高度；而大中型挤压件欠压量较大，校正模具型腔高度应比挤压件高度小一些。

　　（3）校正模型槽间的壁厚按校正部分形状确定。

　　（4）校正模型腔边缘应圆角处理，表面粗糙度 Ra 值为 $0.8 \sim 1.6 \ \mu m$。

　　（5）校正模应留有足够的支撑面。

参 考 文 献

[1]　薛永栋，韩静涛. 基于 DEFORM 的金属压力加工数值模拟 [J]. 冶金设备，2007（4）：34 - 37.

[2]　李传民，王向丽，闫华军. DEFORM 5.0 金属成形有限元分析实例指导教程 [M]. 北京：机械工业出版社，2007：4 - 10.

[3]　王涛. 机车杯形件温挤压工艺及模具设计研究与实践 [D]. 北京：北京交通大学，2006.

[4]　李宗坤，张宏洋，王建有，等. SolidWorks 建模以及与 ANSYS 的接口问题探讨 [J]. 中国农村水利水电，2007（9）：82 - 84.

[5]　薛风先，胡仁喜，康士廷，等. ANSYS 机械与结构有限元分析从入门到精通 [M]. 北京：机械工业出版社，2010.

[6]　玄令祥. 铝合金车轮轮毂旋压成形工艺研究 [D]. 长春：长春理工大学，2018.

[7]　张海峰. 多道次轮毂旋压成形数值模拟技术及仿真研究 [D]. 长春：长春工业大学，2012.

[8]　梁清香，张根全. 有限元与 MARC 实现 [M]. 北京：机械工业出版社，2003.

[9]　黄泽涛. 基于 Hyper Xtrude 的 5A03 铝合金型材等温挤压研究 [D]. 广州：广东工业大学，2012.

[10]　黄珍媛，吴锡坤，龚刚，等. 铝型材悬臂类模具挤压成形数值分析与研究 [J]. 轻合金加工技术，2010，38（5）：31 - 33.

[11]　陈军，刘志强，叶泊沅. 铝型材挤压成形有限元分析软件的应用 [C] //中国有色金属学会. Lw2007 铝型材技术（国际）论坛论文汇编，2007：75 - 78.

[12]　潘健怡，周照耀，王尧，等. 复杂横截面铝型材挤压模的设计与数值模拟分析 [J]. 塑性工程学报，2010，17（1）：46 - 51.

[13]　Liu P, Xie S S, Cheng L. Die structure optimization for a large, multi-cavity aluminum profile using

numerical simulation and experiments ［J］. Materials & Design, 2012, 36: 152-160.

［14］　Okamoto T, Kawahara M. Two-dimensional sloshing analysis by Lagrangian finite element method ［J］. International Journal for Numerical Methods in Fluids, 1990, 11 （5）: 453-477.

［15］　Sun J L, Ye H K. Arbitrary Lagrangian - Eulerian finite element method for large sloshing in two - dimensional fluid now with a free surface ［J］.Journal of Huazhong University of Science and Technology, 2002, 30 （11）: 80-82.

［16］　Kovacs A, Kawahara M. A finite element scheme based on the velocity correction method for the solution of the time - dependent incompressible Navier-Stokes equations ［J］. International Journal for Numerical Methods in Fluids, 1991, 13 （4）: 403-423.

［17］　Hafez M. Finite element/finite volume solutions of full potential, Euler and Navier-Stokes equations for compressible and incompressible flows ［J］. International Journal for Numerical Methods in Fluids, 1995, 20 （8）: 713-741.

［18］　Ren G, Utnes T. A finite element solution of the time-dependent incompressible Navier-Stokes equations using a modified velocity correction method ［J］. International Journal for Numerical Methods in Fluids, 1993, 17 （5）: 349-364.

［19］　Becket B R, Drake J B. Finite element analysis of time-dependent viscous flows utilizing an implicit mixed interpolation algorithm with a frontal solution technique ［J］. Mathematical Modelling, 1986, 7 （2）: 469-482.

［20］　Hopkins W G. Fine powder! Close-coupled or open-die atomization?　［J］. Metal Powder Report, 1990, 45 （1）: 41-42.

［21］　中央军委装备发展部. 变形铝合金热处理要求: GJB 1694A-2019 ［S］, 2019.

第四章　复合成形工艺及过程控制

随着航天产品性能的不断提升，作为主要结构的舱体类结构件由最初简单的圆形筒体逐渐发展成异型截面结构，单一的连续热挤压技术只能实现简单截面结构件的成形，无法实现非等截面与复杂结构的成形，在应用范畴方面受限制较多。热挤压技术与其他制造技术相结合，可以解决凸台、悬臂、非等截面以及非直母线等特征结构成形问题，拓展热挤压技术的应用范畴与应用领域。本章重点阐述热挤压与增材、旋挤、二次成形等技术的复合成形原理、方法和典型工艺。

4.1　热挤压与增材制造复合成形工艺

热挤压与增材制造复合成形工艺，指的是在挤压成形的基础上，通过在挤压件壁板局部进行增材制造，实现复杂构件成形的工艺方法。挤压有立式、卧式、旋挤等多种方式；增材有电弧增材技术、激光选区增材技术、激光熔敷增材技术、电子束送丝增材技术、电子束选区增材技术等多种方式。在应用热挤压与增材制造复合成形工艺时，要根据产品结构特点，选用不同的复合成形工艺，如大型结构采用电弧增材复合成形，具有较高的加工效率；端框上的悬臂等轻量化结构选用与激光选区增材复合成形，能够实现复杂结构的低成本制备；舱体型面上精密凸台结构选用激光熔覆复合成形，可减少加工时间和制造成本。几种典型结构挤压增材复合制造示例见图 4-1。具体工艺的选用，需要根据产品性能、结构形式、加工成本、设备条件等多方面综合考虑确定。

产品的设计受到产品重量、空间、密封、强度等综合因素的约束，同时又要满足未来高端装备型面日益复杂化和轻量化的要求，这就给制造带来了极大的难度。应用复合成形工艺解决方案需要从产品设计源头出发，并考虑工艺技术间的物理或化学属性耦合、工艺间关键数据参数传递等多方面的因素，才能较好地在整体成形基础上，实现异型结构的成形，并解决局部结构的成形难题。

复合成形主要有两种方式：一是按照零件结构分区进行复合成型，在挤压零件上增材出复杂结构，如悬空结构、高加强筋结构等，再进行机械加工等后续加工并形成最终产品；二是按照零件成形顺序复合，如在挤压成形后进行结构二次成形，进而实现异型截面、非等截面、非直母线等复杂结构的制造。

热挤压成形出的零件具有质量好、形状及尺寸精确、性能优异等一系列突出优点，但其对复杂零件成形难度大，对成形模具及设备要求也较高。对于某些复

(a) 铝合金复杂结构凸台及悬空结构   (b) 钛合金挤压增材复合制造[1]

(c) 铝合金增材局部加强[2]   (d) 钛合金板材上电弧增材复合成形[3]

图 4-1 典型结构挤压增材复合制造示例

杂结构零件或异形零件，例如在垂直于轴向方向上存在凸起结构的零件，会面临成型后零件脱模困难甚至无法脱模的问题，相应会增加成形模具的设计难度、设计时间以及制造成本，复杂程度高的模具也更易损坏。对于异形截面筒体内部的局部凸台结构，若采用整体挤压成形，会导致后续机加工难度增加，并造成较大的材料浪费。挤压与增材制造技术相结合的复合制造成形方法，很好地结合了两者工艺优势，可以很好地降低构件制造难度；同时，在保证零件符合使用要求的前提下，可以显著降低模具设计制造难度，有效避免复杂构件无法脱模的问题，并提高材料利用率和成形效率，实现高效低成本制造。

    鉴于篇幅限制，该节后续内容重点以挤压电弧复合成型为例，对增材制造与挤压复合成形进行介绍。

4.1.1 增材制造与挤压复合成形原理分析

    增材制造技术与挤压复合成形的基本原理是，将增材制造和挤压成形在产品的制造过程中的单工步、多工步或工步间交替进行。增材制造一般需要相同或者相近似材料作为基板，在此基础上进行增量的成形制造。复合成形利用增材制造的这一特点，将挤压的筒体、块体、异型件等结构作为增材基板，直接在半成品结构件上进行增量成形，实现复杂零件的一体化制造，也可根据产品需要再次采用挤压、轧制等技术。

由于增材制造技术的多样化，使得与挤压复合成形技术的种类呈现多种方式。增材制造技术目前常用的有激光熔覆技术（laser cladding technique，LCT）、激光选区熔化技术（selective laser melting technique，SLMT）、电弧增材制造技术（wire arc additive manufacture technique，WAAMT）、电子束熔丝增材制造技术（electron beam fuse additive manufacturing technology）、电子束选区熔化增材制造技术（electron beam selection additive manufacturing technology）等。

激光熔覆也叫激光包覆或激光熔敷，采用高能量激光作为热源，金属合金粉末作为焊材，通过激光与合金粉末（或丝材）同步作用于金属表面快速熔化形成熔池，再快速凝固形成致密、均匀并且厚度可控的冶金结合层。

激光选区熔化技术是以原型制造技术为基本原理发展起来的一种先进的激光增材制造技术。通过专用软件对零件三维数模进行切片分层，获得各截面的轮廓数据后，利用高能量激光束根据轮廓数据逐层选择性地熔化金属粉末，通过逐层铺粉、逐层熔化凝固堆积的方式，制造三维实体零件。

电子束熔丝增材制造技术是利用高能量密度的电子束轰击金属表面形成熔池，金属丝材通过送丝机构送入熔池并熔化，同时熔池按预先规划好的路径运动，金属材料逐层凝固堆积，形成致密的冶金结合，直至制造出金属零件毛坯。

电弧增材制造技术是以熔化极惰性气体保护焊接（MIG）、钨极惰性气体保护焊接（TIG）以及等离子体焊接电源（PA）等焊机产生的电弧为热源，通过金属丝材的添加，在程序的控制下，按设定成形路径在基板上堆积层片，层层堆敷来实现金属零件制造。

挤压增材复合制造技术，不简单是挤压构件与增材构件两部分相结合，还需考虑两种工艺间相互影响，从两种设计初模型角度出发，最终实现热挤压铝合金与增材制造铝合金之间的连接，挤压-增材连接界面处的组织性能直接影响成形件的最终性能。

图4-2是挤压电弧复合成形连接界面处体视显微镜3倍形貌，截面上清晰可见增材部分与挤压基材的熔合线，构件的组织特征分层明显。另外，由于电弧增材制造是采用将熔融材料逐层累积到基材上的方式成形目标构件，因此构件沿增材方向具有分层特征；而在每一熔覆层内，由于焊枪在前进的同时在垂直于前进方向上来回摆动，因此形成各层内的分层特征，且由于电弧吹力作用，熔合线向焊枪前进方向的反方向倾斜。

可以利用金相显微镜对直臂体增材件挤压基材、连接界面、增材部分三个区域分别进行组织特征观察，通过连接界面熔合区及热影响区组织特征、增材部分层间结合处及层内组织特征，对比分析不同工艺参数增材件晶粒形貌、尺寸、连接界面结合状态等，并判断零件内部是否存在缺陷。

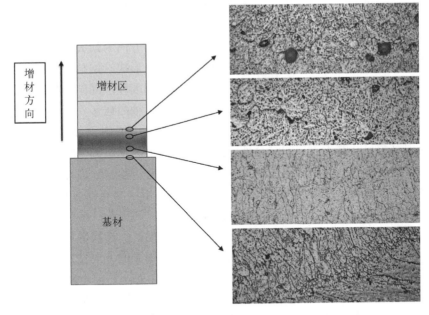

图 4-2　电弧增材生长机制

由图 4-2 和图 4-3 可以看出如下组织特征：沿增材方向（竖直），层间结合处与层内分别呈现出不同的金相显微组织状态，增材件内部分层特征明显；在垂直于增材方向（水平，即沿焊枪行进方向），层内也呈现相同的分层特征。出现以上分层特征的原因是：熔融铝合金冷却凝固时，β 相在层间结合处聚集长大。由于在沉积熔融金属时，电弧放热将上一层已经凝固金属的顶部区域重熔形成熔池，熔池的高温使得熔池下方材料受到热作用，导致基体组织内继续析出更多的 β 相，在高温持续的时间内 β 相继续长大，从而形成条带状区域。

结合处晶粒生长有取向性，沿增材方向生长；增材区内部带有不同程度的夹杂、气孔；层内为柱状晶和等轴晶，晶粒尺寸略大于层间结合处，偶有夹杂和气孔。多层单道成形过程是熔融金属不断叠加的过程，前一层对后一层成形有预热作用，后一层金属对前一层金属有回火作用，是形成这种组织特征的原因。由于新的堆积层以上一层表面为形核表面，而此时

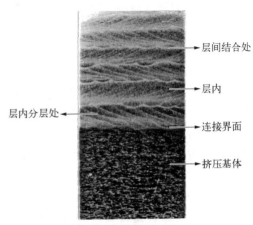

图 4-3　电弧增材直臂体 3.75 倍体视显微照片

上一层已经经过适当冷却，因此层间结合处首先快速形核生成少量等轴晶，又由于冷却速度快，使得新生成的等轴晶晶粒来不及长大，尺寸稍小；同时由于层间结合处具有较大的温度梯度，且垂直于层间结合处的方向为最大温度梯度所在方向，形核速率高，因此后续冷却过程中沿等轴晶向上形成沿增材方向择优生长的柱状晶。对于层内晶粒，温度逐渐趋于平缓，温度梯度较层间结合处减小，晶粒由层间结合处的柱状晶继续向上过渡为等轴晶，且等轴晶居多。而由于新层的堆积对上一层内晶粒起到再热（回火）作用，促使上一层内顶部晶粒继续长大，因此层内晶粒尺寸略大于层间结合处，由此形成以上的增材部分组织特征。

在连接界面以下，增材制造过程中电弧放热使挤压基材表面材料重熔，会在挤压基材表面形成一定厚度的融化层，与所堆积的熔融材料结合形成连接界面，因此在挤压基材表层融化区以下的基材，会经历一个再热和晶粒继续长大的过程，造成晶粒尺寸大于原挤压基材晶粒，形成热影响区。连接界面上部的首层增材组织为尺寸较大的柱状晶，并且其生长同样具有明显的方向性，特征类似于增材部分的层间结合处。原因是连接界面处首层晶粒在较大过冷度下迅速形核之后，首层细小晶粒上部的温度梯度有所减小，生长速率增大，但在垂直于界面的方向上仍具有最大温度梯度，造成晶粒沿温度梯度最大方向优先快速生长，从而形成具有明显方向性的柱状晶。

4.1.2 电弧增材制造与挤压复合成形工艺设计

对于复杂结构航天产品，无论是舱段端框类产品的快速研制和批量生产，还是产品内部的电子单元、电缆等功能性器件装配连接结构，复合成形技术都是一种很好的工艺选择，不仅可以制造复杂整体化结构，还可以实现局部特征的制造。电弧增材制造与挤压复合成形工艺设计主要包括复杂结构电弧增材制造与挤压复合成形工艺仿真、电弧增材制造与挤压基体界面连接性能控制、基于复合制造工艺的热挤压基体结构再设计及成形、复合成形工艺控制、目标样件电弧增材制造与挤压复合技术试验验证等内容。具体如下：

（1）针对铝合金材料进行材料性能研究，为数值模拟提供可靠的数据支撑；开展基于电弧增材与挤压复合制造技术的典型结构仿真分析；开展铝合金挤压基体成形过程以及目标样件复合制造过程模拟仿真分析；根据模拟仿真分析结果，建立工艺参数与复合制造过程应力场和应变场之间的关系，结合挤压成形及电弧增材制造工艺特点，适当调整仿真数值模型，改变复合增材制造过程中的应力场和应变场分布模式，为提高复合制造工艺的成形性以及减小应力变形提供依据。

（2）研究电弧增材制造与挤压件基体连接界面性能控制技术。包括电弧增材制造电流强度、路径规划、扫描速度、振荡摆动频率等不同工艺参数对复合制造成形性能的影响；电弧增材制造与挤压件基体界面连接工艺和性能控制等。在此基础上分析电弧增材制造与挤压复合制造件界面微观缺陷特征及分布特点，制定相应的界面性能检测技术方案，并根据检测结果，反馈调整工艺参数，从而实现增材制造与挤压成形界面性能的优化控制。

（3）基于增材与挤压复合制造技术要求，对热挤压基体结构再设计及成形工艺技术开展研究。根据前期复合制造仿真的分析结果，针对高热量输入的电弧增材制造工艺特点，在热挤压基体结构上进行复合制造结构再设计，为电弧增材的稳定成形奠定基础。重点是通过研究挤压成形工艺参数（包括成形温度、应变率和变形量等）对铝合金复杂结构成形过程的影响，明确铝合金多向复杂结构尺寸精度与缺陷控制技术，以及复杂结构基体热挤压成形过程组织性能协同控制技术，形成复杂结构基体热挤压成形制造工艺方案，为后续零件的复合制造提供依据。

（4）在上述三方面研究设计的基础上，针对复杂铝合金构件增材制造与挤压复合成形工艺进行控制。通过优化成形路径、控制热输入量、双面对称成形、间歇成形等措施，减小对挤压件基体的应力积累效应，消除或减小在复合成形过程中造成的变形，实现热挤压结构复合制造过程中对变形的初步控制。对于前期无法利用工艺调整完全消除的较大应力及变形，可设计采用专用工装，并针对易发生变形部位优化成形路径、工艺参数、成形速度和间隔时间，再结合热挤压结构试件的整体后处理技术，达到均匀化微观组织、消除残余应力，实现零件的尺寸精度及性能的最终控制。

（5）基于以上研究，选取铝合金目标产品进行试验验证，针对热挤压基体的挤压成形工艺进行优化，通过成形试验摸索不同坯料温度、模具温度、应变速率及成形载荷下对热挤压基体成形质量的影响规律，选用合理的工艺参数并进行样件工艺方案的详细设计，在试验过程中进行工艺及质量控制优化；对按工艺优化方案获得的样件进行静力试验考核，验证采用增材制造与挤压复合技术制造的构件是否满足产品使用要求。

4.1.3 复合成形常用设备及工艺参数

4.1.3.1 电弧增材制造技术

1. 电弧增材设备

电弧增材制造技术是基于冷金属过渡焊接工艺发展而来的，冷金属过渡技术具有优异的弧态特征，在电弧增材制造成形领域展现出独特的优势。其原理是首先将电弧引燃，熔滴向熔池过渡，熔滴进入熔池后电弧熄灭，电流减小直到短路，短路信号被 DSP 处理器检测到并被反馈给送丝机，送丝机回抽丝材，这样丝材与熔滴分离，使熔滴在无电流状态下过渡，随后丝材运动方向改变，重新起弧进行堆敷，如此循环，最终完成增材制造过程。冷金属过渡（cold metal transfer，CMT）堆敷过程如图 4-4 所示。

图 4-4　CMT 堆敷过程示意图

　　图 4-5 所示的电弧增材制造设备由北京航星机器制造有限公司研发，采用的焊机是 Fronius CMT Advanced 4000 数字化焊机，该焊机有 CMT、CMT-pulse（CMT+P）、CMT-advance（CMT+A）和 CMT-pulse-advanced（CMT+P+A）四种控制模式；采用的冷金属过渡技术是奥地利福尼斯（Fronius）公司研发的一种"热—冷—热"连续交替（热输入量很低）的方法；采用发那科（FANUC）M-710iC/50 手臂式六自由度工业机器人作为电弧增材制造系统的运动部件，重复定位精度±0.07 mm。增材机器人通过内嵌于示教器中的 Arc Tool（弧焊工具）软件来控制整个增材制造过程，包括实时进行数据传输，保证增材过程正常进行。

图 4-5　电弧增材制造设备

　　从载能束的特征考虑，电弧越稳定越有利于成形过程控制，即成形形貌连续一致性。

　　采用冷金属过渡技术进行电弧增材成型具有以下优点[4, 5]：

　　（1）几乎在无电流状态下进行熔滴过渡，热输入量极低。

（2）能够精确控制弧长，电弧更稳定。CMT 技术主要通过机械方式控制弧长，相比于通过电压反馈方式控制弧长的普通 MIG/MAG 焊，不易受到增材速度和工件表面平整度的影响。

（3）打印成形质量均匀。普通 MIG/MAG 焊的成形电流会随丝材的伸出长度不同而改变。而 CMT 丝材伸出长度改变时不会改变成形电流，从而实现熔深恒定，成形型面的均匀一致好。

（4）无熔渣飞溅。消除了熔滴过渡过程中出现飞溅的现象，减少了成型后清理工作量。

（5）增材速率高。

2. 工艺参数选取

对于复合成形而言，电弧增材成形质量直接关系复杂结构件的质量，一般是从控制成形件整体形貌与消除宏观缺陷出发，对成形件工艺参数进行调整，确定送丝速度（m/min）、行进速度（mm/s）、焊枪摆动方式、频率（Hz）、摇摆幅度（mm）、焊道两侧摆动的停留时间（t_a、t_b）等工艺参数的合理范围。其中，送丝速度、行进速度为影响成形效果的主要工艺参数；焊枪摆动在所需成形层宽度大于焊丝直径 3 倍的情况下采用，目的是得到具有目标宽度的成形层。合理的工艺参数可以改善成形件宏观形貌，有利于稳定各层组织，使各堆积层厚度均匀，提高成形件性能和减小后续的机加工量。

不同材料的丝材有相应的初选工艺参数范围。常用的 5A06 铝合金丝直径为 1.2 mm，一般初步层间停留时间为 1 min，焊接频率定为 5 Hz，摇摆幅度视所需道宽度而定，焊道两侧停留时间 $t_a = t_b = 0.15$ s，成形方向为往复摆动堆积成形，增材过程中采用氩气作为保护气体，流量为 20 L/min。

在工艺参数选择阶段，对不同送丝速度、不同行进速度、不同摆动方式及摆幅进行对比试验时，工艺参数可以参照表 4-1 中的 5 组基于实际生产工艺经验数据进行选用，后续再进一步利用不同工艺参数增材件的组织性能来优选合理的工艺参数。不同的增材丝材化学成本及制备工艺会略有差异，实际应用时可在表 4-1 中工艺参数的基础上进行适当调整。

表 4-1 电弧增材工艺参数

编 号	送丝速度/(m/min)	行进速度/(mm/s)	摆 动 方 式	摇摆幅度/mm
1	7	6	正弦	4
2	7	7	正弦	3
3	6	7	正弦	3
4	6	7	圆形	3
5	6	7	8 字形	3

界面性能好坏直接关系到增材产品质量，对不同工艺参数增材件进行室温拉伸性能测试，测试其屈服强度（MPa）、抗拉强度（MPa）、延伸率（%）时，应在增材件分别切取三个圆形截面拉伸试样。取样时应使挤压基材与增材部分连接界面位于拉伸试样轴向中间位置，拉伸后取三个实验数据平均值作为每个增材件室温拉伸性能参考值。拉伸件取样位置可参照图 4-6。所有的增材件室温拉伸性能测试中，均采用相同的拉伸件取样方式。

图 4-6　电弧增材件拉伸试样取样位置

表 4-2 是按表 4-1 的五种参数增材制造的 5A06 铝合金构件室温拉伸的一组力学性能数据。

表 4-2　增材件室温拉伸性能

增材件编号	抗拉强度/MPa	屈服强度/MPa	延伸率/%
1	255.00	147.33	7.25
2	260.33	151.00	6.50
3	312.00	151.67	14.00
4	281.67	149.33	9.33
5	271.00	151.00	8.33

正常情况下，拉伸断裂位置应在拉伸试样组织性能最薄弱处。挤压增材复合制造的拉伸试样断裂位置并非位于连接界面处，而是普遍位于试样的增材部分，说明增材区拉伸性能低于连接界面处和挤压成形区。

图 4-7 为放大 100 倍的 5 个 5A06 铝合金试样挤压增材区层间结合处金相图。由显微照片可见，5 个样件层间结合处均有不同程度的气孔和疑似夹杂缺陷，其中 1 号增材件缺陷最为严重，3 号增材件缺陷最少，这与 3 号增材件宏观形貌最好、室温拉伸性能最优相符合。5 个不同工艺参数的增材件，层间结合处均有不同程度的气孔，且在金相观察中发现沿增材方向气孔呈增多趋势。

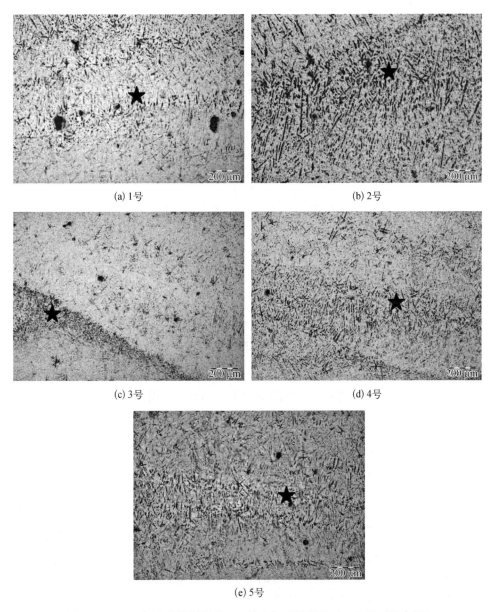

(a) 1号

(b) 2号

(c) 3号

(d) 4号

(e) 5号

图 4-7　5A06 铝合金增材部分 100 倍金相显微照片（★为界面结合处）

4.1.3.2 激光选区熔化技术

1. 技术原理

激光选区熔化技术（SLMT）是利用高能量的激光束流对已获得零件 CAD 模型切片分层的轮廓数据逐层选择性地熔化金属粉末，按照"逐层铺粉-逐层熔化-凝固堆积"的制造方式实现实体金属零件的直接制造（图 4-8）。为了保证对金属粉末材料的快速加热和熔化，激光选区熔化技术一般采用高能量密度的激光器，功率密度可达到 $5 \times 10^6 \, \text{W/cm}^2$ 以上，光斑直径一般可以聚焦到几十到几百微米。在 SLMT 中，粉末材料一般分两个腔室进行存放，分别为供粉腔室和工作腔室。粉末储存在供粉腔室中，经铺粉辊移动到工作腔室。铺粉结束后，激光经过激光器发出，通过聚焦透镜聚焦，然后进入可快速运动的振镜，通过振镜改变激光在工作腔室中的扫描位置，按照程序设定的扫描路径逐层熔化铺好的粉末，最终完成设计零件的直接制造。

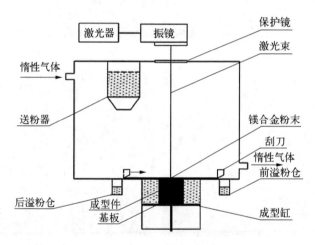

图 4-8　激光选区熔化技术原理示意图

2. 技术特点

（1）可以实现传统制造工艺方法无法加工的轻质点阵夹芯结构、空间曲面多孔结构、复杂型腔流道结构等特殊复杂结构的精密制造。

（2）激光束聚焦光斑细微，粉末尺寸小（$\leqslant 50 \, \mu\text{m}$），铺层分层薄（$\leqslant 0.05 \, \text{mm}$），成形零件尺寸精度高、表面质量好（粗糙度 Ra 为 $10 \sim 30 \, \mu\text{m}$），与送粉、送丝增材方式相比机加余量少，表面稍经打磨、喷砂等简单处理即可达到一般使用精度要求。

激光选区熔化技术近年来发展迅速，软硬件设计、材料与工艺研究等方面都有了长足的进步和发展，获得了良好的工程应用效果，但其自身也还存在一些缺点和不足，主要体现在以下几个方面：

（1）相对其他增材制造技术，成形效率偏低，设备及零件制造成本高，从而限制了其技术的进一步推广和应用。

（2）成形过程中的球化、未熔合、裂纹、气孔等缺陷，以及应力较大带来的翘曲变形等问题，对高质量金属零部件的增材成形带来了难度。

（3）目前大型设备制造难度大，制造零件尺寸会受到铺粉工作腔体的限制。

4.1.3.3　激光熔融沉积成形技术

1. 技术原理

激光熔融沉积（LMD）技术成形原理如图4-9所示。其成形方式为：先由计算机或反求技术生成零件的实体模型，按照一定的厚度对实体模型进行分层切片处理，使复杂的三维实体零件离散为二维平面；而后获取各二维平面信息进行数据处理并加入合适的加工参数，将其转化为计算机数控机床工作台或机器人运动的轨迹信息，以此来驱动激光工作头和工作台运动；在激光工作头和工作台运动过程中，金属粉末通过送粉装置和喷嘴送到激光所形成的熔池中，熔化的金属粉末直接沉积在基体表面凝固后形成沉积层；激光束相对金属基体做平面扫描运动，从而在金属基体上按扫描路径逐点、逐线熔覆出具有一定宽度和高度的连续金属带；成形一层后在垂直方向做相对运动，接着成形后续层，如此循环往复叠加，最终制备出整个目标金属零件。

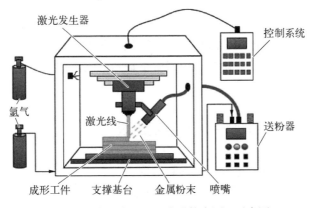

图4-9　激光熔融沉积成形技术原理示意图

2. 工艺特点

激光熔融沉积技术具有如下特点：

（1）可直接制造超大尺寸、结构复杂的金属功能零件或模具，特别适于成形垂直或接近垂直的薄壁类零件。

（2）可成形的金属或合金材料范围广泛，能实现多种材料、异质材料以及非均质和梯度材料零件的制造；通过调节送粉装置、逐渐改变粉末成分，可在同一零件的不同位置实现材料成分的连续变化。该工艺在制造功能梯度材料方面具有独特的优势,有着广阔的发展前景。

(3)制备的构件力学性能好。制备过程中金属粉末完全熔化再凝固,组织几乎可达到完全致密;金属粉末在高能激光作用下熔化,然后快速凝固,形成的显微组织十分细小且均匀,一般不会出现传统铸造和锻件中的宏观组织缺陷。这两方面的优势,使 LMD 成形的零件具有良好的力学性能。

(4)可对零件进行修复和再制造,延长零件的生命周期。LMD 所成形的位置不像 SLM 局限在基板之上,拥有更大的灵活性,可以在任意复杂曲面上进行金属材料堆积,因此可以弥补零件出现的缺陷,实现对零件的修复再制造。

激光熔融送粉工艺存在的主要缺点如下:

(1)成形形状及结构限制。LMD 对制件的某些部位(如边、角)的制造存在不足,制造水平和悬臂类特征件困难较大。对于复杂弯曲金属零件,若采用 LMD 技术制造必须设置支撑部分,支撑部分的设置可能会给后续加工带来麻烦,同时增加制造成本。

(2)成形尺寸精度相对较低。目前大部分系统都采用开环控制,在保证金属零件的尺寸精度和形状精度方面还存在技术缺陷;LMD 技术使用的是千瓦级的激光器,由于激光聚焦光斑较大(一般在 1 mm 以上),虽然可以得到冶金结合良好的致密金属实体,但其尺寸精度和表面光洁度都不太好,需进一步进行机加工后才能使用。

(3)存在较为严重的冶金缺陷。送粉沉积过程中体积收缩过大和粉末爆炸迸飞,易出现微观裂纹、成分偏析等内部质量缺陷;较大的残余应力也在一定程度上限制了其使用。

4.1.4 复合成形界面力学性能及微观组织

4.1.4.1 复合成形的电弧增材参数选取

以表 4-3 所示 3 号电弧增材件力学性能为基础,对工艺参数细化调整,包括原 3 号参数在内设置 7 套工艺参数,分别以原材料、热挤压件侧壁为基材共制造 9 个增材样件,对比分析工艺参数单一变量增材件的组织性能。具体分析测试方法包括室温拉伸性能测试、冲击测试、金相组织观察、拉伸件断口扫描、电子背散射衍射等。其中,参数 3、6、7 为不同行进速度对照组,参数 3、8、9 为不同频率对照组,参数 3、10、11 为不同摆幅对照组。

采用调整后的 7 套工艺参数成形出的以热挤压件侧壁为基材的增材件,如图 4-10 所示。增材件直臂体高度在 35~40 mm,长度在 90 mm 左右,厚度由摆幅大小决定。图中增材件上的标记"∥"代表挤压件侧壁,数字代表所采用的工艺参数编号,与表 4-3 中编号一一对应。

表4-3　电弧增材工艺参数调整

参数编号	送丝速度/(m/min)	行进速度/(mm/s)	摆动方式	频率/Hz	摇摆幅度/mm
3	6	7	正弦	5	3
6	6	8	正弦	5	3
7	6	9	正弦	5	3
8	6	7	正弦	4	3
9	6	7	正弦	3	3
10	6	7	正弦	5	4
11	6	7	正弦	5	5

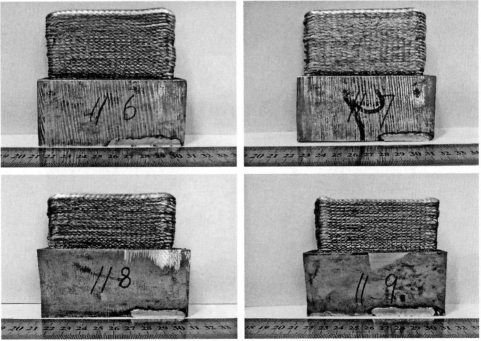

图 4 – 10　热挤压侧壁增材件

选取表 4 – 3 中 3 号、10 号、11 号工艺参数在挤压件腹板上进行电弧增材，以此形成相同参数下不同基材状态的对比实验。图 4 – 11 是以挤压件腹板为基础成形出的 3 件挤压增材件复合制造产品，以下简称为挤压腹板增材件。增材件增材区高度 35～40 mm，长度约 90 mm，厚度 30 mm。增材件上的标记"FB"代表挤压件的腹板位置制样，数字代表所采用的工艺参数编号，同样与表 4 – 3 对应。

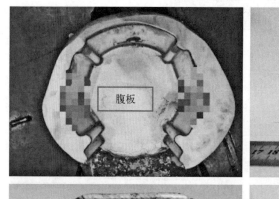

图 4 – 11　挤压腹板增材件

4.1.4.2 工艺参数对复合成形件力学性能的影响规律分析

挤压增材件室温拉伸性能测试结果如表 4-4 所示，3 号维持原工艺参数不变，6~11 号为 3 号参数调整后的工艺参数。其中，3、6、7 号增材件变量为行进速度与送丝速度，使焊接热输入逐渐降低；3、8、9 号实验变量为焊枪摆幅，分别为 3 mm、4 mm、5 mm；3、10、11 号实验变量为摆动频率，分别为 3 Hz、4 Hz、5 Hz。由于受增材件尺寸的限制，拉伸试样靠近起弧端/收弧端位置切取；直臂体增材件两端结合状态略差，室温拉伸性能整体稍有偏低；拉伸试样断裂位置普遍位于增材区，说明侧壁增材件连接界面室温拉伸性能高于目前所得数据。

表 4-4 侧壁增材件室温拉伸性能

增材件编号	抗拉强度/MPa	屈服强度/MPa	延伸率/%
3	319.15	151.97	21.20
6	289.96	148.07	17.70
7	275.55	142.05	13.22
8	287.97	148.76	13.52
9	212.90	149.16	5.25
10	296.33	151.19	16.42
11	281.55	141.46	10.07

1. 行进速度对复合成形件力学性能的影响

在其他工艺参数保持不变，行进速度分别为 7 mm/s、8 mm/s、9 mm/s 时，3、10、11 号挤压侧壁增材件抗拉强度与延伸率如图 4-12 所示。可以发现，增材件抗拉强度、延伸率随着行进速度的增大（热输入降低）而同时降低；行进速度为 7 mm/s 的 3 号参数增材件，抗拉强度和延伸率最高。

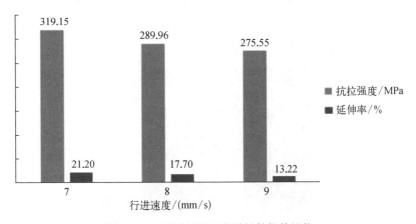

图 4-12 不同行进速度增材件拉伸性能

2. 焊枪摆幅对复合成形件力学性能的影响

在保持其他工艺参数保持不变，焊枪摆幅分别为 3 mm、4 mm、5 mm 时，3、10、11 号挤压侧壁增材件抗拉强度与延伸率如图 4 - 13 所示。随着增材过程中焊枪摆幅的增加，直臂体增材件厚度增大，增材件的抗拉强度与延伸率均呈下降趋势。焊枪摆幅为 4 mm 时，抗拉强度下降至 287.97 MPa；焊枪摆幅为 5 mm 时，抗拉强度大幅下降至 212.90 MPa。延伸率下降趋势同抗拉强度一样逐渐增大。证明在该条件下电弧增材工艺参数中，单道焊枪摆幅 3 mm 最佳。

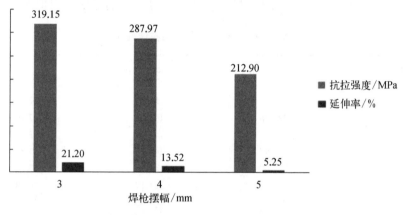

图 4 - 13　不同摆幅增材件拉伸性能

增材过程中直臂体增材件散热条件会随着增材件厚度增大而逐渐变差，熔覆层冷却凝固时间变长，从而易形成粗大晶粒；同时焊道处于高温时间的增加，会导致熔覆层上表面氧化程度增加，使熔覆层表面产生的氧化层，导致后续增材时熔池内产生气孔。随着焊枪摆幅的增大，增材件气孔数量增加、尺寸增大，如图 4 - 14 所示。在摆幅为 5 mm 的增材过程中，熔覆层顶部出现肉眼可见的气孔。

图 4 - 14　直臂体厚度增加效果

3. 频率对复合成形件力学性能的影响

在保持其他工艺参数保持不变，频率分别为 5 Hz、4 Hz、3 Hz 时，3、10、11 号挤压侧壁增材件抗拉强度与延伸率如图 4－15 所示。相比频率为 5 Hz 的增材件的性能，频率为 4 Hz 时的增材件室温拉伸性能略有降低，抗拉强度为 296.33 MPa、延伸率为 16.42%；频率降低为 3 Hz 后，增材件的增材件室温拉伸性能进一步降低，抗拉强度为 281.55 MPa、延伸率为 10.07%。总体上，增材件室温拉伸性能随着频率的降低而降低，但降低幅度较小；频率对增材件室温拉伸性能的影响小于热输入和焊枪摆幅的影响。

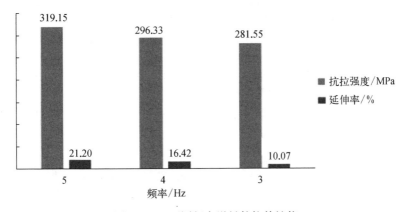

图 4－15　不同频率增材件拉伸性能

频率减小时，焊枪单位时间内横向往复摆动次数减少，如图 4－16 所示。若频率过小，会导致横向往复堆积的熔融金属材料之间融合不良甚至出现空隙，进而导致夹杂、气孔增多，性能降低。

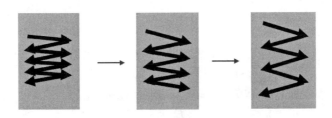

图 4－16　摆动间隙变化示意图

4.1.4.3　界面冲击韧性

侧壁增材件冲击测试结果如图 4－17 所示。可以看出，侧壁 3 号增材件冲击功最高为 17.95 J，其连接界面冲击韧性最好；其次为侧壁 11 号增材件，冲击功为 16.88 J。两者的主要区别在于，侧壁 11 号工艺参数是在 3 号工艺参数基础上将频率调整为 3Hz。其余增材件冲击功均不同程度低于侧壁 3 号与 11 号增材件，

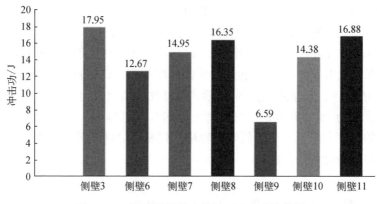

图 4-17 侧壁增材件连接界面冲击功柱状图

其中侧壁 9 号增材件冲击功显著低于其他增材件，仅为 6.59 J，冲击韧性最差。

4.1.4.4 复合成形各区域晶粒形貌

图 4-18 为挤压侧壁增材件增材区 200 倍金相显微照片。其中图 4-18（a）为增材区层内晶粒形貌，图 4-18（b）为增材区层间结合处晶粒形貌。总体上，

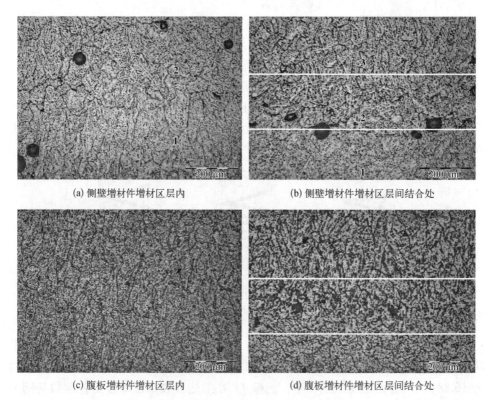

(a) 侧壁增材件增材区层内　　　　　　(b) 侧壁增材件增材区层间结合处

(c) 腹板增材件增材区层内　　　　　　(d) 腹板增材件增材区层间结合处

图 4-18 增材件增材区 200 倍金相显微照片

增材件分层特征清晰，层间结合处较层内析出更多的 β 相。观察图 4 – 18（a）增材区层内晶粒形貌沿增材方向（竖直）的变化情况，标记 1 处为柱状晶，向上至标记 2 处趋向于等轴晶，即各层中与前一熔覆层较近的底部为柱状晶，而各层与空气接触的顶部为等轴晶。再观察图 4 – 18（b）层间结合位置晶粒形貌特征，沿增材方向由下至上分别为：上一层顶部标记 1 处为等轴晶，层间结合部标记 2 处有少量尺寸稍小的等轴晶；新层底部标记 3 处为柱状晶。增材区整体晶粒形貌特征与分布规律，为等轴晶与柱状晶交替分布。另外，在金相观察中我们可以发现随着增材高度的增加，柱状晶的特征有所减弱；原因是随着增材高度的增加，增材区形成热积累，熔覆层的散热条件变差，在进行新层熔覆时，上一层作为形核表面温度梯度减小，晶粒择优生长趋势减小，故随增材高度增加越来越趋向于等轴晶。

腹板增材件增材区晶粒形态没有明显变化，如图 4 – 18（c）、（d）所示，以柱状晶和等轴晶交替分布为主要特征，层间结合处为尺寸稍小的等轴晶，层内由下至上由柱状晶过渡到等轴晶，沿增材方向柱状晶特征逐渐减弱。

观察图 4 – 19 增材件连接界面金相显微组织，挤压-电弧增材连接界面形成

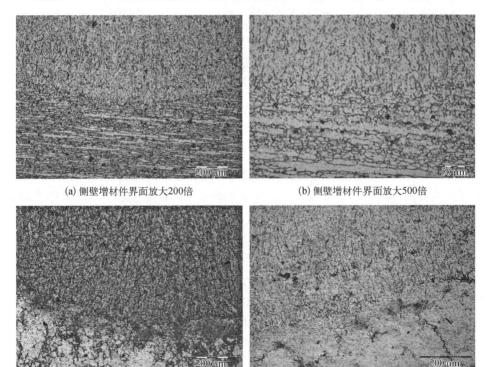

(a) 侧壁增材件界面放大200倍   (b) 侧壁增材件界面放大500倍

(c) 腹板增材件界面放大200倍   (d) 原材料增材件界面放大200倍

图 4 – 19 增材件连接界面金相显微照片

了良好的冶金结合，未发现缺陷存在。挤压-电弧复合制造时，由于基材与熔滴温差产生的激冷作用在连接界面会首先形成少量小晶粒；连接界面向下为热处理后基材的再结晶晶粒，向上为增材区首层柱状晶。

4.1.4.5　复合成形界面微观组织结构特征

图 4-20 为侧壁增材件中的 3 号参数增材件电子背散射衍射（EBSD）扫描结果，其中上半部分为增材区，下半部分为挤压区。由图可见，增材区晶粒生长具有明显方向性，整体沿增材方向生长；作为基材的挤压件侧壁晶粒尺寸很小，可见经过热处理后发生了很大程度的再结晶，形成了大量再结晶等轴晶粒，但仍有少量晶粒呈现出挤压后被拉长的状态；由于挤压区再结晶后晶粒很小，在二者连接界面处无法判断是否存在前文所述的细晶。

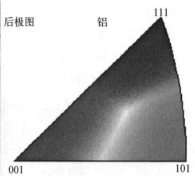

图 4-20　侧壁增材件连接界面 EBSD 扫描结果

腹板 3 号参数增材件的挤压-电弧增材连接界面 EBSD 扫描结果如图 4-21 所示。图 4-21（a）为连接界面以上的增材区，晶粒尺寸较大，存在明显方向性，为择优生长的柱状晶。图 4-21（b）为连接界面 EBSD 晶粒形貌，以图片中间部分一层细晶为分界，向上为增材区柱状晶，向下为挤压区不完全再结晶晶粒。EBSD 所得晶粒形貌与金相结果（图 4-19）一致。

对比两者连接界面 EBSD 晶粒，可以发现图 4-21 的侧壁增材件的基材区、连接界面、增材区的晶粒尺寸较小。原因是挤压件侧壁在经过热处理以后，相比于原材料发生了更大程度的再结晶，使得该处晶粒尺寸小于原材料，晶界面积增多。这会导致晶界处原子扩散速度比晶内快，且晶界能量高，原子活动能力大，杂质原子容易富集在晶界，熔融材料在晶界处优先形核。原始晶粒越细，晶界越多，形核率相应越高，因此侧壁增材件晶粒尺寸更小。

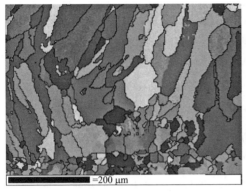

(a) 增材区　　　　　　　　　　　　　　(b) 界面区

图 4 - 21　腹板增材件连接界面 EBSD 晶粒形貌

4.2　旋挤成形工艺

旋转挤压（简称旋挤）成形工艺是近年新发展出的一项复合成型技术。旋挤将挤压和旋压工艺相结合，吸取了两种工艺的优点，可以解决带内环筋、凸台等特征结构圆形截面薄壁构件的整体成形难题。这种内筋结构构件整体成形困难，但与普通的筒形件结构相比，具有更好的刚性、质量结构比以及振动稳定性等优良性能，不论在民用、还是在军事等领域都被广泛应用。该类结构应用在航天产品结构件上，主要用途是通过轻量化设计与制造，降低航天产品的结构质量系数。

该复合成形技术的概念最早由 Greenwood 提出，其主要技术原理是将挤压变形和扭转变形有机地结合在一起，使原始坯料在变形过程中受到挤压力和剪切力的相互作用，在变形过程中获得更大的应变量，从而达到提升材料力学性能的目的。

选择高性能铝合金、镁合金、钛合金等轻量化材料，采用整体、薄壁、空心、变截面和带筋等轻量化结构，是实现构件轻量化的主要技术途径。图 4 - 22

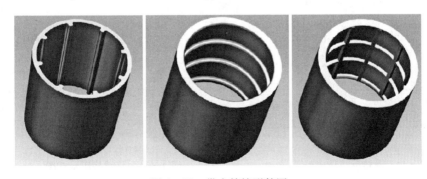

图 4 - 22　带内筋筒形件图

是现在航天以及特殊民用工业中常见的几种带有纵向、横向或纵横相交的网格内筋的回转体典型构件。

4.2.1 旋挤成形特点及原理

旋压是一种近净金属塑性成形工艺，与其他冲压方法比较，具有工艺灵活性高、能成形出多种形状、尺寸公差和形位公差较小、产品整体性能高等优点，尤其是在与数控技术结合后，技术能力得到了快速提升，薄壁回转体零件（包括带内环筋大型锥壳体零件）都可以采用旋压工艺成形，且生产制造快捷、柔性好、成本低、经济性好。

带内环筋壳体旋挤成形技术不同于挤压和锻造，也不属于一般意义上的旋压；作为一种局部塑性成形技术，用旋挤轮作为成形工具，与坯料的接触由线接触逐渐过渡到面接触，大幅度增加金属变形区的尺寸，提高成形效率和精度。成形过程中，一方面金属向旋挤轮凹槽流动，另一方面坯料壁厚沿圆周方向逐次减薄，使旋挤轮凹槽部分的金属最终成筋，其变形机制十分复杂。

旋转挤压技术根据变形方式可以分为旋转正挤压变形和旋转反挤压变形两种工艺方式。目前对于旋转正挤压变形技术的研究比较广泛，关于旋转反挤压成形技术的研究正逐步得到开展。旋转反挤压成形技术由中北大学张治民团队[4]提出，在原有的传统反挤压的基础上，对坯料施加周向的剪切力，使得坯料的流动方向与凸模的进给方向相反，同时使金属的流线方向沿轴线螺旋上升，从而实现制品的成形，其原理如图4-23所示。旋转反挤压成形相对于传统的反挤压工艺，在提高成形壁部均匀性和降低变形载荷方面具有显著优势。旋转挤压过程及效果如图4-24所示。

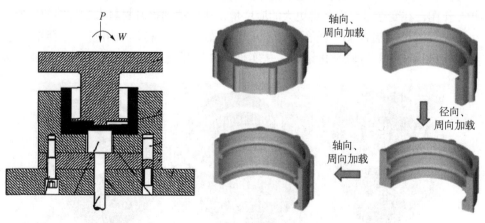

图4-23 旋转反挤压成形工艺
原理示意图[6]

图4-24 旋转挤压示意图

内环筋直筒件旋转挤压分为旋转轴向挤压和旋转径向挤压两种模式。除了强力旋压常见的裂纹、起皮、堆积、黏结、鼓包、内壁划伤、扩径等缺陷外，旋挤成形时由于自身工艺的特点，在材料流动过程中会出现分层缺陷，这主要是由于内外面摩擦力不同，使得金属塑性变形超过极限变形能力，从而在金属内部产生裂纹的一种分层缺陷现象。

折叠缺陷是当在材料非均匀流动时出现局部材料变形量过大，材料流动失稳，覆盖在相邻区域上，李天宇等[7]针对旋转挤压成形易产生折叠缺陷的问题，通过建立旋转挤压成形金属速度场，为折叠缺陷研究提供了理论基础，并利用刚塑性有限元法对镁合金内筋壳体旋转挤压成形过程进行了数值模拟，对比分析了不同形状的凸模作用下变形区金属的流动规律、节点应变和折叠角，探讨了折叠产生的原因。结果表明：该缺陷是由于凸模间隙区金属受凸模轴向-周向加载产生凸起，凸起金属受凸模周向加载作用与壳体内侧壁金属汇流所产生；变形区凸起金属轴向流动速度沿径向方向呈递减趋势时无折叠缺陷产生，反之则产生折叠缺陷；增大过度圆角和梯形工作带设计可以避免折叠缺陷的产生。

雷煜东等[8]针对旋转挤压成形易产生裂纹的问题，利用 DEFORM–3D 有限元软件对 AZ31 镁合金旋转挤压过程进行了裂纹萌生的模拟，研究了凸模在轴向-周向加载和径向-周向加载过程中，凸模圆角半径与摩擦系数对试样裂纹损伤分布的影响。研究结果显示，摩擦系数越大，裂纹损伤因子越大；凸模圆角半径越大，裂纹损伤因子越小，虽然凸模圆角半径 R 大于 8 mm 时裂纹损伤因子仍在减小，但是考虑工艺及材料利用率等因素，凸模圆角半径 R 选择 8 mm 为佳。通过单独径向、周向旋转挤压数值模拟，并与实验结果对比验证，得出了轴向-周向加载下筋部上区域损伤最大，径向-周向加载对试样的损伤影响较小的结论。

4.2.2　旋挤复合成形工艺设计

旋挤成形通过坯料周向转动与旋挤轮径向进给相结合，实现内腔带环筋壳体类构件的整体塑性成形，如图 4–25 所示。图中左侧为旋挤初始状态，右侧为旋挤结束状态；旋挤时图中坯料随着外芯模（凹模）旋转运动，旋挤轮以进给量 f 沿径向给进与坯料接触，使预制毛坯在径向上产生连续的局部塑形变形——径向减薄、轴向伸长，且在旋挤轮凹槽处成筋，最终成形出带有旋挤轮外形的毛坯，即成形出镁合金带内环筋的壳体。本节重点介绍这种工艺方法，以及成形过程的有限元数值模拟分析、相关工艺参数对成形过程的影响及优化。

旋挤成形装置如图 4–26 所示，该装置由液压系统和电机传动系统组成驱动

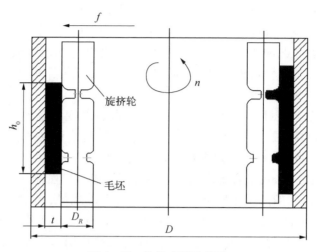

图 4－25　旋挤成形示意图

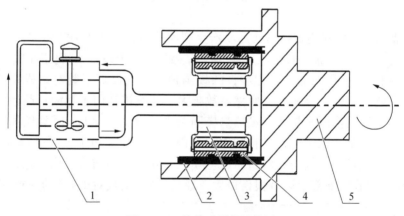

图 4－26　旋挤成形装置简图

1—液压缸；2—带内环筋壳体；3—液压伸缩缸；4—旋挤轮；5—凹模卡盘

系统。其旋挤成形过程为：将坯料放置于凹模卡盘中，旋挤轮安装在液压伸缩缸两端，电机带动凹模卡盘以一定转速转动并带动坯料一起旋转，与此同时，带旋挤轮的液压伸缩缸以一定的速度伸长，当带旋挤轮的液压缸伸长到使旋挤轮与坯料接触时，便开始对预制毛坯进行旋挤成形，液压伸缩缸的伸长与带坯料旋转的凹模卡盘同步工作，液压伸缩缸控制旋挤轮的进给速度，在旋挤终了时，旋挤轮缩回脱离坯料，凹模卡盘松开使零件分离后取出，全部旋挤成形作业完成。

在成形的过程中，坯料在凹模卡盘的作用下做旋转运动，旋挤轮的运动分为两部分：① 液压伸缩缸带来的旋挤轮的径向进给；② 旋挤轮在坯料旋转产生的摩擦力的作用下产生的被动旋转运动。

旋挤成形中影响制件质量的因素很多，针对三个旋挤轮无错距旋挤成形工艺进行数值模拟，各工艺参数对成形过程的影响如下。

（1）旋挤轮进给率：旋挤轮进给率过小时，由于弹性变形的缘故，会使本来就很小的材料变形分布在沿壁厚方向不同的流动面上，容易引起材料的夹层现象；旋挤轮进给率太高时，旋挤轮前面易形成突起，导致旋挤轮前方金属材料堆积，出现起皱及撕裂现象。

（2）壁厚减薄率：壁厚总的减小量与初始壁厚的比值称为壁厚减薄率。毛坯壁厚减薄率反映了工件的最终变形程度。在旋压成形过程中，壁厚减薄率是重要的工艺参数，直接影响旋压力大小、旋压的尺寸及旋压后精度。材料的塑性在很大程度上决定了极限减薄率。壁厚减薄率过大会造成工件材料流动失稳以及产生堆积，使制品表面出现起皮现象；壁厚减薄率过小会引起工件厚度变形不均匀，造成工件表面变形不充分出现裂纹现象。

（3）主轴转速：主轴转速对旋挤过程的影响取决于旋挤材料的性能。合适的转速能改善零件表面的光洁度，同时也能提高生产效率。当主轴转速高时，可认为参与的旋挤轮数量增加，单位时间内坯料的变形区面积增加，能在旋挤过程中有效限制变形时旋挤轮前方的金属材料堆积，促进材料的周向流动，使工件的变形条件得以改善，工件贴模性更好、内径精度更高，确保成形后的工件具有较高的表面质量和尺寸精度。

（4）成形温度：随着成形温度的增加，镁合金的塑性会得到明显的改善，其延伸率相应增加，塑性流动明显改善，变形抗力降低，塑性变形变得更加容易，因此提高成形温度有利于成形的实现；但温度过高将发生严重氧化以及晶粒长大现象，影响成形零件的性能。温度对镁合金旋挤成形的影响很关键。

（5）旋挤轮结构：通过旋挤轮的径向进给，可以成形出带内环筋的壳体。这是需要旋挤轮的外形与带内环筋壳体的内轮廓有相同的形状，旋挤轮凹槽处的尺寸需与成筋处的形状一致，但旋挤轮的直径会限制内环筋的高度。另外旋挤轮直径越大，变形过程中与坯料接触的面积也就越大，成形需要的旋挤力也越大。

图 4-27 为旋挤轮及支架的结构示意图，在两个凹槽处成筋，成筋部位设有圆角，便于金属流动。为了模拟分析时做对比，选择不同的圆角半径。

不同材料和尺寸的零件，需要对应不同的工艺参数。基于上述工艺参数对成型过程影响的分析，结合实际生产经验，对于图 4-28 所示的零件成形，其毛坯壁厚、旋挤轮成筋处圆角半径等旋挤成型的工艺参数可参照表 4-5 选择。

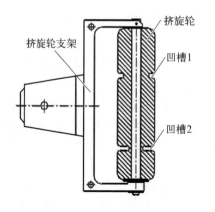

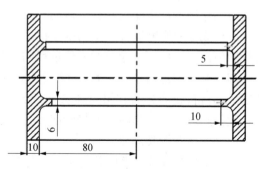

图 4－27　旋挤轮及支架结构示意图　　　图 4－28　带内环筋壳体零件截面参数示意图

表 4－5　工艺和几何参数

参　　数	值
材料牌号	AZ31
毛坯外径 D/mm	180
毛坯壁厚 t/mm	20
毛坯高度 h_0/mm	90
旋挤轮直径 D_R/mm	50
旋挤轮凹槽处圆角半径 r/(°)	5/3
进给率 f/(mm/r)	0.6
主轴转速 n/(r/min)	200
坯料温度（模具温度）T/℃	350（320）

4.3　二次精密成形技术

　　二次精密成形技术主要针对连续热挤压产品，实现非等截面、非直母线产品的成形问题，也可用于改变截面形状，目的是拓展连续热挤压技术的应用范畴；其另一项重要作用是提升连续热挤压的成形精度。连续挤压成形的产品，特别是薄壁大尺寸结构产品，成形后局部应力的释放会造成产品产生一定程度形变，使轮廓度和直线度等精度降低，无法达到使用要求。对此，可以在保证材料机械性能的前提下，通过二次精密成形提高尺寸精度和轮廓精度。现在应用较多的二次成形技术主要有内高压精密成形、充液镦压复合成形、固态颗粒成形、黏性介质压力成形等工艺。

　　表 4－6 中所示的三种异形多腔薄壁产品，是航天产品中常见的典型结构。以产品 A 为代表的变曲率半径结构：材料为 6005A－T4 铝合金，异形多腔，沿轴

向截面曲率半径由 $R730$ 变为 $R600$，长度 1 000 mm，形状误差要求小于 0.5 mm，壁厚要求 2+0.3 mm。另一类为等曲率半径结构：其一为产品 B，材料为 6005A－T4 铝合金，有 11 个异形独立腔体，长度 1 600 mm，截面尺寸 700 mm×500 mm，形状误差要求小于 0.5 mm，壁厚要求 3+0.4 mm；其二为 C 系列产品，壁厚最厚处 36 mm，最薄处 3 mm，壁厚梯度差极大。上述的这三种产品，都可以通过先连续挤压预成形，随后再二次精密成形的方式，实现高效制造并满足设计的要求。

表 4－6　典型代表产品

产　品	类　型	外　形　结　构	主　要　特　征
A	变曲率半径		薄壁、大长度、变曲率半径
B	等曲率半径		大长度、截面复杂、多分区
C			多分区、厚度跨度大，最大厚度 36 mm，最小厚度 3 mm

4.3.1　内高压精密成形技术

内高压成形技术是一种利用介质压力制造空心整体构件的先进塑性加工方法。具体成形过程为先将坯料放置于模具中，然后向坯料内部充入一定压力的液体作为传压介质并施加超高压，同时对管坯的两端施加轴向推力进行补料，坯料在内部压力和轴向力的共同作用下发生塑性变形，直至与模具贴合成形出所需形状的零件。

相比传统的组焊工艺和挤压成形，内高压成形技术可以一次整体成形出沿轴线具有不同截面形状的复杂中空轻量化构件，有效减少制品的后续机加和焊接工作量，缩短生产周期，降低制造成本。在内高压成形中，80%~90%区域发生弯曲变形，仅圆角附近的材料发生伸长变形，由回弹机制可知，发生弯曲变形的部位卸载后必然发生回弹，因此成形大截面尺寸零件时精度不高，如图4-29所示。

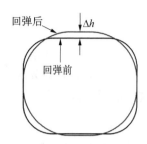

图4-29 内高压成形薄壁构件存在截面回弹

内高压成形以管状坯料为主，按零件成形时管坯所起的作用分为成形区和送料区。成形区是管坯发生塑性变形直径变化的部分，送料区是向成形区补料的部分。

内高压成形时管端由冲头和模具挤压形成刚性密封，因此该处模具容易磨损，通常在模具密封段采用耐磨镶块，来提高模具寿命。在零件成形后，可以通过模具内的辅助液压缸完成开槽、冲孔等后续工序；然后油液卸压，轴向冲头回程，液压机滑块上行，取出最终成形好的零件。

内高压成形工艺过程主要分为以下三个阶段，如图4-30所示。

（1）初始阶段：将管坯放入模腔后合模，两端的轴向冲头水平推进，形成密封，并通过预充液体将管内空气排出。

（2）成形阶段：在管坯加压胀形的同时，冲头按设定的加载曲线向内推进补料，在内压和轴向补料的联合作用下使管坯基本贴靠模具，完成除过渡 R 角以外大部分区域的成形。

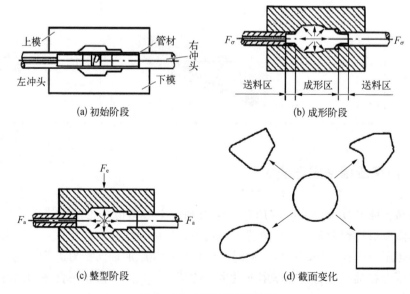

(a) 初始阶段

(b) 成形阶段

(c) 整型阶段

(d) 截面变化

图4-30 内高压成形原理

（3）整形阶段：提高内压使过渡 R 角完全贴合模腔，工件完全成形。

初始屈服压力、开裂压力、整形压力、轴向进给力、合模力和补料量等，是内高压成形的主要技术参数。

（1）初始屈服压力：管坯产生塑性变形所需的压力。

（2）开裂压力：管坯发生开裂时的压力。

（3）整形压力：在后期整形阶段，为保证零件完全成形所需要的压力。

（4）轴向进给力：轴向推进缸选型的依据，具体由保证管坯塑性变形的力、冲头高压反作用力和摩擦力三部分决定。

（5）合模力：在成形过程中使模具闭合所需要的力，是液压机选型的主要依据。

（6）补料量：确定水平缸行程的重要参数。由于加载路径及摩擦力的影响，补料量无法完全送到成形区，实际补料量通常为理想补料量的 60%~80%，因此成形区壁厚一般会减薄。

相对于传统的薄板冲压与焊接工艺，内高压成形具有以下特点：

（1）可减少开发与制造成本，降低制品重量，提高材料利用率。内高压成形件通常只需一副模具，而薄板冲压往往需要三道及以上的工序，工装开发及后续的制造成本将会大大提高。随着工序减少，工艺废料也会相应减少。在满足零件使用要求的情况下，内高压成形的空心零件较冲压焊接组合件可减重 20%~30%，材料利用率提高 30%~50%。

（2）可提高零件加工精度与整体性能。一次成形出形状复杂的零件，避免多工序加工过程中产生的累积误差，零件制造精度高；内高压成形属于冷加工工艺，变形过程中的加工硬化可提高零件强度，且整体成形刚度也能得到更好的保证，因此用于汽车车身等承载结构件中可提升安全性能。

（3）内高压成形需要的压力较高，所需合模压力机吨位较大，通常在 3 500 t以上；其高压生成源及电气控制系统相对复杂，设备制造成本比较高。另外，因零件成形质量和壁厚分布与加载路径密切相关，其研发与试制费用也较高。

4.3.2　充液镦压复合成形技术

针对型面精度差的问题，传统机械校形和热校形均存在一些无法解决的问题。机械校形存在的主要问题是：① 对波浪纹无效；② 在形状突变的锐利部位及多腔连接处易诱发裂纹，而形状过渡剧烈、多腔又恰恰是航天构件的两大重要特征。热校形存在的最大问题是：热校形后材料处在退火态，需补做淬火+时效，而淬火又会重新破坏校正的形状。

电磁成形、超塑成形、液压胀形等也不能很好地解决异形多腔薄壁构件的成形难题。电磁成形存在多腔与深腔结构线圈制造难度大和端部精度差的问题；超塑成形存在后续淬火破坏前序的形状精度问题。液压胀形存在两方面的难点：① 塑性变形不足与开裂并存，如图 4-31 (a) 所示，极大曲率半径处塑性变形不足，回弹严重，无法达到形状精度要求；极小曲率半径处应力集中易开裂，特别是高强铝合金开裂更为严重。② 截面回弹与轴向扭曲并存，如图 4-31 (b) 所示，原因是封闭截面构成自约束，残余应力分布极其复杂。

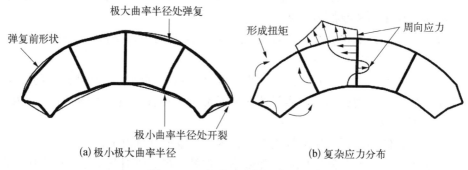

(a) 极小极大曲率半径　　　　　　(b) 复杂应力分布

图 4-31　变形不足的回弹和开裂

充液镦压复合精密成形属于新一代金属精密成形技术，液体低压成形和镦粗挤压成形同步复合进行，可较好地实现薄壁多容腔异型结构件/薄壁异型管材等构件的二次精密成形或校形。充液镦压复合精密成形区别于内高压成形技术，可在室温下低压过程中实现快节奏生产，可精确控制壁厚及型面公差，成形精度高、质量一致性好、制造符合性高，对于高精度异型薄壁结构的航天产品制造具有较好的适应性。图 4-32 简要描述了该技术与内高压成形的区别。

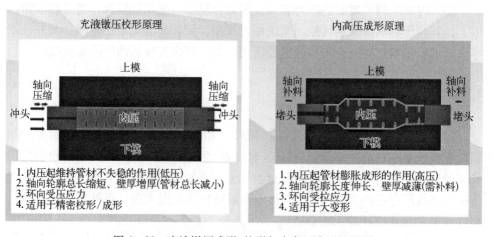

图 4-32　充液镦压成形/校形与内高压成形的区别

1. 工艺原理

工艺过程：首先在多腔构件内施加支撑内压，然后沿构件轴线方向压缩坯料使其贴模成形。具体为：柔性介质从内侧沿径向推送材料向模腔方向贴合（此时为双拉应力状态，且因变形量不足，多处材料处在弹性变形状态），然后刚性冲头自端部沿轴向压缩筒坯，使材料全部屈服进入塑性变形状态（应力状态转为双压应力状态），从而实现制品的定型（图 4-33）。

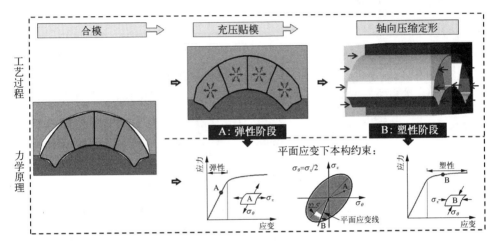

图 4-33　工艺原理

力学原理：轴向压缩时，同一横截面上的各点轴向应力因屈服而被一致化（等于屈服应力）；与此同时，在模腔内进行的轴向压缩属于平面应变，平面应变下，周向应力 σ_θ 等于 1/2 轴向应力 σ_z 的应力应变本构关系约束，其周向应力也随之被改变为压应力；因此本工艺的轴向压缩同时产生了两个效果：① 使材料"全部"进入屈服，塑性变形充分；② 同时实现了周向、轴向应力的均匀化，从根本上避免了因塑性变形不足发生形状回弹、应力不均导致截面扭曲和拉应力诱发开裂三个问题。

2. 技术装备

充液镦压复合成形装备与管材内高压成形装备的原理基本相同，均是通过控制液体介质内压，同时施加刚性载荷成形。其工艺特点决定了该装备具有一定的特殊性，如需要根据成形轴向力变化提高内压避免起皱，要求对合模力高精度控制以保证成形零件具有高的型面精度，同时还需要大容积增压器。

管材内高压成形过程为：由合模压力机为模具施加合模力，使模具闭合严密，然后利用高压系统驱动水平冲头对管材两端密封、控制管端位移和液体介质加载压力，最终实现管状零件成形。内高压成形设备由合模压力机和高压系统两大部分组成，其中高压系统包括高压源、水平缸、液压系统、充液系统和数控系统五部分。图4-34为内高压成形设备构成示意图。

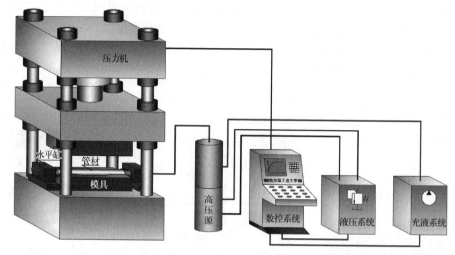

图4-34 内高压成形设备构成示意图

管材内高压成形机可按照预设加载曲线执行加载，图4-35所示为内高压成形机加载参数曲线示意图。其中合模力要始终大于管材内液压产生的开模力，由高压源提供的内压与由水平缸驱动的轴向位移相匹配使管材成形。

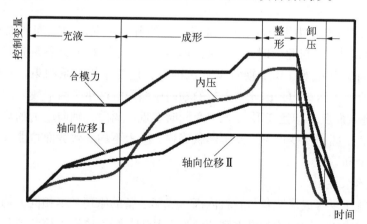

图4-35 内高压成形机加载参数曲线

3. 技术优点

内高压成形技术应用于管类复杂结构整体制造，具有一系列突出的优点：

（1）形状精度高。成形中材料受三向压应力，抑制了裂纹的发生，使该工艺可直接采用硬态（时效态）铝合金成形，绕开了成形-再热处理工艺导致形状精度被再次破坏的痛点，从原理上解决了这一瓶颈难题。

（2）壁厚均匀性好。压缩时薄弱部位（薄壁）先屈服增厚，当增厚至一定程度塑性区转移至次薄位置，依次循环，具有壁厚自均匀效果，解决了初始挤压坯料壁厚不均的问题。

（3）工艺性好。内压仅起支撑作用，所需压力 10~20 MPa，为工程常用压力，降低了密封难度和设备吨位，工艺实施性好。同时该工艺在室温下实施，便于操作。

4.3.3　固态颗粒介质成形

与液压成形、黏性介质成形相比，固态颗粒介质成形比较容易密封，不需专用装置，其特有的成形效果一直是学者们的研究方向与热点。按颗粒的种类不同，固体颗粒介质成形可具体分为固体（金属）颗粒成形、陶瓷颗粒成形、粉体成形等不同形式。

固体颗粒介质成形可获得液体介质所不具有的非均匀分布压力，研究表明，这样更有利于金属成形时的材料流动，同时减少成形件挤压成形或者二次成形时产生的拉应力，从而实现预制挤压空腔或者二次成形时的极限制造。

固体颗粒作为新型的传力介质，弥补了传统液压成形、黏性介质成形等技术的许多瓶颈。在成形过程中，固体颗粒始终与腔体型面贴膜，成形精度高且解决了密封难题。除此之外，固体颗粒工艺温度适应范围广，不易污染。因此固体颗粒技术成为智能材料成形技术的重要发展方向。由于固体颗粒具有耐高温的特性，可以在高温条件下使用，增加了传力介质的应用范围。该方法同时克服了其他传力介质所存在的添加工序繁琐与不易控制等问题，每次成形后不用调换传力介质即可实施下一次成形，更易操作与控制，能有效缩短生产周期和提高工作效率，特别适合难变形材料的低温及高温成形。

石墨、陶瓷颗粒作为金属热挤压过程中的两种固体颗粒填充介质，颗粒间具有较小的摩擦力，形状自由变化，作为填充材料置入坯料预置孔内，当整体塑形变形时能与金属保持同步流动，是很好的金属热胀型填充材料。尤其是在高温高应力环境下，用石墨作为填充材料成形的金属构件应力分布更为均匀，高温抗拉性能也更为优越。此外，石墨也能够缓解和吸收金属材料加工过程中产生的一些冲击和振动能量，从而提高金属材料在冲击和高强度应力下的疲劳性能。

4.3.4　黏性介质压力成形

黏性介质压力成形采用的传力介质是一种具有应变速率敏感性的半固态、可流动物质。在成形过程中，黏性介质的变形抗力可以自适应于板料的变形，因此模腔内的压力场呈非均匀变化，这非常有利于板料成形性能的提高。另外，黏性介质可以同时注入板料的两侧，这样正、反向压力的同时存在可以改善板料的应力状态并减少微裂纹的产生，有利于提高板料的成形能力。与常规刚性模具成形工艺相比，黏性介质压力成形工艺消除了成形时对零件表面的划伤，尤其是在成形复杂型面零件时，常规成形容易造成板料局部撕裂或不能贴模，而黏性介质压力成形工艺则可避免撕裂且成形的零件尺寸精度高。与以水或油为传力介质的液压成形工艺相比，黏性介质压力成形对密封的要求较低，因此压边力可以得到很好的控制，进而得到壁厚分布更为均匀的零件。与聚氨酯或橡胶成形工艺相比，黏性介质在压力下有很好的流动性，可以充填小角度和复杂曲面，因此得到的零件贴模性更好。

黏性介质压力成形工艺具有以下优点：

（1）可使用简单通用的模具结构；

（2）低的厚度减薄率和更均匀的壁厚分布；

（3）高尺寸精度，低回弹和残余应力；

（4）更低的表面粗糙度；

（5）无腐蚀、无污染，对人体无害；

（6）黏性介质可重复使用。

4.3.5　其他精密成形技术

1. 工艺控制及补偿控制

工艺控制法是通过调节成形过程中挤压温度、挤压比等工艺参数，以及模具匹配来控制回弹或变形量，并获得形状及精度符合技术要求的产品。该方法要求技术及操作人员具有丰富的经验，并需要进行大量的现场试验，而且必须考虑起皱和拉裂等问题的出现，因此对于精度要求高的产品，该方法无法满足精度控制要求。补偿控制法是事先在回弹变形的反方向给模具施加补偿量，使得回弹后的工件形状刚好与设计形状吻合，该方法主要用于充分了解材料性能和简单工件的情况，对于新材料或者工件形状改变的时候，正确补偿数据的选择需要通过数据的重新积累才能实现。复杂结构件成形过程中的变形没有规律，无法通过补偿来对成形形状进行修正并提高零件成形的形状精度。

2. 二次加载精密成形

二次加载精密成形指在不去除或添加材料的前提下，通过外部载荷的作用或能量输入，使变形零件或坯料的尺寸形状达到设计精度要求的工艺方法，一般称为变形校正，这是实际工业生产中提高构件成形精度的有效方法。按照工作原理及施加载荷的形式不同，传统校正方法主要分为机械校正、加热校正和电磁校正等，这些校正方法在对工件进行校正的同时都不可避免地会引入表面拉应力，影响工件服役性能。因此，从控制/降低内部应力或者引入表层压应力促使工件内应力重分布、提高工件服役性能的角度出发，电磁校正、喷丸校正、激光校正、蠕变校正、振动时效校正、滚压校正等新型校正技术逐步被广泛采用。

1）机械校正

机械校正具有原理简单、适用面广的特点，是应用最为广泛的一种校正方式。基本原理是通过施加一定的反向变形量来达到对原形状误差的矫正。学者们围绕机械校正，在校正机制、载荷预测、载荷布置等方面都开展了大量研究。孙杰等[9]学者研究了 U 型结构件校正变形所要满足的曲率关系，通过曲率与弯矩的关系模型形成了压力机压下行程的计算方法；张洪伟等[10]的研究表明，压力校正的支点位置和载荷施加形式会对校正效果产生影响。

当前，机械校正广泛应用于航空航天结构件变形校正生产实际中，但对于复杂的结构件缺乏有效的载荷预测理论，压力的位置、大小等关键参数无法预测，校正工艺规程匮乏，校正存在很大的盲目性和随意性，效果难以保证，甚至出现过因载荷过大造成零件报废的案例。

2）加热校正

我们一般把利用热胀冷缩使零件内应力释放的原理来实现校正的方法统称为加热校正。根据热源形式和校正原理可分为火焰校正、激光校正和一般热校正等。加热校正比较适合局部校形，用于大型零件校形时存在极大困难，主要表现在两方面：一是整体加热校形后，其冷却过程中的变形仍然不可控；二是整体矫形需专用定型工装，该工装需将型腔的热变形补偿到模具型面上，而异形构件的热变准确预测本身很难。对于薄壁、异形零件，上述不足尤其显著。此外由于加热会引起的材料物理化学性质变化，因此在热处理强化材料中要慎用。

3）电磁校正

电磁校正技术又称磁脉冲校形技术，起源于电磁成形原理和技术。校形时先将放电线圈放置于工件内，再将它们放置于校形模具内，然后接通电源，使线圈在高压电的作用下产生强磁场，工件在感应电流的作用下也产生强磁场，通过两磁场叠加形成强磁场力与工件感应电流共同作用，快速向外膨胀使工件与校形模具贴合，从而完成校形。电磁校形技术是适用于导电性良好材料的一种非接触校形方法，工艺稳定性较好，零件贴模性好，弹性回复小，校形精度高，同时可以很好地改善材料的内应力分布状态。

近些年，人们对材料在电磁作用下的行为研究取得了一些进展，围绕板料、圆筒件开展了很多研究。于云程等[11]的纯铝和 LF21 管件端口电磁校形等实验研究表明：放电电压是影响校形效果的关键，增大放电电压可提高校形效果；增加放电次数可解决放电能量低时变形小、贴模性差的问题；因力学性能不同，材料校形效果各异。张文忠等[12]的铍青铜波形弹簧磁脉冲校形工艺研究结果表明：磁脉冲对铍青铜波形弹簧有明显的校形效果，提高了零件尺寸精度；校形后可提高波形弹簧的性能。电磁力与线圈和坯料之间间隙的平方成正比，对于复杂截面零件线圈的加工较麻烦，因此电磁矫形主要用在轴对称胀形、缩孔和翻边工艺中。

4）喷丸校正

喷丸可分为普通喷丸、超声喷丸和激光喷丸。作为一种表面处理技术，其在表面产生塑性变形和高幅值残余压应力的同时，伴随产生应变协调和应力释放，导致工件产生形变。利用这一点，我们可以用喷丸实现变形校正。该项技术现已广泛应用于薄板、大型壁板、叶片等弱刚度工件的变形校正。

针对铝合金板料的校形研究较多。陈星[13]对2024铝合金板料超声波喷丸校形的研究表明，该技术对板料的单曲率曲面变形的校形具有很好的可行性，同时得出了电流强度、喷丸时间和撞针直径等工艺参数对校形效果的影响规律。郭超亚[14]对2024铝合金板进行了数控超声波喷丸校形研究，取得了很好的研究成效，并得出以下结论：随进给速度、喷丸轨迹间距、喷丸电流的增大，校形量先增后减，喷丸区域宽度增加，校形量增加，而初始变形量对可校形量影响很小。Abenhaim等[15]采用超声波喷丸校形技术对涡轮发动机空心轴进行校形研究，取得了一定的效果。

喷丸的过程非常复杂，弹丸直径、喷丸速度、喷丸角度、喷丸区域等都是影响变形量的关键因素，关于喷丸的研究目前更多地集中在金属材料的表面强化处理方面，关于喷丸成形及校形方面的研究还相对较少，北京航空制造工程研究所在该领域的研究处于国内领先地位。

5）主动应力均匀法

实际生产中，拉弯法是最常用的减小回弹的方法。拉弯成形的工艺过程比较简单，只需一道工序就可完成加工。成形件材料受到轴向拉伸力的作用，应力中性层向弯曲中心内移，甚至可以使管坯截面全部处于轴向受拉的应力状态，避免内缘发生失稳起皱，并减小由材料纤维层之间的应力差导致的弯曲力矩，从而减少回弹量。

Kuwabara等[16]对复杂加载方式下的弯曲回弹问题进行了研究，比较了弯曲→拉伸、弯曲拉伸同时进行、弯曲拉伸→再拉伸、弯曲拉伸→卸载→再拉伸四种加载方式下回弹的变化情况，理论计算和试验结果均表明，弯曲拉伸→再拉伸方式下的回弹量明显小于其他情况。西北工业大学的研究表明，有侧压的拉弯成形与无侧压的拉弯成形方法相比更有利于减少回弹。针对型材弯曲零件拉弯后仍然存在一定回弹量的问题，张秉璋[17]提出了在拉弯过程中引入横向压力的恒压纵拉弯曲成形法。王俊彪等[18]研究了预拉力对角型材回弹的影响规律。张贺刚等[19]对等边角型材侧压转台拉弯的侧压区进行力学分析，计算出了侧压力与回弹半径关系理论曲线。孙惠学[20]对异型端面型材拉弯成形进行了数值模拟，得出了沿型材长度方向的回弹值分布曲线和最大回弹值随补拉力变化的曲线。上述研究对拉弯模具的设计和工艺参数的确定有重要作用。

拉弯法最适合于板类件成形与校形。管状件由于内部缺少支撑，截面塌陷无法避免，目前的做法是采用多点模具或内部填充低熔点合金等解决该问题，但塌陷只能减轻并不能根除。

6）蠕变校正

钛合金等高强度合金在室温下很难实现变形校正，蠕变校正应运而生。蠕变校正是将人工时效、加热校正和机械校正多项技术相结合，在加热状态下将工件置于模具或其他载荷下，使工件产生与初始变形相反的预变形，然后利用材料蠕变变形及应力松弛行为，实现消除残余应力、变形校正的目的。近年来我国围绕蠕变时效技术开展了很多研究，如中南大学湛利华团队[21]，在材料的蠕变时效行为、工艺参数对材料蠕变时效成形性影响规律以及回弹补偿等方面，取得了较多的研究成果；沈阳航空航天大学韩志仁等[22]发明了一种专门的蠕变时效校形装置，装置结构简单，校形效果良好，适用于批量生产。回弹问题一直是蠕变时效校形的关键，校形结束后往往存在一定回弹量，影响校形效果。因此，在应用蠕变时效校形工艺时，需要准确预测回弹量，将回弹量补偿到模具表面上，才可获得所需的零件形状。加热校正中，模具的热补偿也是普遍难点，该问题一直没有得到很好的解决。

7）振动时效校正

零件变形往往和应力集中有关，因此采用振动时效方法来降低工件内部残余应力幅值，也可以实现变形校正。振动时效在国内外航空航天制造业已得到普遍应用，有关学者围绕振动时效技术开展了很多研究，振动时效技术已由最早的亚共振时效发展到高频振动时效、频谱谐波振动时效。振动时效校形时将变形零件约束在特制的校形夹具中，通过强力激振器的作用使零件产生振动，当振动产生的应力与材料原有残余应力相叠加，应力幅值大于材料的屈服强度时，材料屈服产生塑性变形，使材料残余应力均匀化且应力峰值减小，从而达到校形的目的。该技术可作为一种辅助校形技术，在整体结构件分步校形过程中或最终校形后引入振动时效技术有较大价值。

8）滚压校正

滚压校正是指对变形工件的凹侧加强筋、侧壁等结构，对顶部施加双侧滚压操作，在滚压引入的微塑性变形和残余应力作用下使工件形状发生改变，从而实现变形校正的一种方式。滚压变形校正属于小变形校正，具有局部精细化调整构件变形的能力，不会引入过大的附加拉应力，同时在滚压区域表层引入残余压应力，有利于提高结构件的疲劳寿命等性能指标。

参 考 文 献

[1] Bambach M, Sizovaa I, Sydow B, et al. Hybrid manufacturing of components from Ti－6Al－4V by metal forming and wire-arc additive manufacturing［J］. Journal of Materials Processing Technology, 2020, 282（4）: 116689.

[2] Bambach M D, Bambach M, Sviridov A, et al. New process chains involving additive manufacturing and metal forming — A chance for saving energy?［J］.Procedia Engineering, 2017, 207: 1176－1181.

[3] Bambach M. Recent trends in metal forming: From process simulation and microstructure control in classical forming processes to hybrid combinations between forming and additive manufacturing［J］. Journal of Machine Engineering, 2016, 16（2）: 5－17.

[4] 高福洋. 钛合金多层多道电弧增材制造成形特性研究［J］. 焊接技术, 2019, 48（5）: 23－27.

[5] Yang J J, Blawert C, Lamaka S V, et al. Corrosion inhibition of pure Mg containing a high level of iron impurity in pH neutral NaCl solution［J］. Corrosion Science, 2018, 142: 222－237.

[6] 中北大学. 一种均质高强韧化镁合金杯形构件的旋转挤压模具: CN201410029411.3［P］. 2014－6－25.

[7] 李天宇, 王强, 张治民. 基于凸模结构的内筋壳体旋转挤压成形折叠缺陷研究［J］. 中北大学学报（自然科学版）, 2017, 38（2）: 237－242.

[8] 雷煜东, 王强, 张治民, 等. 旋转挤压裂纹萌生趋势的数值模拟［J］. 塑性工程学报, 2018, 25（2）: 122－127.

[9] 孙杰, 柯映林, 康小明.大型整体结构件数控加工变形的安全校形理论研究［J］.中国机械工程, 2003, 14（17）: 1441－1444.

[10] 张洪伟, 张以都, 吴琼, 等.航空整体结构件加工变形校正技术研究［J］.兵工学报, 2010, 31（8）: 1072－1077.

[11] 于云程, 李春峰, 江洪伟, 等.管件端口电磁校形的实验研究［J］.锻压技术, 2005, 30（4）: 9－12.

[12] 张文忠, 董占国, 陈浩, 等.铍青铜波开弹簧磁脉冲精密校形工艺研究［J］.航天制造技术, 2006 （6）: 22－25.

[13] 陈星.超声波喷丸校形的应用研究［D］.南京: 南京航空航天大学, 2013.

[14] 郭超亚.数控超声波喷丸校形工艺研究与预测模型建立［D］.南京: 南京航空航天大学, 2014.

[15] Abenhaim A I. Shaft straightness and concentricity in process correction［D］. Ecole Polytechnique, Montreal , 2004: 145－148.

[16] Kuwabara T, Takahashi S, Akiyama K, et al. 2－D springback analysis for stretch-bending processes based on total strain theory［J］. SAE Transactions, 1995, 104: 504－513.

[17] 张秉璋.横向压力影响拉弯零件回弹的研究［J］.西北工业大学学报, 1993, 11（4）: 531－534.

[18] 王俊彪, 于成龙, 王永军, 等.拉弯过程中预拉力对角型材零件回弹的影响规律［J］.航空制造技术, 2006（1）: 98－100.

[19] 吴建军, 张贺刚, 王俊彪, 等.型材拉弯的力学与回弹分析［J］.材料科学与工艺, 2004, 12（4）: 357－359.

[20] 孙志学.奥迪轿车门竖框拉弯成形弹复分析［J］.塑性工程学报, 1998, 5（3）: 32－34.

[21] 湛利华, 杨有良.大型构件蠕变时效成形技术研究［J］.航空制造技术, 2016（13）: 16－23.

[22] 韩志仁, 秦政棋, 祁贵根.蠕变时效成形的关键技术及应用［J］.航空制造技术, 2008（18）: 90－93.

第五章　热挤压主要缺陷及控制

热挤压过程中工艺参数控制不好时，不可避免地会出现多种缺陷，根据缺陷特征及产生原因，大体可分为表面、内部、充型三类缺陷。航天产品对性能和可靠性要求比较高，需要严格控制缺陷的产生，本章重点介绍这些缺陷产生的原因和控制方法。

5.1　热挤压表面缺陷及控制

热挤压表面缺陷指坯料热挤压后，在表面形成裂纹、折叠、气泡、分层等导致无法直接使用或不满足使用条件的工艺质量问题。

铝合金中小热挤压件一般由棒材热挤压而成，而大型热挤压件一般采用变形铝合金经最终热挤压加工而成。铝合金热挤压件的质量好坏与其化学成分、纯净度、组织均匀性以及晶粒大小等都有直接的关系。对铝合金热挤压件质量控制，必须要控制铝棒或铸锭的内部质量和表面质量，不能存在夹杂、偏析等冶金缺陷；材料表面要光洁完整，不能有裂纹、折叠、气泡、分层等缺陷。

目前，发达国家铝合金热挤压件表面处理光亮、完整，许多表面甚至不需要加工，给人的印象良好。相比而言，国内的多数复杂铝合金热挤压件，表面缺陷多、打磨多，且不平整，不像一个完整的热挤压件，与发达国家相比存在一定的差距。这反映了国内目前的热挤压工艺系统水平较低，主要表现为：① 模具设计及加工不合适，精度不高、润滑不好，制坯尺寸不合适或精度不高；② 每火次的变形量控制不合理，变形速度过快，产生裂纹、折叠等缺陷；③ 表面不平，打磨量大，甚至出现裂纹或产生折叠，容易带入零件中去，产生不良的后果；④ 在铝合金表面处理上、润滑剂的使用上，和发达国家相比也需要进行改进与提升。对上述问题，可通过借鉴国际上铝热挤压件生产厂家的工艺流程、高质量的润滑剂以及喷涂方式、热挤压件表面处理方式来改进。

表面粗晶已成为我国铝合金热挤压件一个严重问题，且在生产中很难完全消除。该现象一方面由于模具表面粗糙造成合金的流动性差导致，另一方面与原材料本身粗晶也有关系。模具预热温度（国内一般为 $100\sim250\,^\circ\mathrm{C}$，而国外的模具预热温度在 $350\sim400\,^\circ\mathrm{C}$）和热挤压温度（始/终锻温度）的选择及控制、炉温控制的精确性、变形程度和变形速率等，对粗晶的产生也有很大影响。国外铝合金热挤压大量使用型腔表面均匀一致的模具，采用自动化技术喷射润滑剂，这是其热挤压件表面（特别是铝合金热挤压件表面）平整光洁，即使是很大的自由热挤压件也几乎观察不到表面粗晶的存在重要原因。国内热挤压件的主要表面缺陷及预防措施如下。

1. 气泡起皮

气泡起皮是铝铸锭内部的缺陷、气体和挤压过程中被卷入的空气，在挤压及随后处理时发生膨胀，导致表面肿胀而鼓起形成气泡起皮，使表层金属与基体金属间产生局部离落，从而失去商品表面美观并影响产品质量的缺陷，如图5-1所示。以下因素会导致铝制品起泡起皱：铝合金坯料组织疏松、缩松、气升、砂眼、内裂粗晶；挤压筒不清洁、有油、污物、蚀与鼓突变形；挤压筒预热温度过高；挤压筒与挤压垫磨损及压配不当；挤压速度失控，铝金属充填过快，排气不畅；铝金属黏附于铝制品；等等。铝合金热挤压件在随后的热处理中，由于加热温度较高，表面也经常出现很薄的气泡，该类气泡在水中扒开有气体逸出，气泡有明显分层，内壁呈波纹状，有灰黑色的燃烧产物。图5-1为铝合金挤压制品表面起皮缺陷图片。

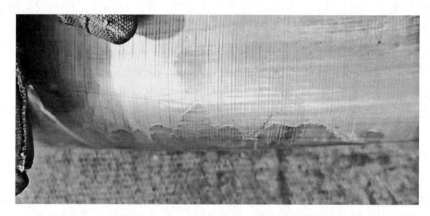

图5-1 铝合金挤压制品表面起皮缺陷

预防措施：提高铝锭质量，选用优质铝锭，严格铝材入库和投产前检查；及时更换严重磨损的挤压筒和挤压垫，并保持洁洁、光滑；控制处理气氛，防止水蒸气进入减少挤压热量和对模具的润滑；调整挤压机动作均匀协调性，制订合理的挤压速度和挤压变形量，确保排气畅通；保证挤压筒预热温度低于铝坯加热温度25~35℃；防止润滑剂过量，及时清除铝金属氧化壳及腐蚀污物。以上的各项措施，能有效防止铝制品起泡起皮，保证挤压制品的质量。

2. 擦伤

铝制品轻微擦伤不仅会影响表面的美观，而且会导致材料机械力学性能和产品的耐用度急剧降低，严重擦伤的铝制品甚至不能使用。日常生产中，铝合金制品表面擦伤主要有以下几方面原因：一是挤模型面粗糙度大，有较深冷加工刀痕、磨痕和碰伤沟痕，擦伤铝制品表面，产生凹凸印迹；二是模具红硬性、耐热性不足，模面与约 450~500℃ 铝金属坯料接触，且焖模时间长，过度回火导致型面硬度降低而软化；三是铝制品挤压时激烈的金属塑性流动与模腔发生强烈摩擦，会加深模腔沟槽，使铝制品表面更加粗糙；四是挤压工模具装配不合理且间隙过大，导致热塑铝金属从模孔流出过程中表面与模具及设备接触不良，从而造成严重擦伤；五是挤压筒内有铝金属氧化物硬壳、夹渣、尘砂等异物进入模孔，擦伤模具工作带，造成铝制品擦伤。图 5 - 2 为铝合金挤压制品擦伤实物图片。

图 5 - 2 铝合金挤压制品擦伤缺陷

预防措施：对挤压模具进行表面改性强硬化处理，提高红硬性、耐磨性和抗擦伤能力；选用具有纯度高、杂质少、晶粒细、碳化物小、等向性能好、化学成分和组织均匀等特点的优质精炼模具钢，或者用钢结硬质合金制造模具，经锻造与复合强硬化热处理，使模具工作型面具有高硬度、红硬性、耐磨性、抗疲劳、抗咬合、抗黏结、抗腐蚀和抗擦伤等特性；选择最佳工作带宽度，并在生产一定铝制品后，抛光模具型面与工作带；确保工模具与挤压设备装配精度。上述措施能有效防止铝制品表面擦伤，确保铝制品表面质量优良。

3. 波纹与尺寸波动

挤压机不稳定、严重抖动，铝金属不平衡流过模腔，铝制品厚薄悬殊大和冷却不均匀等因素，会导致铝制品表面形成波纹；模具与挤压筒壁相对位置不当或偏斜，会导致挤压应力与挤压速度发生变化，引起铝制品厚薄不均和挤压长度不等，产生厚度及尺寸波动，严重影响铝制品质量和耐用度。图 5 - 3 为铝合金挤压制品波纹与尺寸波动实物图片。

预防措施：维护好挤压机的工作状态，使其达到所要求的精度，工作平稳无抖动；校正和确保模具工作带获得均匀的金属塑性流量；控制冷却速度，确保铝制品均匀冷却；选用一级优质铝锭；设计精密耐用挤压模和制订合理的挤压量及挤压速度；确保挤压机液压系统无空气截留等，能有效防止和避免铝制品波纹与尺寸波动，确保铝制品质量。

4. 组织线、模线及毛刺

该类缺陷严重影响铝制品商品美观和质量，形成原因与铸造工艺、挤压工

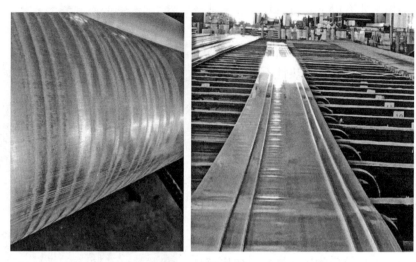

图 5-3　铝合金挤压制品波纹与尺寸波动缺陷

艺和模具有关。铝铸锭宏观或微观组织不均匀、均匀化处理不充分时，易形成不同结晶粒度与不同结晶方向，导致出现与挤压方向一致的带状组织线；铝铸锭存在折叠和夹渣时，往往会因不适当地从边缘间隙进料，使铝合金强烈塑性流动形成带状组织线。挤压力偏心造成坯料氧化皮及其他异物挤进工作带和模孔、铝坯料与挤压筒之间间隙过大，以及坯料夹渣、过热和工作带长度突然变化等均会导致组织线、模线和毛刺产生。图 5-4 是铝合金挤压制品模痕缺陷图片。

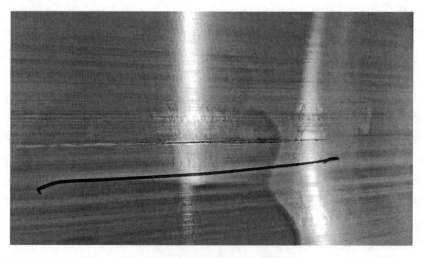

图 5-4　铝合金挤压制品模痕缺陷

预防措施：铝铸锭结晶凝固时均匀急速冷却和铝铸锭进行晶粒细化处理；采用纯洁度高、杂质少、晶粒细、无夹渣的一级优质铝锭；设计先进料口，使挤压筒与挤压垫之间的最大间隙≤1.0 mm；确保挤压模具精度与同心度，减小工模具表面粗糙度；加强首件铝制品检查，达到一级优质品后方可批量生产；生产一定数量产品后，卸模抛光型面，并及时清理挤压筒与挤压垫中的铝氧化物壳、污物和异物等。上述措施均能有效消除组织线、模线和毛刺。

5. 表面麻点

铝合金挤压材，特别是铝型材在挤压过程中，其表面上经常会产生一种麻点缺陷，生产中称为"麻面"的点状缺陷。具体特征为在型材表面出现密度不等、带有拖尾、非常细小的瘤状物，手感明显有尖刺的感觉，氧化或电泳表面处理后常呈现黑色的颗粒状黏附在产品表面。这种型材表面上的不规则的蝌蚪状、点状划伤缺陷，一般起始于划伤条纹，在划道的末尾积累成金属豆，至缺陷脱落为止。拉毛尺寸一般在 1~5 mm，经氧化处理后呈暗黑色，影响型材外观。图 5-5 较小的圈内所示为铝合金挤压制品表面起皮缺陷。

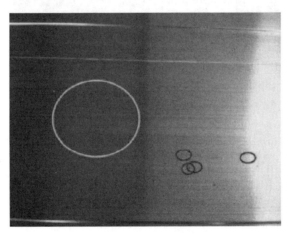

图 5-5　铝合金挤压制品表面起皮缺陷

在大截面铝合金型材挤压生产中，受铸锭组织、挤压温度、挤压速度、模具复杂程度等影响，更易在型材表面产生附有球状灰黑色硬质颗粒金属、结构疏松的麻点缺陷。铝合金型材表面的麻点缺陷分能擦掉和擦不掉两种，尺寸一般小于 0.5 mm，手触有粗糙感，前段不带有划道，经氧化后与基体差别不大，如图 5-5 左侧大圈所示。该类缺陷形成的主要机制是：挤压过程中金属流动摩擦促使模具工作带温度升高，在工作带入口的刃口处形成"粘铝层"；同时铝合金中过剩 Si 及 Mn、Cr 等其他元素易与 Fe 形成置换固溶体，也会促使在模具工作带入口形成"粘铝层"；挤压过程中随着金属向前流动，与工作带之间相互摩擦，在某一位置出现不断黏结-撕开-黏结的往复现象，导致金属在此位置不断叠加，当颗粒增大到一定尺寸时，会被流动的制品拉走并在金属表面形成划伤痕迹，而残留颗粒在金属表面划伤末端形成拉毛颗粒。因此可以认为拉毛颗粒的形成主要与模具工作带粘铝有关，其周围分布的异质相可能来源于润滑油、氧化物或灰尘颗粒以及铸锭粗糙表面带来的杂质。

6. 叠层

铝制品表面存在叠层缺陷时，不仅影响表面美观，而且力学性能低劣，在外力作用下叠层处易于开裂。叠层缺陷的产生主要有以下几方面原因：铝铸锭存在折叠、分层和夹渣等铸造缺陷；挤压筒与挤压垫严重磨损，模孔离挤压筒内壁太近，坯料从不适当的边缘间隙进料；挤压筒冲蚀、凸起或凹陷，残留铝金属氧化物壳过多，进而截留润滑剂；坯料表面层金属沿挤压模前端弹性区界面流入等。图5-6为铝合金挤压制品叠层缺陷图片。

图5-6　铝合金挤压制品叠层缺陷

预防措施：选用无夹渣、分层、折叠的一级优质铝锭，增加坯料弹性、塑性与韧性，降低各向异性；严格进行铝锭检查，有严重缺陷的坯料不用；保持挤压筒中与挤压垫上干净无异物；校正保证挤压模与挤压筒的同心度，及时更换不合格模具及挤压零部件，减少油膏及润滑剂用量；设计先进合理的高级挤压工模具和真空熔炼钢、电渣重熔钢制造挤压模具等。上述各项措施，可有效消除铝制品叠层，确保铝制品质量和耐用度。

7. 划伤

挤压铝制品划伤不仅影响商品表面美观，也急剧降低其机械力学性能，影响耐用度。划伤轻者会使制品成为次品，重者会使制品成为废品。划伤缺陷产生的主要原因为：铝铸锭存在难熔夹杂物、模具存在问题、工艺与操作不当等。铝铸锭夹杂物包括：熔炼过程中铝液与空气中氧、水接触发生化学反应，生成的 Al_2O_3、MgO、SiO_2 等夹杂物；$Al-Ti-B$ 残余细化剂和 $Ti-B$ 中间合金的粗大粒子；耐火砖碎片与工具上保护涂料等硬质点。模具的影响主要因素为：模口及工作带在挤压过程中局部碎裂脱落，残渣挂堵在工作带内；修模时焊接的阻碍墙脱落，堵住模具或模具棱角锐边发生应力集中；模具新面与挤压筒距离太小，筒壁夹杂流入模具；模具无斜度及表面粗糙，造成残铝聚集等。工艺与操作方面的主要影响因素为：挤压速度过快、流速不均，造成细小而硬的夹杂物易横向流动，使铝金属在模口、工作带等不光滑处受阻，形成刮擦划伤。图 5-7 为铝合金挤压制品划伤缺陷图片。

图 5-7　铝合金挤压制品划伤缺陷

预防措施：提高铝铸锭质量，选用陶瓷过滤板，滤掉杂质；提高修模质量，达到技术要求；提高模具设计和制造质量，使用均质铝锭恒温减速挤压，降低挤压力，使铝金属流速均匀，改善模具受力状况；确保铝锭挤压前表面清洁和避免夹杂物进入挤压筒等措施，可有效减少和避免划伤。

8. 表面黑线

该类缺陷的表现形式为：铝合金挤压制品经过数控机床加工、阳极氧化处理等工序后，在表面出现的沿挤压方向的细小直线[1]。其虽然长短规格不同，外观形貌不一致，但是有一个共同的特点，都沿挤压方向呈直线分布。图 5-8 为阳极氧化后出现黑线缺陷的手机壳样品[2]。

黑线的产生与挤压过程中的清洁状况有关：挤压筒、挤压杆、挤压垫和铸棒表面的不清洁物是导致黑线产生的因素之一；挤压筒内铝套、固定垫、活动垫使用的润滑剂，以及剪刀的润滑剂都对黑线的产生有影响。

铝合金铸棒品质不良所带来的影响：合金铸棒中氧化物杂质含量的多少与黑线率高低有着某种必然的联系，在合金铸棒的熔炼、铸造过程中，因铝液合金受到空气的氧化，会造成铝液中夹杂大量的氧化物杂质，经过过滤后残留在合金铸棒中，从而在挤压阶段产生黑线。如图 5‑8（a）中黑色标记线下方呈黑色分布的线条，图（b）为黑线表面显微形貌，图（c）为截面阳极氧化后的黑色线，图（d）为黑线表面位置金相组织。

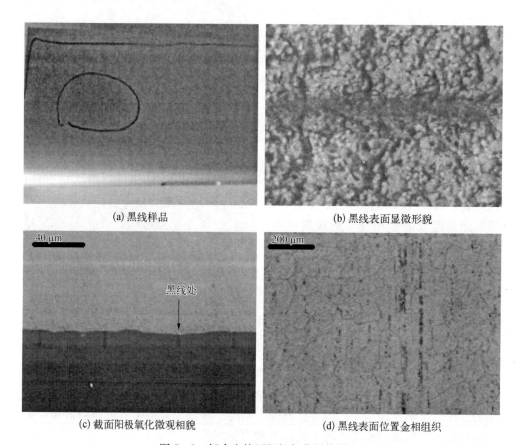

(a) 黑线样品　　　　　　　　　　(b) 黑线表面显微形貌

(c) 截面阳极氧化微观相貌　　　　(d) 黑线表面位置金相组织

图 5‑8　铝合金挤压阳极氧化黑线缺陷

5.2　热挤压内部缺陷及控制

热挤压件的内部缺陷，从性质上可分为化学成分不合格、组织性能不合格、第二相析出、类孔隙和裂纹五大类；从缺陷的产生过程方面可分为冶炼、出铝、注锭、脱模冷却或热料入筒过程中产生的原材料缺陷，以及在加热、锻压、锻后冷却和热处理过程中产生的热挤压件缺陷两大类。

大截面尺寸工件热挤压时，加热、冷却过程中温度的变化和分布不均匀性大，挤压变形时金属塑性流动差别大，加上原材料锭尺寸大冶金缺陷多，因而容易形成一些不同于中小型热挤压的缺陷，如严重偏析和疏松、密集性夹杂物、发达的柱状晶及粗大不均匀结晶、敏感开裂与白点倾向、晶粒遗传性与回火脆性、组织性能的严重不均匀性以及形状尺寸超差等。

虽然铝合金的塑性较高，但热挤压变形较大、变形速率高时也会出现开裂现象。铝合金热挤压温度范围窄，一般为100℃左右，因此对加热温度和热挤压温度要求更严格。铝合金热挤压件容易粘模、流动性差，对应变速率敏感，因此对模具制作、模具润滑、热挤压变形程度、变形速率的要求比较高。

热挤压件用的原材料一般为铸锭，或者是铸锭经轧制、挤压及热挤压加工成的轧材、挤材及锻坯等半成品。一般情况下，铸锭不可避免地存在内部缺陷或表面缺陷，如再加上热挤压工艺不当，就会导致最终热挤压件中含有缺陷。复杂构件热挤压常见的内部缺陷主要有缩孔、裂纹、组织过热过烧等。要避免或减少热挤压产品的缺陷，需要从挤压棒材及铸锭开始就严格控制，包括对热挤压工艺参数、热挤压制坯，以及热挤压、热处理检测以及模具制作、润滑剂的使用等进行研究和控制。

5.2.1　挤压缩孔

图5-9是挤压缩孔（缩尾）示意图。挤压缩尾是矮坯料挤压时易产生的缺陷。挤压过程中 B 区金属的轴向压应力很小，当 A 区金属往凹模孔流动时拉着 B 区金属一道流动，使其上端面离开冲头并呈凹形，再加上径向压应力的作用便形成了缩尾；挤压后期挤压温度偏高，挤压速度增大，导致表层金属沿挤压垫和后端弹性区界面流入铝制品内部，也可导致环形缩尾。图5-10为6063铝合金和6061A铝合金挤压制品的缩尾和高倍组织照片。铝合金制品缩尾是复杂铝型材加工行业内最难解决的问题之一，缩尾残留氧化物、油污脏物、有害气体所形成坏组织，会对金属致密性、连续性造成不可逆的破坏。缩尾区域的屈服强度低容易发生断裂，严重影响挤压制品使用的安全性。

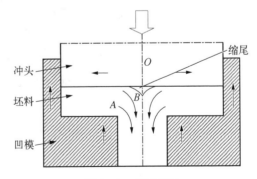

图5-9　挤压缩尾

缩尾的成因主要是挤压过程的物理变化，其中挤压垫片、盛锭筒内壁、盛锭筒温度、挤压速度设置、中心位对中等因素较为关键，分析控制这些诱因，可降低缩尾缺陷的产生；铸棒表面质量也直接影响缩尾形成，因此要减少缩尾还必须对熔铸工艺进行管控。生产中减少和防止缩尾产生一般从以下四个方面

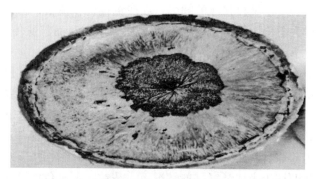

(a) 固体润滑油摄入挤压缩尾

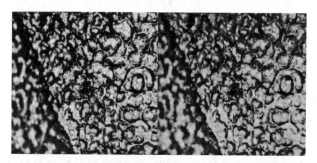

(b) 6063铝合金高倍组织缩尾裂纹

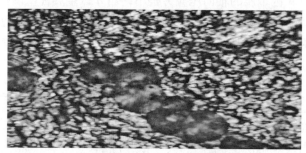

(c) 6061A铝合金高倍组织缩尾裂纹

图5-10　铝合金挤压缩尾

采取措施：

（1）严格按照工艺规定剪切压余和锯切头、尾，保持挤压筒内衬完好，禁止挤压垫片抹油，降低铝棒挤压前温度，采用特殊的凸形垫片，采用合理的残料的长度。

（2）保持挤压工具及棒料表面清洁。

（3）经常检查挤压筒尺寸并更换不合格的工具。

（4）平稳挤压。在挤压后期适当减慢挤压速度，适当留压余的厚度，或采用增大残余料法挤压。

缩尾缺陷的微观组织结构如图 5-11 所示。在低倍光学显微镜下，缩尾缺陷呈黑色带状结构，如图 5-11（a）所示。采用高倍光学显微镜观察可发现带状缩尾缺陷中存在密集分布的黑色粒子，如图 5-11（b）所示。采用 SEM 对缩尾缺陷进行成分分析，可发现缩尾缺陷中的主要元素除了 Al、Mg 和 Si 外，还存在 C 和 O 等元素，如图 5-11（c）和（d）所示，这表明缩尾缺陷中存在杂质和氧化物。通过上述分析可知，型材中的缩尾缺陷实际上是一些杂质和氧化物粒子密集分布在铝合金基体中。

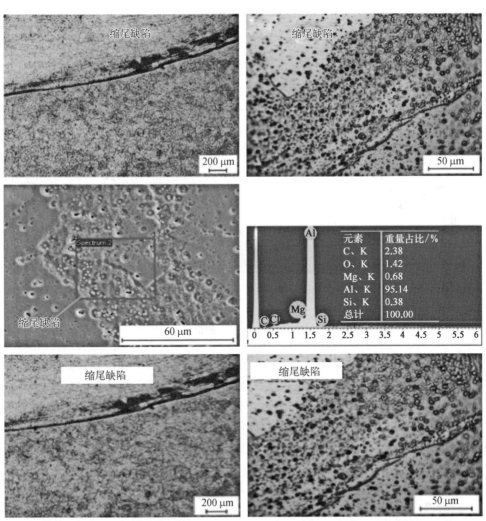

（a）缩尾缺陷在光学显微镜下的低倍图像　　　（b）缩尾缺陷在光学显微镜下的高倍图像

元素	重量占比/%
C、K	2.38
O、K	1.42
Mg、K	0.68
Al、K	95.14
Si、K	0.38
总计	100.00

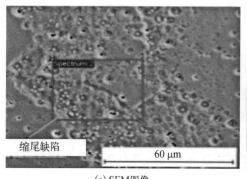 

元素	重量占比/%
C、K	2.38
O、K	1.42
Mg、K	0.68
Al、K	95.14
Si、K	0.38
总计	100.00

(c) SEM图像   (d) 为图(c)所示区域的EDS分析结果

图5-11 缩尾缺陷的微观结构

5.2.2 挤压裂纹

在挤压制品中常常产生各种裂纹，如图5-12所示。这些裂纹的产生与筒内的不均匀变形（主要是"死区"引起的）有很大关系，但更重要的是凹模孔口部位各因素的影响。

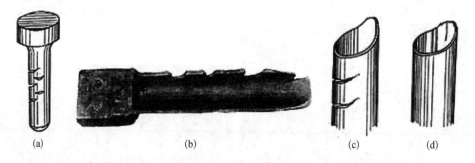

(a)   (b)   (c)   (d)

图5-12 挤压时的裂纹

挤压过程中，在挤压筒内产生的挤压缩孔和"死区"剪裂等缺陷，由于变形金属处于三向受压的应力状态，能使金属内部的微小裂纹得以焊合，使杂质的危害程度大大减小，尤其当挤压比较大时，这样的应力状态对提高金属的塑性是极为有利的。但挤压过程中变形金属在经过孔口部分时，由于摩擦的影响，表层金属流动慢，轴心部分流动快，使筒内已经形成的不均匀变形进一步加剧，内外层金属流动速度有差异，但两者又是一个整体，因此必然要有相互平衡的内力（即附加应力），具体表现为制品外层受拉应力，内层受压应力，这种附加应力可导致裂纹的产生。坯料被挤出一段长度而成为外端金属后，附加拉应力的影响会增大。图5-12（a）所示的裂纹就是附加拉应力作用的结果。如果凹模孔口形状复杂，例如挤压叶片时，由于厚度不均，各处的阻力也不一样，较薄处摩擦阻力大，冷却较快，流动较慢，受附加拉应力作用较强，常易在此处产生裂纹，如图 5-12（b）所示，尤其挤压低塑性材料时问题更为突出。挤压空心件时，如果孔口部分冲头和凹模间的间隙不均匀，间隙小处由于摩擦阻力相对较大，金属温度降低也较大，金属流动较慢，受附加拉应力作用，可能产生如图 5-12（c）所示的横向裂纹；流动快的部分由于受流动慢的部分的限制，产生附加压应力，但是其端部受切向拉应力作用，因此常常产生纵向裂纹，如图 5-12（d）所示。凹模孔口部分的表面状态（如粗糙度）是否一致，润滑是否均匀，圆角是否相等，凹模工作带长度是否一致等，对金属的变形都有很大的影响。总之，孔口部分的变形流动情况对挤压件的质量有着直接影响。

对于复杂型面铝合金挤压制品，易在棱角、尖角锐边或厚度较大的台阶附近产生锯齿状开裂。成因主要有三方面：铝合金不纯杂质超标导致热塑性差，坯料加热温度偏高导致晶粒粗化，使金属断裂破坏抗力降低；控温仪表失灵挤压温度偏高，挤压速度失控而突然加快，增大了挤压热塑性变形应力，接近模壁外层的金属因承受过大拉应力被撕裂为锯齿状或皮下裂纹；挤压热塑性变形不均，表层金属承受较大的摩擦力和附加拉应力，当瞬时应力超过金属抗拉强度时产生裂纹，在外力作用下裂纹由表面向内扩展至断裂。

避免上述裂纹产生的主要预防措施：加强铝合金材质检查，杂质含量超标和原始组织不合格的不投产；生产中严格校验控温仪表，控温精度必须达到±5℃；针对不同牌号的铝合金坯料，制订相应合理的加热规范，确保均匀加热；制订适合不同牌号铝合金的挤压速度和挤压变形量，使热塑性变形尽量均匀；改进模具结构设计，挤压件断面的棱角部位尽可能大些。研究表明，铝锭预先均匀退火（540~560℃，保温 4~6 h，快冷）可降低挤压力 15%~25%，提高挤压速度 10%~15%，显著增加热强性，有效防止和避免挤压裂纹的产生。

提高复杂挤压件的内部质量，一方面要使筒内变形尽可能均匀，另一方面还应重视孔口部分的变形均匀性，一般从以下几方面着手：

（1）科学合理地严格控制铝合金化学成分与杂质含量；避免铝液过热和在炉内停留过长时间；合理制订铸造工艺，准确控制铸造温度和浇铸速度；铝液供流和冷却应均匀，并防止和避免外来夹杂物掉入铸造铝液。该措施可有效避免铝铸锭裂纹产生，为挤压优质铝合金制品创造先决条件。

（2）减小摩擦阻力。如改善模具表面粗糙度，采用良好的润滑剂和采用包套挤压等。在冷挤压钢材时，可以将坯料进行磷化和皂化，磷化的目的是在坯料表面形成多孔性组织，以便较好地储存润滑剂，皂化的作用是润滑。热挤压合金钢和钛合金时，除了在坯料表面涂润滑剂外，要在坯料和凹模孔口间加玻璃润滑垫（图 5-13）。热挤铝合金型材时，为防止产生粗晶环等，常在坯料外面包一层纯铝。

（3）在锻件图允许的范围内，于孔口处做出适当的锥角或圆角。

（4）用加反向力的方法进行挤压（图5-14），有助于减小内、外层变形金属的流速差和附加应力，在挤压低塑性材料时宜采用该方法。

（5）采用高速挤压，高速变形时摩擦系数小一些。

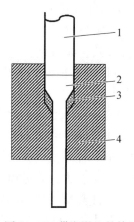

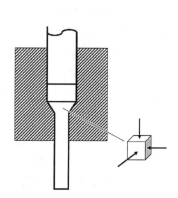

图5-13　带润滑垫的挤压　　　　　图5-14　带反向推力的挤压

1—料头；2—坯料；3—润滑垫；4—凹模

对形状复杂的挤压件可以综合采取措施，在难流动的部分设法减小阻力，而在易流动的部分设法增加阻力，以使变形尽可能均匀。下面的措施在生产中较为常用：

（1）在凹模孔口处采用不同的锥角；

（2）凹模孔口部分的定径带采用不同的长度（图5-15）；

（3）设置一个过渡区，使金属通过凹模孔口时变形尽可能均匀（图5-16）。

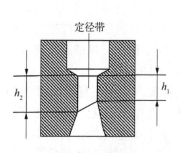

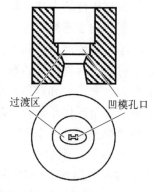

图5-15　具有不同定径带长度的　　　图5-16　具有过渡区的挤压凹模
　　　　挤压凹模

近年来我国开始采用冷静液挤压（图 5 - 17）和热静液挤压技术。静液挤压是挤压杆压于液体介质中，使介质产生超高压（可达 2 000 ~ 3 500 MPa 或更高），由于液体的传力特点毛坯顶端的单位压力与周围的侧压力相等。该方法毛坯与挤压筒之间无摩擦力，变形较均匀；另外由于挤压过程中液体不断地从凹模和毛坯之间被挤出，即液体以薄层状态存在于凹模和毛坯之间，形成了强制润滑，因而凹模与毛坯间摩擦很小，变形也更为均匀，产品质量更好。由于该种方法变形均匀，附加拉应力小，因而可以挤压一些低塑性材料。

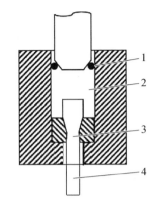

图 5 - 17　冷静液挤压装置示意图
1—密封；2—油；3—凹模；4—工件

5.2.3　过热过烧

在挤压过程中各部位金属变形程度不均匀，特别是金属板材热成形温度范围较窄，使得锻件组织和性能难以控制，极易形成粗晶（如图 5 - 18 所示），影响挤压制品的性能。如预热不当或挤压速度过快，还可能导致实际挤压温度过高，从而产生合金内部组织过烧现象。铝锭黏附较多易燃物、控温仪表失灵，也会导致铝锭加热温度过高，晶粒显著长大，晶界发生局部熔化与氧化，使晶界结合力急剧降低，脆性变大，韧性急剧降低，机械力学性能低劣。

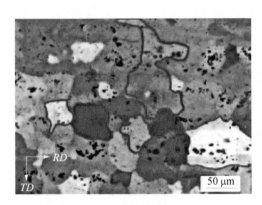

图 5 - 18　过热晶粒粗大组织
注：图中 RD 为轧向，TD 为侧向或横向，垂直于轧向。

在图 5 - 18 的显微组织图中，可以观察到晶界局部加宽、晶粒内部产生复熔球、晶粒交界处呈现明显的三角形复熔区等现象。挤压变形程度越高，低熔点共晶组织被破碎得越严重，它们向固溶体中扩散的概率也就越大，其过烧温度也相对升高一些。

预防措施：选用高精度加热控温系统，保证控温精度不低于±5℃；加强加热设备维修与检查，确保炉腔内各部位温度均匀一致；严格检查铝锭坯料，保持坯料清洁，不得有油污等易燃物；制订先进合理的热加工工艺规程。按照上述控制措施精心操作，能有效避免过热过烧现象的发生，从而确保铝制品组织性能和表面质量。典型铝合金过热过烧温度如表 5 - 1 所示。

表 5-1　典型铝合金过热过烧温度极限

铝合金产品	开始过烧温度/℃	严重过烧/℃
2A11	522	532
2A12	505	515~520
2A50	545	550
6A02	585	602
6A82	590	602
7A04	525	550

5.2.4　挤压流线

复杂构件热挤压过程中金属流动复杂，热挤压组织受到热力耦合的双重影响，容易产生折叠、充不满、流线紊乱等缺陷。热挤压流线分布不合理会大大降低热挤压件韧性、抗蚀性能及抗疲劳性能。图 5-19 为铝合金热挤压过程中外表面流线分布的情况。为了提高复杂局部热挤压件的性能，可通过合理的模具结构和挤压工艺设计，使热挤压件流线沿外轮廓分布，避免产生穿流、涡流、流线紊乱等热挤压缺陷。做好复杂构件热挤压过程中的组织性能控制，是提高热挤压件服役性能的重要一环。

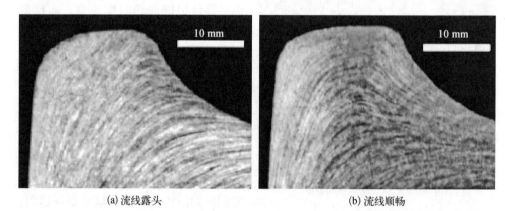

(a) 流线露头　　　　　　　　　　(b) 流线顺畅

图 5-19　典型流线特征

5.3　挤压件充型缺陷及控制

在挤压过程中，由于挤压工艺及材料流动能力的限制，会导致不同程度的充型缺陷，主要有死区、材料流动不均、二次成形起皱等形式。

5.3.1　死区

死区的形成主要受凹模底部摩擦的影响，越靠近凹模侧壁处摩擦阻力越大，而孔口部分较小，因此死区一般呈三角形（如图 5-20 中 C 处）；另外热挤压时，越靠近筒壁处，金属温度降低越多，变形也越困难，也是死区产生的原因之一。

在挤压过程中死区金属有以下两种可能情况：

（1）一般情况下此区还是可以变形的，其应力应变如图 5-21 所示。挤压中该区高度减小，被压成扁薄状，金属被挤入凹模孔口内，这样的变形情况在多数试件上可以观察到。该区的径向应力 σ_1 除了要能使相邻的 B 区金属产生塑性变形外，还要能克服摩擦力的作用，故该区比其上部的 A 区金属难满足塑性条件，不易塑性变形。但是在一定的条件下，例如当其上部的金属变形强化（或 B 区金属流动时对其作用有附加拉应力）后，该区可能满足塑性条件，产生塑性变形。

一般外径受限制的环形件镦粗时，C 点处金属的位移量是很小的，但挤压时由于 B 区金属的附加拉应力作用，C 点处金属常常被拉进凹模孔内，尤其当润滑较好或凹模有一定锥角时，位移的距离更大。

（2）如果摩擦阻力很大或该处金属温度降低较大时，该区与其上部的 A 区金属相比不易满足塑性条件，于是会成为真正的死区。这时，由于该区金属没有变形和流动，而与其相邻的上部金属有变形和流动，于是便在交界处发生强烈的剪切变形，从而可能引起金属剪裂（图 5-21）。有时也可能由于上部金属的大量流动带着死区金属流动而形成折叠，如图 5-22 所示。

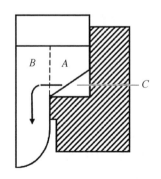

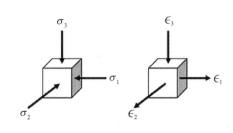

图 5-20　死区的应力应变简图　　　图 5-21　死区附近的金属流动和受力情况

为减小死区的不良影响，可改善润滑条件和采用带锥角的凹模。锥角的作用在于使作用力在平行于锥面的方向有一个分力，该分力与摩擦力的方向相反

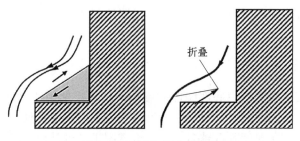

图 5-22　折叠的形成情况

（图 5-23），从而有利于金属的变形和流动。根据不同的条件可以通过计算确定一个合适的锥角，以抵消摩擦的影响。

　　上面介绍的是实心件的挤压情况。空心件的挤压如图 5-24 所示，其中左图为正挤压，右图为反挤压。空心件挤压时的应力应变情况与实心件挤压基本相似，这里不再分析。

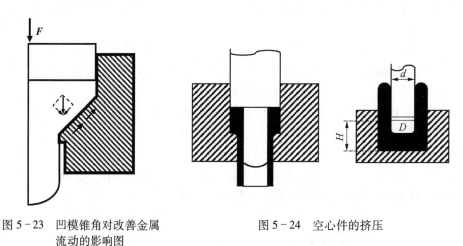

图 5-23　凹模锥角对改善金属流动的影响图　　　　图 5-24　空心件的挤压

5.3.2　热挤压材料流动不均

　　对于大投影面积的高筋类铝合金结构，采用普通的热挤压方式，在模具设计不合理或材料性能不均匀等情况下，会导致材料流动的紊乱无序性，无法实现材料有序的填充模腔，出现流线紊乱、折叠、充不满等缺陷。

　　流线紊乱，如图 5-25（a）所示，材料内部热挤压变形形成纤维状流线分布不无规律，呈现出紊乱特点，主要是在挤压过程中材料流动无序和局部流速失稳导致的，挤压件中纤维流线对材料各向异性、整体性能具有较明显作用，流线紊乱缺陷会导致材料局部性能恶化，无法满足强度等性能指标。这需要合理设置材料局部流动速度的均匀性，具体采用修改填充凹槽处的倒角或者预制块增阻等措施，保证结构填充时的整体均匀性。

折叠缺陷，主要呈现出一部分材料叠压在另一部分材料上方，如图 5-25（b）所示。由于模具型面的约束，在不同区域材料流速不同，快速成形的区域覆盖在另外一部分上，使得零件呈现折叠效果，这类缺陷的产生会导致结构件内存在氧化皮界面而无法使用。可以根据材料流动特征，通过更改工艺的局部加载区域范围和大小，保证填充的同步性，从而避免该类缺陷。

充不满缺陷，如图 5-25（c）所示。一般结构填充时，材料由于模具表面摩擦力，会出现模具两侧变形阻力大，填充速度低于中心速度，最后在模具凹槽根部的倒角位置进行填充，而图中箭头所示充不满缺陷是因为模具在设计时未考虑排气孔，挤压过程中，由于密封腔体形成较大气压，逐渐向两侧进行填充，中心部分缺料不齐平。

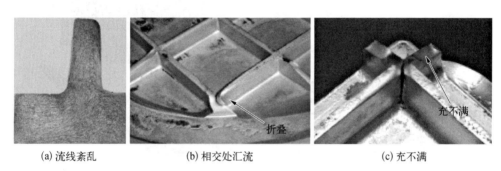

(a) 流线紊乱　　　　　　(b) 相交处汇流　　　　　　(c) 充不满

图 5-25　热挤压过程典型缺陷示意图

5.3.3　二次成形起皱

蒙皮失稳起皱是二次成形过程中最常见的缺陷，如图 5-26 所示。充液墩压过程中，通过轴向压缩使筒坯长度缩短材料进入屈服，才能获得高的形状精度；成形加工时需要计算出临界支撑内压，保证板壳发生稳定的塑性压缩变形而不失稳起皱，以确保刚柔介质复合精密成形中板壳压缩变形的顺利实施。

缺陷控制措施：利用法向力约束下板壳失稳应力提高的力学原理，在封闭管腔内填充流体介质，通过对"内压-压缩量"进行闭环控制，保证内压始终大于所需要的"临界支撑内压"，如图 5-27 所示。

轴向位移闭环控制，一般通过在轴向油缸安装位移传感器，采用比例伺服阀控制轴向油缸，轴向油缸采用单出杆活塞缸的方法实现。控制复杂异形

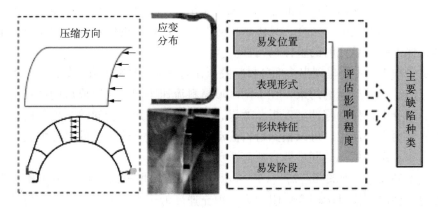

图 5 - 26　缺陷形式

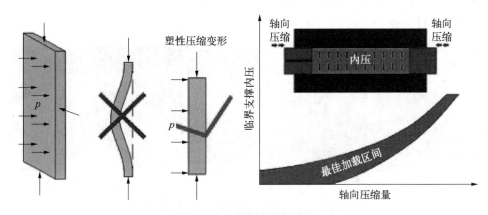

图 5 - 27　抑皱技术原理

多腔零件成形起皱失稳，在位移闭环基础上，要增加轴向力联合控制，其轴向油缸推力监控自动调整内压原理如图 5 - 28 所示。由于零件轴向变形力与零件内部支撑内压力相比在同一数量级，因此可通过轴向力检测判断是否发生失稳起皱；油缸轴向力通过检测安装在油缸活塞腔压力传感器的液压值，经计算获得。

当内压较高时，坯料两端的摩擦力过大，会导致端部材料壁厚增加，而零件中部材料不变形，壁厚均匀性较差；而如果内压过低，会导致异形薄壁多腔零件成形中起皱失稳；因此确定合适的内压是成形的关键因素之一。由柱壳失稳理论可知，当零件成形过程中起皱时，油缸实际的轴向力会突然下降，监控系统可根据实时测量轴向力数值变化分析出零件是否发生起皱失稳，这时可立即增高内压，提高抗起皱能力，避免继续失稳。

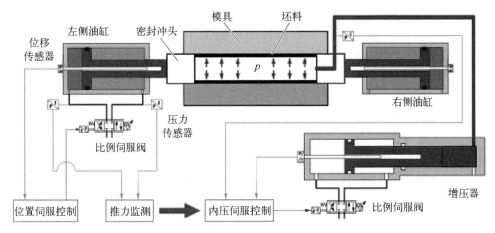

图 5-28 轴向油缸推力监控自动调整内压原理示意图

5.4 连续挤压和旋挤成形特殊缺陷

5.4.1 连续挤压成形特殊缺陷

连续挤压成形的缺陷与立式挤压大部分相同，不同之处在于连续挤压时存在分流焊合，会出现焊合不良缺陷，造成焊缝处力学性能低劣，使铝制品在外力作用下易在焊缝处开裂。铝锭坯料表面有氧化物、油污垢及挤压残料等而隔开焊缝，使挤压温度降低、热塑性变差；挤压力和挤压时间不足、焊合腔太小、模腔压力不足等，均会导致焊合不良、焊缝力学性能下降。

预防措施：正确合理设计模具，确保铝金属塑性流动均匀并很好焊合；采用优质铝铸锭，挤压前清理干净铝坯料表面，确保表面光洁无异物；针对不同牌号铝合金，制订合理的挤压温度和挤压速度；确保挤压设备及模具工作部位无异物。上述措施可以较好地保证获得优质平整焊缝，使制品具有较高的机械力学性能和表面质量，在外力作用下不易裂开。

1. 连续热挤压分流焊合机制

为了提高连续热挤压分流焊合质量，众多学者不断深入研究其机制。Valberg 认为在分流挤压过程中，纵向焊缝的形成存在两种焊合机制：第一种机制是粘着摩擦条件下的剪切机制，当变形金属与模具分流桥表面之间的摩擦状态为粘着摩擦时，变形金属粘着在分流桥表面而不会发生脱离，在这种情况下，不会有新的焊合表面产生，挤压焊合过程为多层金属之间的剪切过程；第二种机制是滑动摩擦条件下的压力焊合机制，当变形金属与分流桥表面的摩擦状态为滑动摩擦时，变形金属在发生分流焊合时会形成新的焊合表面，此时焊缝的形成过程与经典的压力焊相似[3]。冯迪等[4]基于 Valberg 的研究工作，归纳了空心铝合金型材挤压过程中横向焊缝和纵向焊缝的形成过程和固态焊合机制。根据 Bay[5] 提出的压力焊合机制，压力焊合过程实际上是焊合界面上氧化物或污染物破碎从而使得新鲜金属暴露出来，然后新暴露的金属在压力作用下进入破碎氧化物或污染物之间的间隙并相互接触，从而逐渐形成金属键合的过程。横向焊缝的形成是新、旧材料之间的固态焊合过程，属于典型的压力焊合过程。此外，在采用空的分流挤压模具进行挤压时，材料首先被分流桥劈开，然后在融合室内进行固态焊合，此时材料的焊合过程与高温下的压力焊相似，其焊合机制也属于压力焊合机制。

2. 挤压模具结构对连续热挤压焊合的影响规律

挤压模具结构对连续热挤压融合有很大影响，且在过程中产生的影响行为较为复杂；各方面在挤压模具结构对连续热挤压融合过程影响规律方面的研究也一直在深入开展。Donati 等[6]对"H"形截面型材进行了系列挤压实验，研究了分流孔大小和融合室高度对挤压极限速度和型材焊缝质量的影响，发现较大尺寸的分流孔和较高的融合室均能提高挤压极限速度，而融合室体积对挤出型材延伸率也有显著影响；Valberg 研究了融合室高度、型材截面尺寸、融合室体积以及分流桥形状对焊缝质量的影响，发现了未焊合、宏观孔洞以及"弱结合"等焊缝缺陷[3]；Sun 等采用响应曲面和遗传算法对冷凝管挤压模具的二级融合室进行了优化设计，并研究了二级融合室几何参数对材料流动行为和焊缝质量的影响规律[7]；Hsu 等采用挤压实验和数值模拟相结合的方式研究了分流孔与挤压方向的倾斜角度对焊缝质量的影响，发现提高焊合压力有利于增强焊缝质量[8-10]；Khan 等研究发现，分流桥根部截面形状为锥形时比分流桥根部截面为矩形时更有利于金属焊合[11]；Liu 等研究了薄壁空心圆管挤压模具分流桥根部截面几何尺寸对焊缝质量的影响，发现分流桥根部越尖锐越有利于提高焊缝质量[12]；Kim 等对比分析了常规分流挤压模具和带有沉桥结构的分流挤压模具对挤出圆管焊缝质量的影响，发现采用沉桥结构有利于焊缝焊合质量的提高[13]；Chen 等采用 HyperXtrude 软件对比分析了常规分流挤压模具和金字塔型挤压模具挤压过程中横向焊缝的演变过程，发现金字塔型挤压模具有利于缩短挤出型材横向焊缝的长度，同时研究了挤压速度对金字塔型挤压模具挤压过程的影响，发现增加挤压速度有利于挤出型材横向焊缝长度的减少[14, 15]；Zhang 等研究了 7N01 空心铝合金型材横向焊缝演变规律，发现通过调整挤压比、挤压速度、阻流块高度、融合室拐角半径以及沉桥深度，可有效减小横向焊缝长度[16]。

3. 挤压工艺对连续热挤压焊合的影响

挤压工艺参数对连续热挤压融合过程的影响显著。Zhang 等研究了圆心角为

90°的扇形截面薄壁空心铝型材挤压速度对模具出口处材料流动速度、型材表面温度、焊合压力以及挤压力的影响，指出随着挤压速度的增加，型材挤出温度升高，挤压过程所需挤压力增大，型材焊合质量得到提高[17]；Jo 等研究了铝合金管材挤压坯料预热温度、工作带长度、挤压比以及铝管壁厚对表面质量以及焊缝质量的影响，指出焊合压力随坯料预热温度以及工作带长度的增加而增大，但过高的坯料预热温度将导致挤出型材表面产生缺陷[18]；Gagliardi 等研究了挤压速度对挤出型材力学性能的影响，发现挤压速度和挤压比既影响型材晶粒结构的变化，也影响焊缝的结合程度[19]。

4. 连续热挤压焊缝缺陷特征

在铝合金连续热挤压焊缝微观组织结构研究方面。Fan 等研究了 AA1100 铝合金微通道型材分流挤压过程中变形路径上晶粒形貌、尺寸以及取向的演变规律，发现不同变形路径上材料的微观结构的演变规律存在显著差异，固态焊合区域存在轧制型织构和立方织构[20]；Bingöl 等研究了挤压速度和挤压温度对挤压型材焊合区域材料的微观结构的影响，发现化学腐蚀后焊缝焊合区域的明显程度随挤压温度的升高而降低，但随挤压速度的增加而提高[21]；Gagliardi 等研究了分流挤压过程中挤压速度和型材壁厚对挤出型材晶粒尺寸的影响规律，发现晶粒尺寸随着挤出型材壁厚的减小和挤压速度的增加而增大[22]；Zhao 等研究了连续分流挤压过程中变形速度对焊缝微观结构的影响规律，发现变形速度的增加使得晶粒尺寸先减小后增加，晶粒尺寸的减小由再结晶引起，而晶粒尺寸的增加是由晶粒长大引起的[23]。Zhao 等研究了连续分流挤压过程中 AA6063 铝合金型材焊缝的微观结构及其对力学性能的影响，发现焊缝存在由细小晶粒和粗大晶粒组成的混合组织，焊缝对挤出型材强度影响较小，但对挤出型材延伸率影响十分明显[24]。

通过对挤压型材区域宏观形貌和抗腐蚀性能的观察发现，型材的内在特征存在 5 种不同的情况，如图 5 - 29 所示[25]。第一种情况 S1 是型材上存在缩尾缺陷和纵向焊缝，如图 5 - 29（a）所示，缩尾缺陷呈环状且一些位置存在侵蚀孔洞，表明缩尾缺陷的抗腐蚀性能较差；纵向焊缝呈直线状且焊合界面不明显，这表明其抗腐蚀性能较好。第二种情况 S2 是型材上同时存在缩尾、横向及纵向焊缝缺陷，如图 5 - 29（b）所示，横向焊缝呈环形且存在明显的腐蚀沟槽，缩尾缺陷存在明显的腐蚀孔洞，表明两种缺陷抗腐蚀性能均较差；纵向焊缝焊合界面不明显且不存在腐蚀孔洞和沟槽，说明其抗腐蚀性能较好。第三种情况 S3 是型材上存在横向焊缝和纵向焊缝，横向焊缝呈环形，且与纵向焊缝之间存在较大距离，如图 5 - 29（c）所示，横向焊缝上出现明显的腐蚀沟槽，表明其抗腐蚀性能很差。第四种情况 S4 也是型材上存在横向焊缝和纵向焊缝，但横向焊缝不是环形，且非常靠近纵向焊缝，如图 5 - 29（d）所示，与图 5 - 29（b）和（c）相比，

图 5－29（d）中的横向焊缝的焊合界面较不明显，表明此时的横向焊缝的抗腐蚀性能有所提高。第五种情况 S5 是型材上仅存在纵向焊缝，如图 5－29（e）所示，纵向焊缝腐蚀后焊合界面不明显，表明纵向焊缝的抗腐蚀性能较好。通过比较上述缩尾、横向焊缝和纵向焊缝腐蚀后焊合界面的明显程度和腐蚀程度，整体上可获得如下结论：横向焊缝抗腐蚀性能很差，缩尾缺陷抗腐蚀性能较差，而纵向焊缝抗腐蚀性能较好。

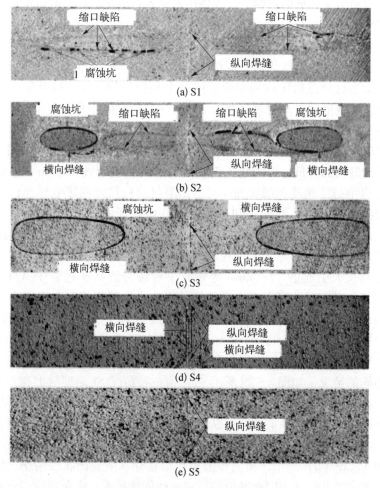

图 5－29　侵蚀后横向/纵向焊缝和缩尾缺陷的宏观特征

5. 连续热挤压焊缝质量预测

在连续热挤压焊缝质量预测方面，目前主要有以下方法：

（1）基于挤压实验结果和理论推导，建立预测焊缝缺陷的焊合准则。目前，基于焊合面法向压力，相继建立了最大压力准则、压力-时间准则（Q 准则），以及压力-时间-流动准则（K 准则）。最大压力准则认为，当融合室内最大压力超过某一临界值时便可形成牢固的焊缝；压力-时间准则认为，当融合室内焊合压力和流动应力的比值对时间的积分值超过某一临界值时便可形成牢固焊缝；压力-时间-流动准则认为，融合室内焊合压力与流变应力的比值对所有可能的焊合路径的积分值超过某一临界值时便可形成牢固焊缝。

（2）采用数值模拟方法获得焊合面内相关物理量，并基于前面所述的焊合准则，预测铝合金型材的焊缝质量。目前人们主要采用有限元和有限体积方法建立分流挤压过程数值模拟模型，通过数值计算获得焊合区域的焊合压力和材料流动应力，结合焊合准则对焊缝质量进行判断。

（3）采用物理模拟实验，研究固态焊合过程，确定影响焊合质量的关键因素，建立能够表征挤出型材焊缝质量的特征参数，或建立能够预测焊缝质量的数学模型。例如，Donati 等采用数值模拟并基于其所提出的 K 准则对 H 形型材的焊缝质量进行了定量评估[26]；Ceretti 等通过平板轧制实验确定了 AA6061 铝合金材料的焊合准则的临界值，并采用 2D 和 3D 数值模拟相结合的方法对复杂截面空心铝合金型材分流挤压过程进行了间接分析，从而确定了挤压模具融合室的最佳高度[27]；Tang 等通过单轴热压缩实验获得了焊合压力与焊缝强度的关系，并通过数值模拟获得了融合室高度与焊合压力的关系，从而获得了融合室高度和焊缝强度的关系，实现了对微型通道铝合金管材焊缝质量的评估[28]；Güley 等采用包括氧化物破碎准则和焊合质量指数的两步分析方法，对板状型材的焊缝质量进行了定量评估[29]；Edwards 等采用热压缩试验研究了变形量、温度和应变速率对 AA6060、AA6082 和 AA7020 铝合金焊缝微观结构和力学性能的影响规律，发现应变量对焊缝质量影响最为显著[30]；Bariani 等通过在铝合金坯料中心孔内插入钢针的方法，模拟了分流挤压焊合过程，发现高的应变速率有利于固态焊合[31]；Bai 等采用特定模具内进行圆棒压缩的方式，模拟了分流挤压焊合过程，并发现高温、高挤压速度和大变形量有助于提高焊缝强度[32]。

分流挤压焊合过程属于固态焊合过程，因此在焊合质量预测研究时，可参考其他固态焊接工艺中所采用的焊缝质量预测方法。例如，Buffa 等基于 Q 准则、神经网络以及有限元数值模拟，对 AA6082－T6 铝合金搅拌摩擦焊接焊缝质量进行了定量预测[33]；Lakshminarayanan 等采用响应曲面和人工神经网络两种方法，对 AA7039 铝合金搅拌摩擦焊接焊缝质量进行了预测[34]。

此外，人们也尝试建立了一些适用于所有固态焊接工艺焊缝质量预测的通用方法。例如，Chen 等采用 Gleeble 1500D 热模拟试验机并结合超声波检测，研究了在不产生宏观塑性变形的前提下焊合压力和温度对固态焊合界面孔洞收缩行为的影响规律[35, 36]；Copper 等设计了能够单独进行压缩或剪切的实验装置，并研究了正应力、剪切应力、应变、应变速率和温度对 AA1050 铝合金固态焊合焊缝结合强度的影响规律[37, 38]；喻俊荃提出了一种空心铝合金型材纵向焊缝几何形貌和焊合路径的预测方法及其焊合质量定量评估方法，该方法根据数值模拟软件QForm 的模拟结果，确定焊缝的几何形貌与分布位置以及焊合路径，最后基于现有焊合准则计算焊合质量指数，从而实现对焊缝焊合质量的定量评估。该方法不受挤压型材截面形状和对称性的限制，具有普适性[25]。

尽管人们针对复杂截面结构热挤压产品的焊合质量控制开展了大量研究工作，但依然存在诸多问题。例如，虽然对分流挤压过程中材料的流动行为以及挤压工艺与模具结构对分流挤压焊合过程的影响规律进行了一定程度的研究，但尚未阐明复杂多容腔分流挤压模具和工艺参数与分流挤压焊合行为、焊缝微观结构及型材力学性能的内在联系，从而导致实际分流挤压工艺中尚不能准确调控复杂多容腔结构融合口的微观结构和力学性能；现有焊合准则所考虑的固态焊合因素较少，焊缝质量评估方法的准确性和适用性较差；目前进行模具设计和工艺设计时，设计者们仍然根据经验预测挤出型材的焊缝质量，这不仅降低了产品设计开发的效率，还增加了挤压模具和工艺设计不合理的风险。能否提出一种能够准确预测焊缝焊合质量且具有普适性的方法，已成为铝合金复杂多容腔油箱连续热挤压批量生产中迫切需要解决的关键问题。

5.4.2　旋挤成形特殊缺陷

旋挤成形是一种常见的金属材料成形工艺，常用于管材和棒材的生产制造。然而，由于旋挤成形过程中各种力学作用和物理现象的交互作用，可能会导致如下特殊缺陷。

（1）凹槽缺陷：在旋挤成形的过程中，如果挤出坯料的表面出现凹槽，则说明在坯料表面存在一些杂质或热裂纹；也可能是凹槽或挤压轮设计不合理等因素造成。

（2）内部流线紊乱：由于旋挤成形的材料流动复杂，旋转力的大小从坯料中心到外侧递减，如果坯料的中心部分流动速度过快，内部材料就很容易被挤压到坯料的表面，或者相反，从而使得成品出现缺陷。

（3）弯曲变形缺陷：由于旋挤成形的过程中需要施加大量的外力，因此凹槽设计不合理、旋挤成形的旋转速度过快等原因，都可能导致金属坯料内应力过大而出现弯曲变形缺陷。

针对旋挤成形中出现的以上缺陷，通常需要通过改进设计和工艺，以及控制生产过程中的各项参数来解决。比如，可以优化金属坯料的准备过程，改善金属坯料表面的质量，或者在生产过程中控制旋转速度、挤压力等参数，从而有效避免或减少这些缺陷的发生。

参 考 文 献

［1］ 王祝堂，田荣璋. 铝合金及其加工手册［M］. 长沙：中南大学出版社，2005.

［2］ 王奕雷. 手机用 6063 铝合金板的挤压缺陷分析及时效工艺对组织性能的影响［D］. 济南：山东大学，2014.

［3］ Valberg H. Extrusion welding in aluminium extrusion［J］. International Journal of Materials and Product Technology, 2002, 17: 497 – 556.

［4］ 冯迪，张新明，孙峰，等. 铝合金空心型材挤压焊合问题的研究进展［J］. 材料导报，2013，27：6 – 9.

［5］ Bay N. Mechanisms producing metallic bonds in cold welding［J］. Welding Journal, 1983, 62: 137 – 142.

［6］ Donati L, Tomesani L, Minak G. Characterization of seam weld quality in AA6082 extruded profiles［J］. Journal of Materials Processing Technology, 2007, 191: 127 – 131.

［7］ Sun X M, Zhao G Q, Zhang C S, et al. Optimal design of second-step welding chamber for a condenser tube extrusion die based on the response surface method and the genetic algorithm［J］. Materials and Manufacturing Processes, 2013, 28: 823 – 834.

［8］ Hsu Q C, Kuo K H, Sheng B F. Study on welding seam strength and die life assessment for square tube extrusion of aluminum alloy 7075［C］. ASME 2012 International Mechanical Engineering Congress and Exposition: American Society of Mechanical Engineers, 2012: 1 – 7.

［9］ Hsu Q C, Do A T. Formation ability welding seams and mechanical properties of high strength alloy AA7075 when extrusion hollow square tube［J］. International Journal of Precision Engineering and Manufacturing, 2015, 16: 557 – 566.

［10］ Hsu Q C, Chen Y L, Lee T H. Non-symmetric hollow extrusion of high strength 7075aluminum alloy［J］. Procedia Engineering, 2014, 81: 622 – 627.

［11］ Khan Y, Valberg H, Jacobsen B T. Deformation conditions in the extrusion weld zone when using pointed and square ended bridge［J］. International Journal of Material Forming, 2010（3）: 379 – 382.

［12］ Liu J, Lin G Y, Feng D, et al. Effects of process parameters and die geometry on longitudinal welds quality in aluminum porthole die extrusion process［J］. Journal of Central South University of Technology, 2010, 17: 688 – 696.

［13］ Kim K, Lee C, Yang D. Investigation into the improvement of welding strength in three-dimensional extrusion of tubes using porthole dies［J］. Journal of Materials Processing Technology, 2002, 130: 426 – 431.

［14］ Chen L, Zhao G Q, Yu J Q, et al. Evaluation of a pyramid die extrusion for a hollow aluminum profile using FE simulation［J］. Journal of Mechanical Science and Technology, 2015, 29: 2195 – 2203.

［15］ Chen L, Zhao G Q, Yu J Q. Effects of ram velocity on pyramid die extrusion of hollow aluminum profile［J］. The International Journal of Advanced Manufacturing Technology, 2015, 79: 1 – 9.

［16］ Zhang C S, Dong Y Y, Wang C L, et al. Evolution of transverse weld during porthole extrusion of AA7N01 hollow profile［J］. Journal of Materials Processing Technology, 2017, 248: 103 – 114.

［17］ Zhang C S, Zhao G Q, Chen Z R, et al. Effect of extrusion stem speed on extrusion process for a hollow aluminum profile［J］. Materials Science and Engineering: B, 2012, 177: 1691 – 1697.

［18］ Jo H H, Lee S K, Jung C S, et al. A non-steady state FE analysis of Al tubes hot extrusion by a porthole die［J］. Journal of Materials Processing Technology, 2006, 173: 223 – 231.

［19］ Gagliardi F, Citrea T, Ambrogio G, et al. Influence of the process setup on the microstructure and mechanical properties evolution in porthole die extrusion［J］. Materials & Design, 2014, 60: 274 – 281.

［20］ Fan X H, Tang D, Fang W L, et al. Microstructure development and texture evolution of aluminum multiport extrusion tube during the porthole die extrusion［J］. Materials Characterization, 2016, 118: 468 –

480.

[21] Bingöl S, Keskin M. Effect of different extrusion temperature and speed on extrusion welds [J]. Journal of Achievements in Materials and Manufacturing Engineering, 2007, 23: 39 – 43.

[22] Gagliardi F, Citrea T, Ambrogio G, et al. Influence of the process setup on the microstructure and mechanical properties evolution in porthole die extrusion [J]. Materials & Design, 2014, 60: 274 – 281.

[23] Zhao Y, Song B Y, Pei J Y, et al. Effect of deformation speed on the microstructure and mechanical properties of AA6063 during continuous extrusion process [J]. Journal of Materials Processing Technology, 2013, 213: 1855 – 1863.

[24] Zhao Y, Song B Y, Yan Z Y, et al. Microstructure and mechanical properties of extrusion welds in continuous extrusion of AA6063 aluminium alloy with double billets [J]. Journal of Materials Processing Technology, 2016, 235: 149 – 157.

[25] 喻俊荃. 铝合金型材分流挤压焊合行为与焊缝质量控制方法研究 [D]. 济南：山东大学，2018.

[26] Donati L, Tomesani L. The prediction of seam welds quality in aluminum extrusion [J]. Journal of Materials Processing Technology, 2004, 153: 366 – 373.

[27] Ceretti E, Fratini L, Gagliardi F, et al. A new approach to study material bonding in extrusion porthole dies [C]. CIRP Annals-Manufacturing Technology, 2009, 58: 259 – 262.

[28] Tang D, Zhang Q Q, Li D Y, et al. A physical simulation of longitudinal seam welding in micro channel tube extrusion [J]. Journal of Materials Processing Technology, 2014, 214: 2777 – 2783.

[29] Güley V, Güzel A, Jäger A, et al. Effect of die design on the welding quality during solid state recycling of AA6060 chips by hot extrusion [J]. Materials Science and Engineering: A, 2013, 574: 163 – 175.

[30] Edwards S P, den Bakker A J, Zhou J, et al. Physical simulation of longitudinal weld seam formation during extrusion to produce hollow aluminum profiles [J]. Materials and Manufacturing Processes, 2009, 24: 409 – 421.

[31] Bariani P F, Bruschi S, Ghiotti A. Physical simulation of longitudinal welding in porthole-die extrusion [J]. CIRP Annals-Manufacturing Technology, 2006, 55: 287 – 290.

[32] Bai S W, Fang G, Zhou J. Analysis of the bonding strength and microstructure of AA6082 extrusion weld seams formed during physical simulation [J]. Journal of Materials Processing Technology, 2017, 250: 109 – 120.

[33] Buffa G, Campanella D, Pellegrino S, et al. Weld quality prediction in linear friction welding of AA6082 – T6 through an integrated numerical tool [J]. Journal of Materials Processing Technology, 2016, 231: 389 – 396.

[34] Lakshminarayanan A K, Balasubramanian V. Comparison of RSM with ANN in predicting tensile strength of friction stir welded AA7039 aluminium alloy joints [J]. Transactions of Nonferrous Metals Society of China, 2009, 19: 9 – 18.

[35] Chen G B, Shi Q Y, Li Y J, et al. Experimental investigations on the kinetics of void shrinkage in solid state bonding of AA6061 at high temperatures and high pressures [J]. Materials & Design, 2016, 89: 1223 – 1226.

[36] Chen G Q, Feng Z L, Chen J, et al. Analytical approach for describing the collapse of surface asperities under compressive stress during rapid solid state bonding [J]. Scripta Materialia, 2017, 128: 41 – 44.

[37] Cooper D R, Allwood J M. The influence of deformation conditions in solid-state aluminium welding processes on the resulting weld strength [J]. Journal of Materials Processing Technology, 2014, 214: 2576 – 2592.

[38] Cooper D R, Allwood J M. Influence of diffusion mechanisms in aluminium solid-state welding processes [J]. Procedia Engineering, 2014, 81: 2147 – 2152.

第六章　热挤压模具设计

热挤压模具是金属在热态下进行体积成形时所用模具的统称。一般模具设计应遵循三个原则：使用性能好、加工性能好和较好的经济性。热挤压模具应结合挤压的工艺特点，依据零件的基本结构和挤压设备的工作性能设计，使模具具有良好的成形性、合理的使用寿命，方便安装、调试和维护，并满足生产效率的要求。本章重点介绍了常用的挤压模具选材原则及常用材料，根据轻质合金不同挤压工艺特点，结合实例分别描述了不同类型挤压模具的设计方法，并介绍了挤压模具常用的加热、加载方式，同时对模具的使用和延寿做了阐述。

6.1　模具材料选择

6.1.1　选用原则

6.1.1.1　热挤压模具材料需具备的条件

为了提高模具的使用寿命，降低生产成本，提高产品质量，应根据被挤压合金的材质、产品品种、批量大小、工模具的结构、工作条件，钢材本身的熔铸、锻造、加工和热处理性能，以及钢材的价格和货源等方面的情况，综合权衡利弊，选择经济合理的模具材料。一般来说，用于挤压轻合金的模具材料必须具备下列条件：

（1）高的强度和硬度值。挤压模具一般在高比压条件下工作，挤压铝合金和镁合金时，要求模具材料常温下抗拉强度大于 1 500 MPa，挤压钛合金时要求更高。

（2）高的耐热性。在高温下（挤压铝合金和镁合金的工作温度为 400~500℃ 左右，挤压钛合金的工作温度为 800~1 000℃），不过早产生退火和回火现象，在较高的温度下（挤压铝合金和镁合金时一般为 550℃ 以下）具有足够保持形状的屈服强度以及避免破断的强度和韧性，从而具有较好的抵抗机械负荷的能力。

（3）在常温和高温下具有高的冲击韧性和断裂韧性值，以防止模具在应力条件下或在冲击载荷作用下产生脆断。

（4）高的稳定性。在高温下有高抗氧化稳定性，不易产生氧化皮。

（5）高的耐磨性。在长时间高温高压和润滑不良的情况下，表面有抵抗磨损的能力，有抵抗金属的"黏结"和磨损模具表面的能力。

（6）具有良好的淬透性，以确保工具的整个断面（特别是大型工模具的横断面）有高的且均匀的力学性能。

（7）热疲劳性好，具有激冷、激热的适应能力。抗高热应力和防止工具在连续、反复、长时间使用中产生热疲劳裂纹。

（8）高导热性。能迅速从工具工作表面散发热量，防止被挤压工件和工模具本身产生局部过烧或过多地损失其机械强度。

（9）抗反复循环应力性能好。有高的持久强度，防止过早疲劳破坏。

（10）具有一定的抗腐蚀性和良好的可氮化特性。

（11）具有小的线膨胀系数和良好的抗蠕变性能。

（12）具有良好的工艺性能，材料易熔炼、锻造、加工和热处理。

（13）容易获取，并尽可能符合最佳经济原则，即价廉物美。

6.1.1.2 热挤压模具材料选择需考虑的因素

选择轻合金挤压模具材料时一般应考虑以下几方面因素。

1. 被挤压金属或合金的性能

不同的金属或合金在被挤压时具有不同的物理-化学性能和力学性能，不同的温度-速度规范和不同的挤压工艺条件，因此，对模具材料的要求不同，应根据被挤压金属和合金的性能选择最合理、最经济的模具材料。目前，我国主要采用 4Cr5MoSiV1、3Cr2W8V 钢作为挤压铝、钛合金的模具材料。选用 3Cr2W8V、4Cr5MoSiV1、5CrNiMo 或 5CrMnMo、5CrNiW 等作为基本工具的材料。

2. 产品品种、形状和规格

产品品种、形状和规格不同，相应的对工模具材料有不同的要求。挤压圆棒和圆管时，可用等强度的 5CrNiMo 或 5CrMnMo、5CrNiW 等钢材或者强度更低的钢材（如 45 号钢）来制造模具和工具；而挤压具有复杂形状的空心型材和薄壁管材时，应选用 4Cr5MoSiV1（H13）或 3Cr2W8V（钨钢）等较高级的材料来制造工模具；对于形状复杂的空心型材以及宽厚比大于 50 的宽扁薄壁型材和带筋壁板型材，则要求选用更高级的模具材料（如 AF31 钢）；对于品种单一、专业化程度高、批量大、壁薄、精度高、表面优良的民用建筑型材，则应选用高强、高耐热耐磨、高抗蠕变且具有良好可氮化性能的钢材（如日本选用 AE31 钢）来制造模具。

3. 挤压方法、工艺条件与设备结构

模具材料的选择与挤压方法有很大的关系，热挤压模具材料要求具有高的热强度、热硬度、热稳定性和耐磨性等性能。

在挤压过程中，由于工艺条件的变化，选择模具材料也应做适当的变化，如穿孔挤压时的针尖和针后端，水冷或氮气冷却挤压用的模具等应选用具有良好抗激冷激热的材料来制造；正向无润滑挤压与润滑挤压时模具材料的主要区别是，前者应选用耐磨性、表面硬度、氮化性能更好的材料。

在某些情况下，设备结构的不同也会影响模具材料的选用。如 T.A.C 反挤压时，由于反向挤压轴的特殊结构，装在其中的模具、密封环和填充块都要承受相当大的压力，故一般需要采用 3Cr2W8V 或 H11－H13（美国）材料，而普通的反挤压轴及其配件，一般可用 5CrNiMo 钢来制造。

4. 挤压模具的结构形状与尺寸

挤压棒材、管材和普通实心型材的平面模，一般可选用 5CrNiMo 或 4Cr5MoSiV1、3Cr2W8V 等钢材来制造；形状复杂的特殊型材模（如带筋壁板模、变断面模等）和挤压空心型材用的舌型模、平面分流组合模等，必须采用 4Cr5MoSiV1 和 3Cr2W8V 钢或者更高级的材料制造。挤压筒一般情况下可选用 5CrNiMo、5CrNiW、5CrMnSiMoV 钢来制造；但制造小型挤压筒、高比压挤压筒，特别是扁挤压筒时，其内套应选用 4Cr5MoSiV1 或 3Cr2W8V，中套可选用 4Cr5MoSiV 或 5CrNiMo，而外套则可选用 5CrMnMo 或 45 号钢。其他的挤压工具，如挤压轴、挤压针、针支撑等承受高比压时，可采用组合式设计，其中工作部分采用 4Cr5MoSiV1、3Cr2W8V 钢材，基座部分可选用 5CrNiMo 或 4Cr5MoSiV 钢材。T.A.C 反挤压的导套则可用 3 号钢来制造。

模具的尺寸也是选择材料时应考虑的一个重要因素。一般来说，受重载荷的小尺寸模具应选择 4Cr5MoSiV1 或 3Cr2W8V 钢或更高级的材料来制造；而对于尺寸大，重量超过 500 kg 的模具和 8 000 kg 的基本工具，由于钢材的熔铸、锻造加工和热处理质量难以保证，故一般不宜采用 3Cr2W8V 钢材，而选用 4Cr5MoSiV1 或 4Cr5MoSiV 等钢材。

5. 挤压工具的选材

挤压筒是挤压机的关键部件之一，在铝型材挤压生产时，依靠挤压筒盛容高温坯料，从坯料镦粗开始直至挤压终了。挤压筒需要承受高温（内表面温度可达 600℃）、高压（由热挤压纯铝的 150 MPa 到挤压高强度铝型材的 1 500 MPa 以上）、高摩擦（工作表面黏附一层变形金属，形成一个完整的金属套，金属与挤压筒内壁之间服从常摩擦力定律）的作用，工作条件十分恶劣。作为最昂贵的挤压工具之一，挤压筒使用寿命对挤压生产成本的影响很大，必须保证其在高温、高压、高摩擦条件下的长时间、可靠运行，挤压筒设计通常采用热作模具钢。目前，国内外大、中型挤压机上配套的挤压筒大多选用三层过盈配合形式，即使用外、中、内三件套型。

挤压筒外套的选材，我国很多企业仍用 5CrNiMo 钢材，而欧、美、日主要选用 H11 钢材。有人用德国凯德特钢公司（KIND & CO.）生产的 5CrNiMo 和 H11 两种钢材的热处理曲线进行对比后发现，当挤压筒温度达到 500℃ 时，H11 钢的强度要比 5CrNiMo 钢的高出 20%，断面收缩率高出 10% 左右。因此，为了提高使用寿命，挤压筒外套最好选用 H11 钢。

挤压筒中套温度比外套高出 100℃ 以上，受力更复杂。在轻合金挤压时，欧、美、日等国家绝大多数选用 H11 或 H13 钢，我国现多选用 4Cr5MoSiV1 或 4Cr5MoSiV 钢。

挤压筒内套是温度最高、受力最严峻、最复杂的部件，同时高温流动的金属与之接触并产生巨大的摩擦力，最容易失效，对钢材要求最为严格。目前绝大多数挤压机（大、中、小）选用 H13 或 3Cr2W8V 钢材制造挤压筒内套（大、中、小）。近年来，德国西马克·梅尔（SMS-Meer）公司制造的挤压机采用另一种材料（Wr-NO.1.2367）作为挤压筒内套材料，比 H13 钢有更优越的高温强度及高温耐磨性，是更适于钛合金和铜合金挤压筒的内套材料，可以抵抗 800~1 000℃ 的工作温度，有效提高使用寿命。Wr-NO.1.2367 钢的化学成分见表 6-1。

表 6-1　Wr-NO.1.2367 钢的化学成分（%）

钢号	C	Mn	Si	Mo	Cr	V	P	S
1.2367	0.350	0.30~0.60	0.300	2.73~3.00	4.75~5.20	0.40~0.70	≤0.035	≤0.035

挤压杆又叫挤压轴，是与挤压筒配套使用的最重要的挤压工具之一。它的作用是把传递主柱塞产生的压力，通过挤压垫传递给金属，使金属在挤压筒内产生塑性变形，因此在挤压时承受着很大的压力。挤压管材时，如果挤压杆的设计、选择、使用不当，易产生弯曲变形，这是造成管子偏心的主要原因之一。此外，挤压杆在工作时还有可能产生端部压溃、龟裂和斜渣碎裂等。挤压垫是在挤压筒内将挤压杆与锭坯隔开并传递挤压力用的挤压工具，作用是减少挤压杆端面的磨损，隔离锭坯对挤压杆的热影响。挤压轴和挤压垫直接与流动的金属接触，承受的应力很大，当挤压轴（垫片）承受的压力小于 600 MPa 时，可用 H11 或 H13 钢制造，当挤压轴（垫片）承受的压力大于 600 MPa 时，可用 4Cr5MoSiV1（H13）或 3Cr2W8V、1.2367 钢或性能更高的材料制造挤压轴和挤压垫（固定垫）。挤压过程中挤压轴头部和挤压垫片都直接与流动金属接触，承受很大的热负荷，即使不超过钢的回火温度，材料的强度在高温下也会随载荷时间的延长而降低。研究表明，在较高加工温度下，承受长时间载荷后，H11、H13 及 1.2367 钢呈现不同的抗蠕变强度，Wr-NO.1.2367 最高，H13 次之，H11 最差。而且 Wr-NO.1.2367 钢的耐磨性最好，因此最适于制造挤压轴和挤压垫片。

总的来说，挤压工具的工作条件极其严酷，不仅要承受加热锭坯的高温，还要承受相当高的单位压力（有时达到 1 000 MPa 甚至更高）。此外，在轻合金挤压时，被挤压的金属常常粘在模具或内衬的表面上，引起摩擦力急剧增加，金属与工具接触区温度升高，使挤压工具的工作应力达到或超过材料屈服强度极限，造成挤压工具的损坏。鉴于上述原因，对挤压工具选材有以下要求：

（1）在工作温度下，有较高的强度和韧性；

（2）具有良好的淬透性，保证工具整体力学性能均一；

（3）具有良好的传热性能，避免工具局部过热；

（4）具有优良的耐磨性能和足够的硬度；

（5）具有良好的抗疲劳强度，满足冷热交替工作环境使用要求；

（6）具有良好的热稳定性（即抗氧化性能）；

（7）具有良好的冶金（熔炼、铸造、锻造、轧制）及加工性能。

6. 材料的价格、挤压产品的生产数量和模具寿命

挤压模具属于易损件，特别是挤压模的精细部位，往往承受着非常巨大的压力，其磨损和消耗量相当大。为了降低挤压成本，除了要提高模具质量、延长使用寿命外，选用价格较低廉的经济合理的工模具材料也是一个重要的因素。即在能同时满足某种工艺条件和工作要求的情况下，应优先选用价格更低的材料。

6.1.2　常用材料

6.1.2.1　立式热挤压模具常用材料

热挤压模具在高温下工作的特点，决定了其凸模、凹模等模具工作部分零件材料要求的特殊性。热挤压用模具材料必须具有高温抗变形能力、抗热疲劳能力、抗回火能力，以及高温耐磨性和良好的加工性等性能，以使热挤压模具在高温下保持一定的强度、硬度、韧性和耐磨性，提高模具寿命，降低模具成本。

针对铝合金、镁合金、钛合金等轻质合金，目前国内使用较多的热挤压模具材料主要牌号见表 6-2。表中 6Cr4Mo3Ni2WV 和 7W4Cr2MoNiV 是基体钢，所谓基体钢，就是保证在淬火组织中碳化物绝大部分溶解于基体中，未溶碳化物的量不超过 5%，消除了夹杂状态的碳化物，该种钢经过适当热处理后，既具有与高速钢相似的强度和硬度，又有与超高强度钢相似的韧性，能承受较大的冲击力。

表 6-2　国内常用热挤压模具材料及其硬度要求

材　　料	硬 度 要 求	材　　料	硬 度 要 求
3Cr2W8V	48-52 HRC	3Cr2W8V	48-52 HRC
4Cr5W2VSi	46-50 HRC	6Cr4Mo3Ni2WV	51-55 HRC
45Cr3W3MoVSi	47-50 HRC	7W4Cr2MoNiV	53-56 HRC
65Cr4W3Mo2VNb	46-50 HRC	4Cr4MoWVSi	47-50 HRC
		6Cr4Mo3Ni2WV	47-50 HRC

对模具性能求较高时，可采用表面渗碳和渗氮处理。渗碳的目的是使钢质模具获得较高的表面硬度、耐磨性，以及高的接触疲劳强度和弯曲疲劳强度，并保持心部有较好的强韧性，使模具能承受冲击载荷，渗碳后的模具要进行热处理。渗氮可以获得比渗碳更高的表面硬度（可达 1 000~1 200 HV）、耐磨性能及疲劳强度，并具有渗碳得不到的耐腐蚀性能；渗氮温度比渗碳温度低得多，渗氮后不需要进行热处理，所以渗氮后模具本体的变形很小。碳氮共渗是以渗碳为主同时渗入氮的化学热处理工艺，在模具零件表层同时渗入碳、氮，在一定程度上克服了渗氮层硬度虽高但渗层较浅，而渗碳层虽硬化深度大，但表面硬度较低的缺点，与单一渗碳或者渗氮相比，碳氮共渗有许多特点，如碳氮共渗温度较渗碳温度低，因而渗碳过程中奥氏体晶粒较细小，共渗后一般可直接淬火，生产工序简化，可节约能源并减少模具零件的变形。

热挤压前必须对凸模、凹模等模具工作部分零件进行预热，以减小模具的温度应力，防止模具早期失效。预热温度一般控制在 250~350℃。可以采用加热炉或者设置在模具上的电加热器进行预热。在实际生产中，也经常采用将加热后的坯料放在模腔中的方法对模具进行预热。

我国及国外常用热挤压工模具钢材的典型力学性能及线膨胀系数分别见表 6-3~表 6-5。

表 6-3　我国常用热挤压工模具钢的化学成分与典型力学性能

钢　号	化学成分/%	试验温度/℃	σ_b/MPa	σ_s/MPa	ψ/%	δ/%	布氏硬度	热处理
5CrNiMo	0.5 C 0.66 Cr 1.5 Ni 0.36 Mo	20	1 460	138	42	9.5	418	820℃油淬，500℃回火
		300	1 370	106	60	17.1	363	
		400	1 110	90	65	15.2	351	
		500	860	78	68	18.8	285	
		600	470	41	74	30.0	109	
5CrMnMo	0.55 C 0.67 Cr 1.51 Mn 0.26 Mo	20	1 180	97	37	9.3	351	820℃油淬，600℃回火
		300	1 150	99	47	11.0	351	
		400	1 010	86	61	11.1	311	
		500	780	69	86	17.5	302	
		600	430	41	84	26.7	235	

钢 号	化学成分/%	试验温度/℃	σ_b/MPa	σ_s/MPa	ψ/%	δ/%	布氏硬度	热 处 理
4Cr5MoSiV1（H13、SKD61）	0.37 C 4.74 Cr 1.25 Mo 1.05 Si 1.10 V 0.29 Mn	20	1 600	1 400	45.5	13.0	47HRC	1 040℃油淬，600℃第一次回火，580℃第二次回火
3Cr2W8V（H21）	0.30 C 2.3 Cr 8.65 W 0.29 V	20	1 670	—	7.00	25.00	488	1 100℃油淬，570℃第一次回火，550℃第二次回火
		300	—	—	—	—	429	
		400	1 520	—	—	—	420	
		450	1 526	—	—	—	402	
		500	1 430	—	—	—	365	
		550	1 240	—	—	—	365	
		600	1 280	—	—	—	325	
		650	—	—	—	—	290	

表 6-4 国内外最常用热挤压工模具钢的常温力学性能（典型）

	钢 材 牌 号			力 学 性 能				
美国	日本	中 国	俄罗斯	σ_b/MPa	σ_s/MPa	δ/%	ψ/%	α_K/（J/cm²）
H10	KDH1			1 505	1 400	12	43.5	165
H11	SKD6	4Cr5MoSiV		1 512	1 407	12	43.5	165
H12	SKD61			1 505	1 400	12	42.5	118
H13	SKD62	4Cr5MoSiV1		1 526	1 428	12	42.5	165
H21	SKD5	3Cr2W8V	3X2B8φ	1 670	1 560	8.3	25.0	24

表 6-5 典型挤压工模具钢的线膨胀系数

钢材牌号	在不同温度下的线膨胀系数/（×10⁻⁶/℃）					
	100~250℃	250~350℃	350~500℃	500~600℃	600~700℃	700~800℃
5CrNiMo	12.55	14.10	14.20	15.0	—	—
5CrNiSiW	12.56	14.11	14.60	16.50	—	—

钢材牌号	在不同温度下的线膨胀系数/($\times 10^{-6}$/℃)					
	100~250℃	250~350℃	350~500℃	500~600℃	600~700℃	700~800℃
5CrNiTi	12.17	13.52	15.56	17.6	—	—
3Cr2W8V	10.28	13.05	13.20	13.30	—	—
4Cr5MoSiV1	7.5	9.7	12.30	12.70	—	—
4CrW2Si	13.15	13.6	13.80	14.2	—	—
7Cr3	10.0	14.01	15.24	15.2	—	—
H11	7.6	8.7	11.6	12.0	12.1	12.3
H13	7.5	9.7	11.5	12.0	12.2	12.32

6.1.2.2 连续热挤压模具常用材料

目前，国内外连续热挤压模具常用材料以热作模具钢应用最为普遍。其中，美国热作模具钢体系（hot-work die steel，简称 H 系列或 H 型）的热作工具钢具有高的热稳定性、高温强度、热疲劳抗力、机械疲劳抗力以及耐磨性，适用于各种热作工模具的性能要求，被国际上公认为是最成熟的热作工具钢。挤压铝合金、镁合金时，除了少数批量特别大或者比压特别高的难挤压成形的产品外，国内外多数挤压厂家开始采用 H 系列的热挤压模具钢。本节重点介绍常用的 H 系列热挤压模具钢。

美国从 1958 年开始研制以 Cr、Mo 为主要合金元素的热挤压模具钢，主要牌号有 H10 和 H10A、H11、H13 等，并在 20 世纪 60 年代推广至欧洲和日本；其他国家也发展了与 H 系列相似的热作模具钢。当前我国有些钢厂已批量生产并供应 H 系列热作模具钢的某些钢种，如 H11、H13 等，并有替代 3Cr2W8V 等传统钢种的趋势。

1. H 系列钢分类

按钢的红硬性和主要使用抗氧化元素，H 系列钢可分为三个系列。

（1）铬系。包括 H10~H19 钢，主要的合金元素为 Cr，此外还有 W、M、V 和 Co；含碳量相对低些，一般为 0.35%~0.40%；总的合金元素含量也稍低。由于含 Cr 量较高，因而有较高的淬透性，加入 1% 的钼使淬透性更好，故可用作尺寸很大的工模具。H11、H12、H13 等均属于空气硬化热模具钢，在淬火和高温回火后，部分铬存于析出的碳化物中，部分铬存在于基体中，再加上其他元素的综合作用，故既有较高的强度，又有较好的韧性。这组钢的抗氧化性能较好，能在 540℃ 高温下长时间暴露；其中 H10 和 H14 因含有较多的 W 和 Mo，具有较高的红硬性及热强性；H11、H12、H13 由于较便宜，淬火变形小和通用性好，每年的消耗量最大。铬系 H 型热模具钢的正常工作硬度为 HV400~600，在此硬度范围内有良好的韧性。国外将这类热模具钢广泛用于中小型热锻模、轻合金和铜合金的压铸模以及热挤压模具。

（2）钨系。包括 H21~H26 钢，主要合金元素为 W、Cr，有的还含有 V。这组钢具有高的热稳定性，其高温抗软化能力比铬系的好，但脆性相对要大些，热疲劳抗力和抗氧化性也差些，故要求用于那些不进行剧烈冷却的模具。因为 W、V 等合金元素的碳化物占有较多的碳，易使钢的淬透性变差，所以这组钢的成分设计的要点是需要调整合金元素的含量，以获得合理的室温硬度、红硬性、韧性及热冲击抗力。这组钢的正常工作硬度为 HV400~600。H24、H25、H26、H41、H42（后两者为钼系模具钢）实际上已发展成为具有较好综合性能的冷作模具钢。

（3）钼系。包括 H41~H43 钢，主要合金元素为 Mo，还含有 Cr、V；其碳含量在 H 型钢中最高。钼系热模具钢的性能介于钨系和铬系之间，是针对铬系热模具钢的热稳定性较差而钨系模具钢韧性不足的情况而发展起来的。由于这组钢具有优良的抗回火软化能力和强韧性，因此可用作剧烈水冷的模具。目前，美、日、俄及西欧各国在高速、高负荷、激冷激热连续大批量生产条件下工作的模具中广泛采用钼系热模具钢。由于主要合金元素为 Mo，而 Mo 是较强的碳化物形成元素，与碳会形成各种类型的碳化物，因此钼系热模具钢热处理时脱碳倾向大，要特别注意。

2. H 系列热作模具钢制造模具的典型工艺路线

锻坯粗加工→去应力（600~700℃加热）→精加工→预热（600~850℃）→奥氏体化→淬火→稳定化处理（如果采用此道工序，则应在 150℃消除淬火应力）→回火→磨削加工到所需的尺寸。

表 6-6 为典型的轻合金热挤压工模具使用的材料类型及最终热处理后硬度范围。

表 6-6　典型的热作模具钢材料及硬度

用　途	加工铝、镁合金		加工钛合金及钢材		加工铜及黄铜	
	模具材料	硬度 HRC	模具材料	硬度 HRC	模具材料	硬度 HRC
型材模、管材模	H11、H12、H13	47~51	H13	44~48	H11、H12、H13、H14、H19、H21	42~44 31~36
挤压垫、模垫、模套	H11、H12、H13	46~50	H11、H12、H13、H19、H21	40~44 40~42	H11、H12、H13、H14、H19	40~44 40~42
挤压轴、芯棒、穿孔针	H11、H13	46~50	H11、H13	46~50	H11、H13	46~50

用　途	加工铝、镁合金		加工钛合金及钢材		加工铜及黄铜	
	模具材料	硬度 HRC	模具材料	硬度 HRC	模具材料	硬度 HRC
挤压筒、内衬套	H11、H12、H13	42~47	H11、H12、H13	42~47	A~286、V-57	—
挤压筒外套	H11、H12、H13	40~44	H11、H12、H13	40~44	H11、H12、H13	40~44

3. H 系列热作工模具钢材的其他性能及表面处理工艺

热作模具钢一般要求有较好的抗热疲劳性能、高温强度和高温塑性。从热疲劳性能来说，高周热疲劳（生产频率较高时）是由裂纹萌生数目来控制的，而低周热疲劳（生产频率较低时）是由裂纹扩展长度来控制的。有资料介绍，比较三种 H 系列的钢种，抗裂纹萌生性能最好的是 H21 钢，其次是 H13 钢，H11 钢较差；抗裂纹扩展性能最好的是 H13 钢，其次是 H11 钢，H21 钢较差。

在 600℃以下时，H21 钢的热屈服强度高于 H13 钢；但 600℃以上时则出现相反的变化趋势。从高温塑性（测量断面收缩率）来看，在 400℃以上时，H13 钢明显高于 H21 钢。

热处理的尺寸变化情况。H 型钢种在淬火、回火后一般有胀大的趋势，如 1010℃淬火的 H21 钢，在 420℃以下温度回火时，尺寸变化约为+0.05%；480℃回火时，尺寸变化约+0.03%；600℃回火时，尺寸变化上升为+0.14%。1 000℃淬火的 H13 钢，在 480℃以下温度回火时尺寸变化基本上为零（在 300℃附近回火时稍有胀大，约 0.01%）；而在 530℃回火时，尺寸胀大上升为+0.07%；在 530~650℃回火时，尺寸变化大致在+0.05%~0.07%的范围内。近年来，广泛使用真空炉淬火工艺，热处理尺寸几乎没有变化，很稳定。H13 钢在 500℃左右表现出一定的回火脆性，在回火时应尽量避开这一温度范围。有人提出采用中温（380~500℃）回火工艺，既可避开 K_{IC} 低谷，又可防止夏氏冲击值 α_K 低谷，同时还可能获得较高的常温强度与硬度，是一种可行的强韧化处理工艺。

进一步提高 H 系列的热作模具钢耐热性和耐磨性，可采用渗碳和氮化处理。渗碳处理主要用于提高耐磨性，一般用于含碳量 0.35%以下的钢种。H12 钢渗碳可获得 60~62 HRC 的表面硬度层；渗碳层也不宜太深，通常应在 0.4 mm 以下，尤其是在压铸模具等较大热冲击的场合更要注意，以防止脆性裂纹的产生。氮化对热模具钢适合性较好，可以同时提高耐磨性和耐热性。有资料介绍，用 H 系列模具钢制造的热挤压模具在氮化后可较大幅度地提高使用寿命。热模具钢在氮化前应先进行淬火、回火处理。氮化温度一般选择 540℃，因大部分 H 系列的钢种在此温度范围内都有二次硬化的效应；氮化处理时间一般为 15～24 h。但应注意，热模具钢表面氮化层不宜太厚，否则会引起脆性或诱发热疲劳裂纹，一般控制在 0.08～0.20 mm 为宜。工作时热冲击（或热梯度）越大，氮化层则应越薄。

4. H 系列热作工模具钢应用时应注意的问题

经过大量的试验研究和生产实践证明，H 系列热作工模具钢的适应性强，应用范围广，对于轻合金热作工模具加工，特别是热挤压和热模锻等成形方法来说，是一种经济适用的模具材料。由于各钢种的化学成分有差异，在应用时应特别注意以下几方面的问题：

1）H 型模具钢的钨系列钢种（H21～H26），由于其含钨量较高，在工作中不宜直接用水冷却，否则易过早产生热疲劳裂纹。可以同时使用水和压缩空气作喷雾冷却，在工作频率较低时也可以单用压缩空气冷却。

2）H 系列热模具钢中的 H41 和 H43 钢钼系钢种，由于其钼含量较高，在热处理加热时宜采用还原性气氛进行保护。

3）在冲击性有特别要求的场合，不但要选择合适的回火温度，还应选择合适的淬火温度。例如 H11 钢的夏氏冲击值 α_K，当在 1 000℃淬火时为 5.2，在 1050℃淬火时为 4.9，在 1100℃淬火时下降到 1.6，而 1150℃淬火时只有 1.1（上述数据均为奥氏体化保温 10 min 空冷，然后在 600℃回火 1 h 后测得数据）。

开发与选用模具材料是一项十分复杂的工作，除技术上、经济上的需要与可能外，还应与本国和本地区的具体情况相适应。如某些钢材需要采用特殊的熔炼、锻造和热处理工艺，而有些国家目前尚无此类工艺装备或工艺技术，一些国家的钨藏量比较丰富，而另一些国家缺乏铌金属等。总之，应根据技术上的需要和可能，选择既经济、又合理的工模具材料。表 6-7 和表 6-8 列出了工模具国内外常用的材料和我国部分挤压工模具材料，供读者参考。

表 6-7 几种工模具国内外常用材料表

挤压工模具名称		要求硬度范围 HRC	材料选用	选用国家	备注
挤压筒	外套	44～57	5CrNiMo	中国	所有挤压机
		35～44	5CrNiW	中国	大规格
		32～39	SKT4	日本、美国	
	中套	44～47	5CrNiMo、5CrMnMo	中国	
		35～44	5CrNiW	中国、俄罗斯	
		48～50	40CrMoV5	俄罗斯	
		37～45	SKD61、H10	日本、美国	

挤压工模具名称		要求硬度范围 HRC	材 料 选 用	选 用 国 家	备　注
挤压筒	内　套	48~52	3Cr2W8V	中国、俄罗斯	小规格
		44~47	5CrNiMo	中国、俄罗斯	大规格
		40~45	50WCrV2	俄罗斯	
		46~50	40CrMoV5	俄罗斯	
		42~49	SKD、H19	日本、美国	
		40~45	H11	日本、美国	
		42~47	H12	日本、美国	
		40~42	H21	日本、美国	
挤压轴		48~52	3Cr2W8V	中国、俄罗斯	小规格
		44~47	5CrNiMo	中国、俄罗斯	大规格
		40~45	45WCrV2、50WCrV2	俄罗斯	
		45~50	SKD62、SKD61	日本、美国	
		47~51	H12	日本、美国	
挤压垫		45~50	3Cr2W8V	中国、俄罗斯	小规格
		40~45	4XB2C	中国、俄罗斯	大规格
		41~49	SKD62、H10	日本、美国	
		47~51	H14、H21	日本、美国	
模　具	平面模	45~52	3Cr2W8V	中国	
		42~48	5CrNiMo	中国	简单模
	组合模	43~47	H11、H13、H21	日本、美国	
		42~47	H12、H23、H24、H26	日本、美国	
		45~50	SKD5、H19、H20	日本、美国	
		≤40	X50NiCrWV1313	德国	
		40~45	钴基合金	英国、美国	
		42~47	A286、Inco718、GH90	英国、美国、德国	

挤压工模具名称		要求硬度范围 HRC	材 料 选 用	选 用 国 家	备 注
模具	模 套	40~45	3Cr2W8V、5XB2C	中国、俄罗斯	
		43~47	H11、H13	日本、美国	
	模支撑	35~40	5CrNiMo	中国、俄罗斯	
		40~45	3Cr2W8V	中国、俄罗斯	
		39~43	SKD61、SKD62	日本、美国	
	支撑环	40~45	5CrNiMo、5CrMnMo	中国、俄罗斯	
		39~43	SKT4	日本、美国	
穿孔针	实 心	42~48	3Cr2W8V	中国、俄罗斯	小规格
		39~43	5CrNiMo	中国、俄罗斯	大规格
	无 水	40~45	H21、H26、H11、H19、H13、H12	日本、美国	
	内 冷	45~54	SKD62	日本、美国	

表 6-8 中国的部分挤压工模具材料选用表

挤压工模具名称	材 料		要求硬度范围 HRC	备 注
	选 用 的	代 用 的		
125 MN 挤压机圆挤压筒内、中、外套	5CrNiMo、4Cr5MoSiV1、3Cr2W8V	5CrNiMo、5CrNiW	42~48	
125 MN 挤压机圆挤压筒内、中、外套	3Cr2W8V	4Cr5MoSi、5Cr2NiMoVSi	45~50	
125 MN 挤压机圆挤压筒中、外套	5CrNiMo	5CrMnMo、5CrNiW	42~48	
35~50 MN 挤压机挤压筒	5CrNiW、5CrNi2SiWV	5CrMnMo	43~49	
7.5~25 MN 挤压机圆挤压筒内套	3Cr2W8V、4Cr5MoSiV1	5CrNiW	45~50	
7.5~25 MN 挤压机圆挤压筒外套	5CrNiMo、4Cr5MoSiV1	5CrNiW、3Cr2W8V	42~48	
所有扁挤压筒内套	3Cr2W8V	4Cr5MoSiV1	45~50	

挤压工模具名称	材　料		要求硬度范围 HRC	备　注
	选用的	代用的		
5~25 MN 挤压机圆挤压轴	3Cr2W8V、4Cr5MoSiV1	5CrNiW	45~50	
35~125 MN 挤压机圆挤压轴	5CrNiMo	4Cr5MoSiV1	42~48	
小挤压轴轴头	3Cr2W8V、4Cr5MoSiV1	5CrNiW	48~52	
大挤压轴轴头	5CrNiW	5CrNiW	40~46	
挤压轴支持器	3Cr2W8V	4Cr5MoSiV1	42~48	
φ130 mm 以下挤压垫片	3Cr2W8V、4Cr5MoSiV1	30Cr5MnSiAl	48~52	
φ130 mm 以上挤压垫片	3Cr2W8V、4Cr5MoSiV1	5CrNiW	45~50	
各种模具	3Cr2W8V、4Cr5MoSiV1	3И160	49~52	
舌型模、平面组合模内套	3Cr2W8V、4Cr5MoSiV1	5CrNiW	48~52	
舌型模、平面组合模外套	3Cr2W8V、4Cr5MoSiV1	3И160	48~52	
模垫	5CrNiMo、4Cr5MoSiV1	3И160	44~50	
模支撑	5CrNiMo、5CrNiW	3И160	42~48	
压型嘴、模架	5CrNiMo	5CrNi2SiWV	42~48	
各种针前段	3Cr2W8V、4Cr5MoSiV1	6CrNi3Mo、4Cr5MoSiV1	48~52	
4~6 MN 挤压机冲头	5CrNiMo	5CrNiW	35~40	
	3Cr2W8V、4Cr5MoSiV1	3И160	38~44	
剪切冲头	T8	T10	35~40	
衬套连接器	7Cr3	5CrNiW	40~45	
针支撑	4Cr5MoSiV1	T18、5CrNiMo	45~50	
针后端	5CrNiMo	5CrNiW	42~48	
单一针	3Cr2W8V、4Cr5MoSiV1	5CrNiW	45~50	
导路	A3F	—	—	

挤压工模具名称	材　　料		要求硬度范围 HRC	备　注
	选 用 的	代 用 的		
钛合金模具	3Cr2W8V、4Cr4Mo2WVSi	45Cr3W3MoVSi	42~48	
钛合金模具	4Cr5W2VSi	4CrMo2WVSi	42~48	
钛合金挤压轴	45Cr3W3MoVSi、5CrNiMo	5CrNiW、4Cr5W2VSi	42~48	
钛合金挤压筒	3Cr2W8V	5CrNiW	42~48	

6.2　模具设计与强度校核

6.2.1　立式热挤压模具设计

挤压时金属处于三向压应力状态，使凸模、凹模等模具工作部分零件的单位负荷非常大。热挤压对模具强度和可靠性等方面的要求与冷挤压模具相同，两者的模具结构也相似，在很多方面可以参照冷挤压模具设计。

6.2.1.1　模具的特点

热挤压时，模具在高压、高温下工作，为了减少模具工作部分的受热时间，实际生产中多采用专用挤压机或曲柄压力机等成形速度快的机械压力机，以减少模具特别是凹模的受热时间。热挤压模具的结构设计，与冷挤压模具相比主要具备以下特点：

模具上应设计冷却系统。热挤压成型过程中温度较高，性能再好的模具钢也难以在高温下长时间工作，必须对凸模、凹模等关键零件进行充分冷却。可以采用模内循环冷却，也可以采用外部喷射的办法冷却。

凸模和凹模等模具更换零件要装卸方便、固定可靠。热挤压时凸模和凹模的寿命有限，需要经常更换；模具结构设计时应考虑模具工作部分零件装卸的方便性，并做到固定可靠，防止松动和意外。

模具工作部分零件必须选用热作模具钢。模具中与坯料接触的工作零件应选用在高温下具备足够强度、硬度和韧性的合适模具材料。

6.2.1.2　模具结构设计

1. 模具结构设计步骤

（1）分析零件的形状；

（2）根据零件图设计挤压件图；

（3）确定制造方法和设备种类，计算所需吨位；

（4）确定挤压工步和设计模膛，顺序是先设计终成形模膛，然后设计预成形模膛和制坯模膛；

（5）设计挤压模具模体（或模具组合体）；

（6）设计切边模和冲孔模（如需要）；

（7）设计校正模；

（8）确定模具材料。

具体模具设计一般遵循以下原则：

（1）模具设计时应做到工作中坯料产生最小侧向力，以保证成形过程中坯料维持在平稳状态。

（2）对于机加余量大、尺寸要求不高的热挤压件，一般不考虑模具缩放，可按热挤压件实际尺寸设计和制造。

（3）对于尺寸精度要求较高或者具有非加工面的挤压件，应考虑模具缩放，根据铝合金和模具材料线膨胀系数不同的影响，计算确定模具型面尺寸。模具型面尺寸计算可依据公式（6-1）计算：

$$L_m = L_j \beta \qquad\qquad (6-1)$$

式中，L_m 为常温下模具型面尺寸，单位为毫米（mm）；L_j 为常温下工件要求尺寸，单位为毫米（mm）；β 为缩放率。

缩放率 β 依据公式（6-2）计算，一般还应依据工程经验进行一定调整。

$$\beta = L_m/L_j = (1 + \Delta T_j \alpha_j)/(1 + \Delta T_m \alpha_m) \qquad\qquad (6-2)$$

式中，α_m 为脱模温度下模具线膨胀系数，单位为 $\mathrm{^{\circ}C^{-1}}$；α_j 为脱模温度下时工件线膨胀系数，单位为 $\mathrm{^{\circ}C^{-1}}$；ΔT_m 为脱模时模具温度同室温温度差，单位为 $\mathrm{^{\circ}C}$；ΔT_j 为脱模时工件温度同室温温度差，单位为 $\mathrm{^{\circ}C}$。

（4）若模具型面具有自导向作用，一般可不设置导向装置。对于无自导向型面的模具，应设置导向装置；尤其对于成形时会产生一定侧向力的零件模具，应设置必要的导向装置；对于成形时会产生较大侧向力的异形零件模具，应从模具型面设计出发，合理预留工艺边，使模具能尽量消除合模时产生的侧向力。

（5）模具设计时一般需要设置顶出装置，并经过强度校核满足要求；模具腔体较浅或拔模斜度较大时可不要顶出装置，但要在工艺余量处设计取件槽。

（6）模具应完全处在热挤压机有效工作台面上，边缘距工作台四边不小于 20 mm。

（7）采用加热管作为加热方式的模具，加热管放置孔一般为位于模具上的多个按规律排布的圆形通孔，两个相邻通孔边缘距离应不小于 35 mm；应在模具周围合理地设计用于固定保温板的螺栓孔。

（8）采用感应加热方式加热的模具，外形一般设计为圆形。

（9）在满足模具的热刚度要求的前提下，应尽量减重，以降低能源消耗，并利于安装与拆卸。

（10）模具应设置合理的定位销、定位块和取件槽、卸料块等，以便零件能准确迅速地定位和取件；应设置安全合理的起吊孔或起吊螺栓等，以方便装卸、翻转、搬运等。

（11）热挤压模具与热挤压机的连接固定方式以螺栓压板为主，在模具上可制出供螺栓压板锁紧的安装台阶或凹槽。台阶或凹槽高度视模具大小、重量而定，一般取值为 30~50 mm。

（12）根据成形零件的大小及复杂程度，在模具上设计合理排布的热电偶插孔。插孔应保证热电偶端头尽可能接近模具型面，一般孔径取值为 6~10 mm。

2. 模具结构设计实例分析

图 6-1 为热正挤压模。上模部分由凸模 2、固定螺母 10、凸模垫板 11 和上模座 9 组成。下模部分由凹模 1、顶杆导套 3、下模座 4、垫板 5、凹模固定座 8 等组成。为了保证上下模的同心度，在上下模设置导柱 6 和导套 7；模具中的凹模冷却采用在凹模预应力圈中开设冷却水槽的模内循环冷却方法；挤压件的顶出由下模座内的顶料气缸来完成。

热正挤压凸模的结构形式与冷挤压基本相同，可以分为正挤压实心件的整体凸模和正挤压空心件的带芯棒的组合式凸模。对于正挤压较长的工件，其凸模的行程较长，可以采用图 6-2 所示带顶头的凸模。使用挤压顶头可以使挤压杆不与高温坯料直接接触，以防止挤压杆前端因温度上升而损坏；更换模具时只需要更换顶头即可。由于正挤压凸模仅起传递压力的作用，挤压顶头与挤压杆可以不用机械连接，而在挤压结束后将顶头从模具侧面拔出，以减小挤压杆的后退

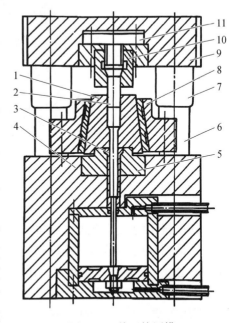

图 6-1　热正挤压模

1—凹模；2—凸模；3—顶杆导套；4—下模座；
5—垫板；6—导柱；7—导套；8—凹模固定座；
9—上模座；10—固定螺母；11—凸模垫板

力。挤压顶头厚度 δ 一般取 $(0.4 \sim 0.6) d_0$（d_0 为毛坯直径）。

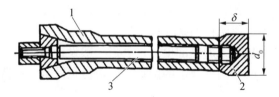

图 6-2 挤压顶头与挤压杆固定的凸模

1—挤压杆；2—挤压顶头；3—双头螺栓

图 6-3 为热反挤压模。模具中设计了由卸料板和下顶杆组成的上下出料机构，以保证挤压完毕后挤压件能顺利出模。卸料机构由卸料板 3、弹簧 9 和螺栓 10 组成；顶料机构由顶料杆 6、顶杆 8 和拉杆等组成，靠压力机滑块的回程带动拉杆向上顶料。

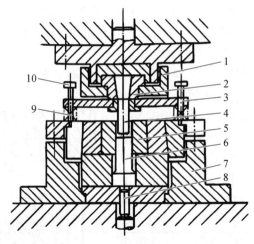

图 6-3 热反挤压模

1—螺母；2—凸模固定圈；3—卸料板；4—凸模；5—凹模；
6—顶料杆；7—凹模固定座；8—顶杆；9—弹簧；10—螺栓

热反挤压的凸模形式与冷挤压凸模的形式相同。由于被挤压金属与凸模的摩擦比冷挤压时小得多，热反挤压凸模的工作带宽度要比冷挤压大，以提高凸模的耐磨性；也可不设工作带，在模具中采用下顶料结构。实际生产中较多使用的是图 6-4 的形式。其中图 6-4（a）所示的模具没有工作带，而是在工作端带 $1° \sim 2°$ 的斜度；挤压完后的挤压件与凹模表面的摩擦力足以使制件留在凹模内，由下模的顶料器将制件顶出，不再设置卸料装置，有利于操作。图 6-4（b）为顶端带球形的凸模，这有利于挤压时凸模和凹模底部黏滞区的金属也参与流动，可降低挤压力；该种形式的凸模适用于需要进行冲孔的穿孔空心件挤压。图 6-4

（c）为带工作带的凸模形式，是热反挤压常用的凸模形式。凸模的工作部分是高度为 h_1 的圆柱体，其直径为 d；工作部分以上的直径缩小至 d_1，以减少变形过程中凸模与坯料的接触面，从而降低摩擦力；设计时，先按热挤压件图确定凸模的工作直径 d，再确定其他尺寸，$d_1 = 0.95d$，$d_2 = (0.5 \sim 0.7)d$，$h_1 = (0.3 \sim 0.5)d$，$h_2 = (0.3 \sim 0.7)d$，$\beta = 120° \sim 160°$，$r = (0.05 \sim 0.1)d$。

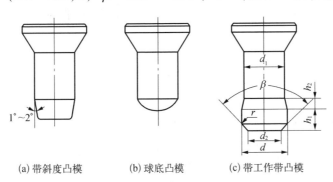

(a) 带斜度凸模　　　　(b) 球底凸模　　　　(c) 带工作带凸模

图 6-4　热反挤压凸模

与冷挤压的形式相同，热正挤压凹模和热反挤压凹模都可分为整体式凹模和带预应力圈的组合式凹模。由于热正挤压时的变形抗力较小，金属与凹模工作带的摩擦因数较冷挤压时小得多，故可以适当将正挤压凹模工作带的高度增加到 5~15 mm，以减小工作带的磨损。在变形量不大的情况下，采用整体式热挤压凹模能保证其强度；但是在热挤压时，凹模常因发生热疲劳裂纹而失效，模具寿命有限，需要经常更换凹模，故在实际生产中多采用两层预应力组合凹模。这样，凹模的外形可以设计得小一些，以节约昂贵的模具钢，而且更换方便。

除了采用与冷挤压时相同的冷压法外，在生产中热挤压预应力圈组合凹模常采用热压法，图 6-5 为热压法示意图。热压法的具体操作是，按设计好的凹模与预应力圈的过盈量 Δ，将加工好的预应力圈放到加热炉中加热，升温至 500~550℃，预应力圈受热出现体积膨胀，内、外直径增大，此时内孔的膨胀量相当于与凹模配合的过盈量 Δ；将凹模用气锤或油压机轻轻压入预应力圈，然后置于空气中冷却收缩，预应力圈即产生对凹模的预压应力 σ_θ。由于材料的线膨胀系数是有限的，因此两者的过盈配合量也受到限制，此种压合法一般适用于热挤压；如果要求的过盈量超出了材料的线膨胀量，则只能采用冷压法，详见冷挤压预应力组合凹模压配。

在设计热挤压模的冷却系统时，可以在预应力圈与凹模间开一循环水槽，以达到内循环冷却目的，见图 6-5。

多向热挤压模。图 6-6~图 6-9 是一种轻质马鞍形端框结构的多向热挤压成形模具的结构示意图。

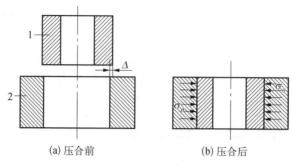

(a) 压合前   (b) 压合后

图 6-5   组合凹模热压法

1—凹模；2—预应力圈

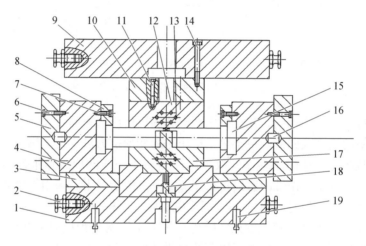

图 6-6   多向热挤压模具主视图

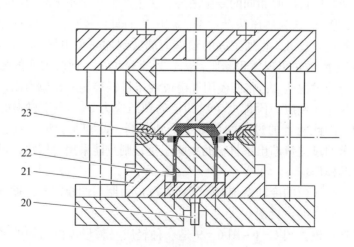

图 6-7   多向热挤压模具侧视图

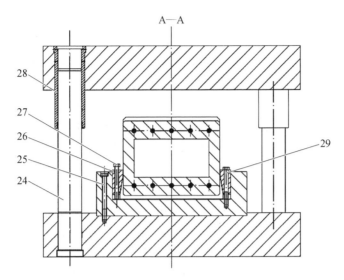

图 6-8 多向热挤压模具剖视图

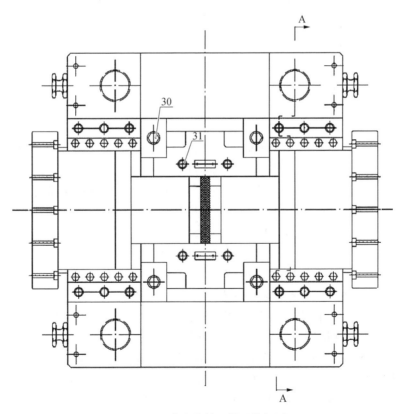

图 6-9 多向热挤压模具俯视图

该模具包括：下模座 1、侧挤滑块底座 3、侧挤滑块垫板 5、侧挤滑块 4、凸模压板 8、凸模 15、上模座 9、上凹模垫板 10、上凹模 12、下凹模 17、下凹模垫板 21、顶出杆 22、顶出器 18、凹模定位键 23、导柱 24、导套 28、侧挤滑块压板 26、加热管 13、定位销 16、螺栓 6~7 等。上凹模 12、下凹模 17、左右两个凸模 15 配合后四者之间存在间隙，形成马鞍形端框挤压件的形状。模具模架部分可通用，模架部分包括下模座 1、侧挤滑块底座 3、侧挤滑块垫板 5、侧挤滑块 4、上模座 9、上凹模垫板 10、下凹模垫板 21、顶出杆 22、导柱 24、导套 28、侧挤滑块压板 26、定位销 16、螺栓 6~7 等。模具按照自下而上顺序进行安装，各模块之间采用六角头螺栓 6~7、29~31 连接。

在上模座 9 和下模座 1 对角线的四个角的对应位置分别设有导柱孔，每个导柱孔内设置有导套，导套 28 和导柱孔采用压配合紧固，通过分别将导柱 24 插入在对应的导套 28 内，对上模座 9、下模座 1 进行定位，导柱 24 与导套 28 之间留有 0.15~0.5 mm 的间隙；分别在上凹模 12 和下凹模 17 之间设置定位键 23 和角锁扣进行定位；侧挤滑块垫板 5 和侧挤滑块 4 之间采用定位销 16 进行定位，在侧挤滑块底座 3 和侧挤滑块 4 之间采用滑块压板 26 进行定位。

模具设置上、下顶出机构，均采用"顶出器 18+顶杆 22"结构。

模具采用"加热-安装-补热"的方式进行加热，在上凹模 12 和下凹模 17 内分别设置 6 个加热管和两个热电偶孔。

下模座 1、侧挤滑块底座 3、侧挤滑块垫板 5、侧挤滑块 4、上模座 9、侧挤滑块压板 26 所选用的材料为铸钢 ZG45，上凹模垫板 10、下凹模垫板 21 所选用的材料为 45 钢，上凹模 12、下凹模 17、左右两个凸模 15 所选用的材料为 5CrNiMo，导柱 24 和导套 28 所选用的材料为 20 钢。上凹模 12、下凹模 17、左右两个凸模 15、导柱 24 和导套 28 表面均打磨、抛光处理，以降低表面粗糙度，以利于脱模和提高挤压件表面质量，并且均做热处理以提高强度和硬度，保证上凹模 12 硬度 HRC46~50、下凹模 17 硬度 HRC46~50、左右两个凸模 15 硬度 HRC48~52、导柱 24 和导套 28 硬度 HRC58~62，渗碳深度 0.8~1.2 mm。

使用时操作顺序如下：① 将模具自下而上安装在压力机平台上，利用加热管 13 将上凹模 12、下凹模 17 加热至 450℃；② 将压力机上、下平台分开，快速将热态的左、右凸模 15 安装至指定位置；③ 将加热至 450℃的 5A06 铝合金坯料放入下凹模 17 内；④ 操作压力机上滑块向下运动，使得上凹模 12、下凹模 17 合模，对坯料进行热挤压，然后保压；⑤ 操作压力机左、右滑块运动，使得左、右两个凸模 15 对坯料进行热挤压，然后保压，使得合金坯料将上凹模 12、下凹模 17、左右两个凸模 15 配合后四者之间形成的型腔填充满；⑥多向热挤压完成后，压力机左、右滑块首先回程，然后上滑块回程，顶出器 18 和顶杆 22 对挤压件顶出，取出马鞍形端框挤压件，放在指定位置，多向热挤压工序完成。

6.2.2　卧式热挤压模具设计

　　轻质合金型材是实现高速列车、汽车、船舶、航空航天器等轻量化和性能提升的关键结构材料，目前正在向高性能、大型化、复杂化、精密化、多品种、多规格、多用途方向发展，对其型材的结构、力学性能、组织性能等的技术要求也日益苛刻，这类型材具有中空薄壁、断面形状复杂、断面尺寸大、力学性能高的等特点，材料在挤压变形中的流动行为复杂，增加了模具结构设计、材料流动行为分析和工艺模具参数优化设计的难度，且在模具设计和工艺参数选择不合理时，极易造成型材扭拧、波浪、弯曲、开裂等缺陷，并影响模具使用寿命。对此，业内多采用型材挤压过程数值建模方法，研究材料变形规律，揭示工艺与模具参数的相互影响，探讨复杂截面型材的模具结构优化设计方法等，以便为轻质合金型材质量控制提供理论指导。

　　1. 卧式热挤压模具强度校核

　　在卧式热挤压模具设计中，一般多是借助 HypeXtrude 仿真软件对模具工艺性和模具强度等进行校核分析，对模具结构优化设计。具体仿真分析流程如图 6 - 10 所示。

　　下面以上文提到的某卧式挤压铝合金舱段产品为例，具体介绍卧式热挤压模具的强度校核方法。

　　该类产品断面大、精度要求高、形状复杂、型腔多、壁厚相差悬殊，因此成形用的分流挤压模具结构复

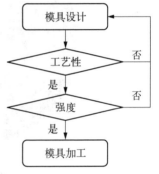

图 6 - 10　仿真分析流程

杂、细小特征较多。若模具结构不合理或者工艺参数设定不准确，分流挤压模具可能会发生塑性变形，导致生产出的型材形状发生变化，无法满足生产要求；在较大的载荷下，模具甚至可能会破坏失效。因此模具的设计，在满足型材流动均匀性的前提下，要确保型材的尺寸精度和模具强度。在模具设计中引入数值模拟技术，进行模具强度校核，可最大限度减少试模次数，缩短模具开发周期，降低成本[1,2]。

　　模具的校核主要包括两方面内容：一是模具所受应力应小于屈服强度；二是模具变形需控制在一定范围内。模具强度校核主要是为了减少模具弹性变形、预防塑性变形而导致的模具破坏、损伤和失效。

　　仿真模拟时设置坯料加热温度为 510℃，模具预热温度为 480℃，挤压筒预热温度为 460℃，挤压速度为 1.0 mm/s。

　　1）分流挤压模具受力分析

　　模具应力大小决定模具的寿命；铝型材挤压时模具工作条件十分恶劣，局部应力集中会导致模具过早失效。通过对模具应力的分析比较，可以得到模具受力

和应力分布情况，预测模具的可能失效部位。

本挤压件成形模具的材料为 H13 钢，在 500℃ 左右的许用强度为 1 200 MPa，模具所受最大应力只要不超过该许用强度则认为其满足强度要求。图 6-11 所示为最终优化分流挤压模具的应力分布情况。从图 6-11（a）中可以看出，上模10 个分流桥的顶端棱边处应力较大，其他部分应力较小，应力最大值（Max）为 214.57 MPa。下模出口位置应力较大，最大值为 581.82 MPa，如图 6-11（b）所示。上模和下模的最大应力值均远小于模具材料 H13 在 500℃ 左右的许用强度。说明该分流挤压模具在铝型材挤压过程中只发生弹性变形，而不会发生塑性变形和失效破裂，模具强度满足实际生产的需要。

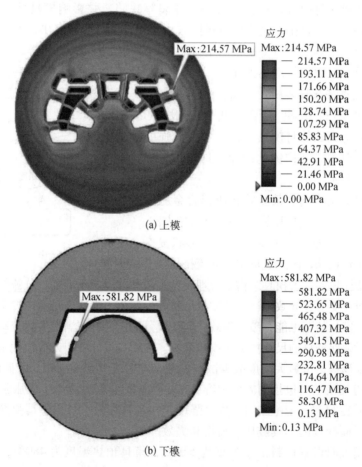

(a) 上模

(b) 下模

图 6-11　分流挤压模具应力分析

2）分流挤压模具变形分析

该铝合金型材对外形轮廓尺寸精度要求较高，需格外关注模具的偏移量和变形量。图 6 – 12 和图 6 – 13 分别为分流挤压模的上模和下模在 X、Y 和 Z 三个方向的变形情况；从图中可以看出，上模和下模在 X、Y 方向变形较大的位置均在模具的外圆轮廓线上。从图 6 – 12（a）和 6 – 12（b）可知，上模 X 方向偏移量（displacement）最大值为 0.26 mm，Y 方向偏移量最大值为 0.24 mm，变形程度较小，且模芯位置未出现较大变形；从图 6 – 13（a）和 6 – 13（b）可知，下模 X 方向偏移量最大值为 0.18 mm，Y 方向偏移量最大值为 0.17 mm，变形程度小于上模，且模孔位置未出现较大变形。由此可见，X 和 Y 方向的变形对金属流动和型材精度产生的影响较小，可忽略不计。上模和下模 Z 方向的变形量，其影响效果远小于 X、Y 方向，如图 6 – 12（c）和 6 – 13（c）所示，上模和下模在 Z 方向的具有和前述 X、Y 方向等同变形量时，Z 方向最大偏移量分别为 0.3 mm 和 0.17 mm，因此 Z 方向的变形对型材尺寸基本没有影响，可忽略不计。

通过采用数值模拟技术对分流挤压模具的上模和下模进行强度及变形两方面的校核，得出以下结论：

（1）通过强度校核获得上模的最大应力为 214.57 MPa，下模的最大应力为 581.82 MPa，上模和下模的最大应力值均远低于模具的屈服强度，模具强度满足实际生产的要求。

（2）通过变形校核发现上模和下模在 X、Y 方向偏移量较大的位置均在模具的外圆轮廓线上，模芯和模孔处未出现较大变形。X、Y 和 Z 方向的偏移量最大值均控制在合理范围之内，对型材尺寸基本没有影响，可忽略不计。

2. 轻质型材挤压模具设计考虑的八大因素

为使模具制造周期短、使用寿命长，同时挤压出的制品精度和表面等外观质量高，轻质合金型材挤压模具设计需考虑以下八方面因素：

1）轻质合金型材的尺寸及偏差

型材的尺寸及偏差是由挤压模具、挤压设备和其他有关工艺因素决定的。

2）选择合理的挤压机吨位

挤压机吨位的选择主要根据挤压比来确定。挤压比为挤压筒腔的横断面面积同挤压制品总横断面面积之比。如果挤压比低于 10，型材产品机械性能低；如果挤压比过高，型材产品很容易出现表面粗糙以及角度偏差等缺陷。实心轻质合金型材挤压比推荐在 30 左右，空心型材挤压比推荐在 45 左右；对于大型空心薄壁型材，挤压比理想值为 40~80。挤压机的分类方法有很多，按照挤压能力可分为小型、中型、大型和重型挤压机，每种不同型号的挤压机的挤压能力都是有限制的，挤压机吨位的分挡基本上是按 1.25 的比数来递增的，即高一挡挤压机的挤压力比低一挡的挤压机的挤压力大 25% 左右；例如 800 t 的上一挡是 1 000 t，1 000 t 的上一挡是 1 250 t，1 250 t 的上一挡是 1 600 t，1 600 t 的上一挡是 2 000 t，2 000 t 的上一挡是 2 500 t。工业生产中挤压机的吨位有以下标准：

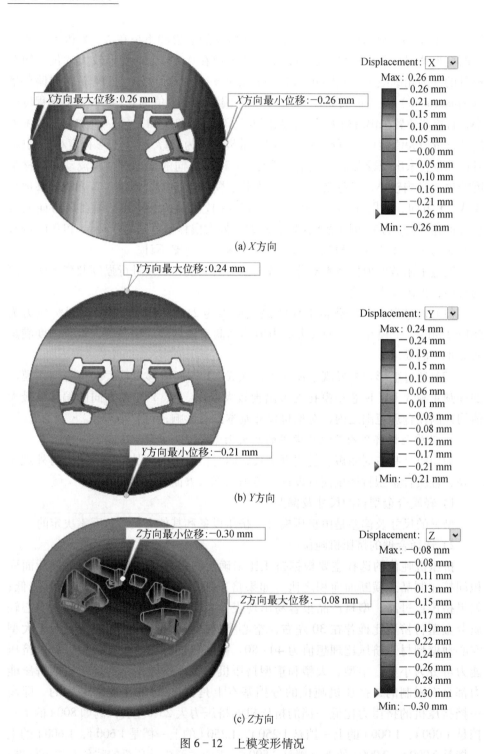

(a) X方向

(b) Y方向

(c) Z方向

图 6-12 上模变形情况

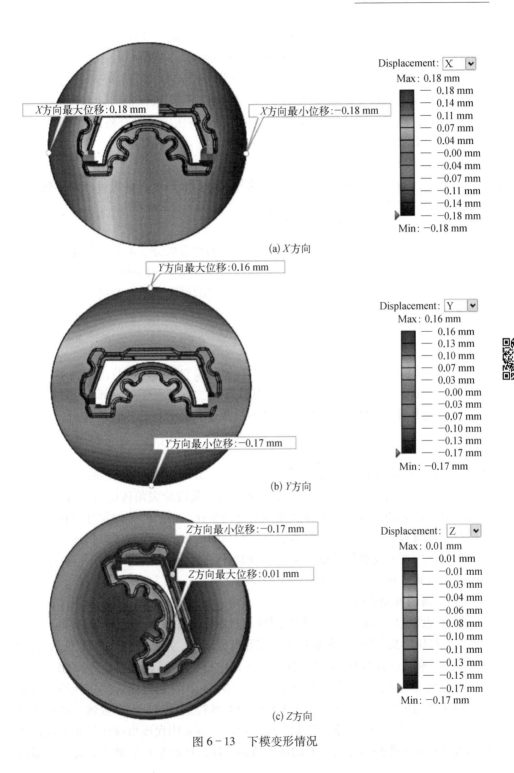

(a) X方向

(b) Y方向

(c) Z方向

图 6-13 下模变形情况

500 t、600 t、800 t、1 000 t、1 200 t、1 350 t、1 600 t、1 800 t、2 000 t、2 400 t、2 800 t、3 000 t、3 500 t、4 000 t、6 000 t、8 000 t、10 000 t、12 500 t、15 000 t、20 000 t。生产厂家在选择挤压机吨位时要充分考虑到挤压机的挤压系数、型材的断面形状和模具的尺寸，以及自身的生产条件和产品要求，根据计算公式得出金属的变形量，确定合适的挤压机吨位，使之既能挤压出质量合格的铝型材产品，又不造成不必要的经济浪费。

3）挤压模具外形

挤压模具的外形尺寸是指挤压模具的外圆直径和厚度。挤压模具的外形尺寸由型材截面的大小、重量和强度来确定。

4）挤压模具模孔尺寸

计算模孔尺寸时，主要考虑被挤压铝型材的合金成分、形状、公称尺寸及其允许公差，挤压温度及在此温度下模具材料与被挤压型材的热膨胀系数，铝型材断面上的几何形状的特点及其在挤压和拉伸矫直时的变化，以及挤压力的大小及模具的弹塑性变形情况等因素。对于铝型材来说，一般用以下公式进行计算：

$$A = A_o + M + (K_Y + K_P + K_T)A_o \tag{6-3}$$

式中，A_o 为铝型材的公称尺寸；M 为铝型材公称尺寸的允许偏差；K_Y 为对于边缘较长的丁字形、槽形等铝型材来说，考虑由于拉力作用而使型材部分尺寸减小的系数；K_P 为考虑到拉伸矫直时尺寸缩减的系数；K_T 为管材的热收缩量。

$$K_T = t \cdot (a - t_1) \cdot a_1 \tag{6-4}$$

其中，t 和 t_1 分别是坯料和模具的加热温度；a 和 a_1 分别为坯料和模具的线膨胀系数。

对于壁厚差很大的型材，难成形的薄壁部分及边缘尖角区应适当加大尺寸；而对于宽厚比大的扁宽薄壁型材及壁板型材的模孔，桁条部分的尺寸可按一般型材设计；而腹板厚度的尺寸，除考虑公式所列的因素外，尚需考虑挤压模具的弹性变形与塑性变形及整体弯曲，距离挤压筒中心远近等因素。此外，挤压速度、有无牵引装置等对模孔尺寸也有一定的影响。

5）金属的流动速度

要合理调整金属流动速度，尽量保证型材断面上每一个质点应以相同的速度流出模孔。挤压模具设计时，模孔应采用多孔对称排列，并根据型材的形状，各部分壁厚的差异和比周长的不同，以及距离挤压筒中心的远近，来设计不等长的定径带。

一般来说，型材某处的壁厚越薄、周长越大、形状越复杂，离挤压筒中心越远，则此处的定径带应越短。对于型材断面形状特别复杂、壁厚很薄、离中心很远的部分，如用定径带仍难于控制金属流速时，可采用促流角或导料锥来加速铝金属流动；对于那些壁厚大得多的部分或离挤压筒中心很近的地方，应采用阻碍角进行补充阻碍，以减缓此处的流速。

此外，还可以采用工艺平衡孔、工艺余量或者采用前室模、导流模和改变分流孔的数目、大小、形状与位置来调节金属的流速。

6）挤压模具强度

由于型材挤压时模具的工作条件很恶劣，所以模具强度是模具设计中的一个非常重要的问题。除了合理布置模孔的位置、选择合适的模具材料、设计合理的模具结构和外形之外，精确地计算挤压力和校核各危险断面的许用强度也十分重要。

目前计算挤压力的公式很多，经过修正的别尔林公式、挤压力上限解法、经验系数法等都有较好的实用价值；用经验系数法计算挤压力比较简便。至于模具强度的校核，应根据产品的类型、模具结构等分别进行。

一般平面模具只需要校核剪切强度和抗弯强度。舌型模和平面分流模则需要校核抗剪、抗弯和抗压强度，舌头和针尖部分还需要考虑抗拉强度等。强度校核时一个重要的基础问题，是选择合适的强度理论公式和比较精确的许用应力。对于特别复杂的模具，可用有限元法来分析其受力情况与校核强度。

7）工作带尺寸

确定分流组合模合理的工作带，要比确定半模工作带复杂得多，不仅要考虑到型材壁厚差、距中心的远近，还必须考虑模孔被分流桥遮蔽的情况。处于分流桥底下的模孔，由于金属流进困难，工作带必须考虑减薄一些。

如图 6‑14 所示，确定模具工作带时，首先要找出分流桥下型材壁厚最薄处，即金属流动阻力最大的地方，此处的最小工作带应定为壁厚的两倍；壁厚较厚或金属容易达到的地方，工作带要适当考虑加厚，利用摩擦力降低金属流速。

8）模孔空刀结构及尺寸

模孔空刀，即模孔工作带出口端悬臂的支承结构。如图 6‑15 所示，当轻质合金型材壁厚≥2 mm 时，可采用比较容易加工的直空刀结构；当壁厚<2 mm 时，可选择在有悬臂处加工斜空刀。

3. 模具设计的原则及步骤

影响挤压模具设计的因素有很多，主要包括模具设计者确定的因素、模具制造者确定的因素和挤压生产者确定的因素三部分。在充分考虑影响设计的各种因素基础上，应根据产品的类型、工艺方法、设备与模具结构来设计模腔形状和尺寸。通常情况下模具设计应遵循以下设计步骤和原则。

1）确定设计模腔参数

设计正确的挤压型材图，拟定合理的挤压工艺，选择适当的挤压筒尺寸、挤压系数和挤压机的挤压力，决定模孔数，这是设计挤压模具的先决条件。

2）模孔在模具平面上的合理布置

将单个或者多个模孔合理地分布在模具平面上，使其在保证模具强度的前提

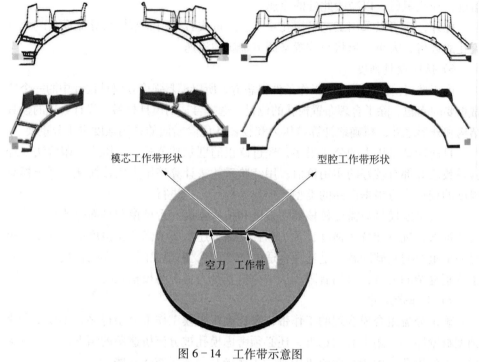

图 6 - 14　工作带示意图

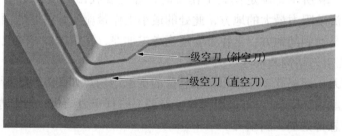

图 6 - 15　空刀形状

下获得最佳的金属流动均匀性。单孔以及对称性良好的型材模具，模孔理论质心应该与模具中心重合；壁厚相差悬殊、对称性差的产品模具，应尽量保证金属质量沿模具平面对称分布，同时考虑金属在挤压筒中的流动特点，使薄壁部分或难成形部分尽可能接近中心。多模孔的布置主要应考虑模孔数目、模具强度、制品表面品质、金属流动的均匀性等问题，一般应该尽量布置在同心圆周上，尽量增大布置的对称性。

3）模孔尺寸

模孔尺寸设计主要应考虑被挤压合金的化学成分、产品形状和公称尺寸及其允许公差、挤压温度，以及在此温度下模具材料与被挤压合金的热膨胀系数等因素。对于壁厚差很大的型材，其难以成形的薄壁部分及边缘尖角区应适当加大模具尺寸；对于宽厚比大的扁宽薄壁型材及壁板型材的模孔，还要考虑模具的弹性变形、塑性变形、整体弯曲以及距离挤压筒中心远近等因素。

4）合理调整金属的流动速度

铝合金型材挤出过程中金属流动速度的理想状态，是制品断面上每一个质点均以相同的速度流出模孔，因此模孔要尽量采用多孔对称排列。定径带要根据型材的形状、各部分壁厚的差异、比周长的不同及距离挤压筒中心的远近等因素，合理地设计成不同的长度；一般情况下，型材某处的壁厚越薄、比周长越大、形状越复杂、离挤压筒中心越远，则此处的定径带应越短。当形状特别复杂、壁厚较薄、离中心较远的部分用定径带难以控制流速时，可以采用促流角或导流锥来提高金属的流动速度。相反，对于壁厚较大的部分或离挤压筒中心较近的部分，应采取阻碍角进行补充阻碍，以减缓此处的流速。除以上所述外，还可以采用工艺平衡孔、工艺余量，或者采用前室模、导流模，以及改变分流孔的数目、大小、形状和位置来调节金属的流速。

5）保证足够的模具强度

挤压模具的工作条件十分恶劣，保证足够的模具强度是模具设计中一个非常重要的问题。除了合理布置模孔位置、选择合适模具材料、设计合理模具结构和外形之外，精确计算挤压力和校核各危险断面的许用强度也十分重要。平面模一般只需要校核剪切强度和抗弯强度。强度校核时的一个重要基础问题，是选择合适的强度理论公式和比较精确的许用应力；对于特别复杂的模具，可以用有限元法来分析其受力情况，然后进行强度校核。

4. 分流组合模具的设计

连续热挤压成形时，对盛在容器内（挤料筒）内的金属锭坯施加外力，使其从特定的模孔中流出，从而获得所需断面形状和尺寸。具体过程为：首先将加热后的挤压模具在挤压机上进行装配；再将在加热炉中加热到预设温度的坯料通过送料机构送入挤压筒内；然后在挤压杆的挤压作用下使得金属流经分流桥后被分成多股金属流进焊合室，在高温、高压、高真空的状态下将金属重新焊合，由上模模芯和下模模孔的工作带之间的间隙流出，形成所需形状和尺寸的型材。复杂挤压型材多采用平面分流组合模具，一般由上模、下模、定位销和联结螺钉四部分组成，上下模组装后装入模具支撑中，如图 6-16 所示。上模包含分流孔、分流桥和模芯等结构，其中分流孔是金属流向焊合室及模孔的通道，分流桥用以支撑模芯，同时避免流动金属对下模悬臂结构的直接冲击，并将圆柱形坯料分开形成多股金属流；模芯用以保证空心型材的内腔尺寸。下模包含焊合室和模孔等结构，焊合室的作用是把被分流桥分开的几股变形金属汇集在一起并重新焊合，以形成围绕模芯的整体，模孔用以保证型材的外部尺寸。模芯和模孔上均设计有工作带和空刀，通过调整工作带的长度可以有效控制型材各部分流速；空刀主要用于支撑工作带，防止挤压过程中由于材料的剧烈冲击造成工作带的损坏，同时保证型材能顺利挤出，以免划伤。定位销用来进行上下模具的装配定位，联结螺钉的作用是把上下模牢固地联结在一起，使平面分流组合模形成一个整体，便于操作，同时能够增大分流组合模具的强度。

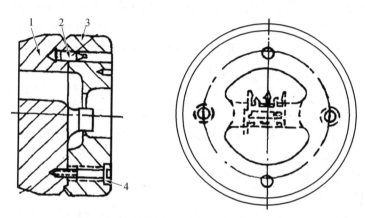

图 6 - 16　平面分流模的结构示意图

1—上模；2—下模；3—定位销；4—联结螺钉

　　平面分流组合模近年来获得了迅速发展，并广泛应用于不带独立穿孔系统的挤压机上，生产各种规格和形状的管材和空心型材。平面分流组合模主要有以下特点：

　　（1）可以挤压双孔或多孔等内腔十分复杂的空心型材或管材，可以同时生产多根空心制品，生产效率高，是以往桥式舌形模很难实现甚至无法实现的；

　　（2）可以挤压悬臂梁较大、用平面模难以生产的半空心型材；

　　（3）可拆换，易加工，成本较低；

　　（4）易于分离残料，操作简单，辅助时间短，可在普通的型材挤压机上用普通的工具完成，挤压周期短，残料短，成品率高；

　　（5）可以实现连续挤压，并根据需要截取任意长度的制品；

　　（6）可以改变分流孔数目、大小和形状，可以成形断面形状比较复杂、壁厚差较大的难以用工作带、阻碍角等调节流速的空心型材；

　　（7）可以用带锥度的分流孔，在小挤压机上挤压外形较大的空心制品，且能保证足够的变形量。

　　平面分流组合模也有一定的缺点。比如，焊缝较多，可能会影响制品的组织和力学性能；要求模具的加工精度较高，特别是对于多孔空心型材，上下模要求严格对中；与平面模和舌形模相比，变形阻力较大，所以挤压力一般比平面模高30%~40%，比桥式舌形模高15%~20%。实际生产中设计应用平面分流组合模，应尽量运用其优点，采取一定的措施减少或避免其缺点。

结合平面分流组合模优缺点，其主要结构设计要素有以下几个方面：

（1）分流比 K。分流比 K 的大小直接影响到挤压阻力的大小、制品成形和焊合品质，K 值越大，越有利于金属的流动和焊合，也可减少挤压力。在模具强度允许的范围内，应尽可能选取较大的 K 值，一般情况下，生产空心型材时取 $K=10~30$，对于管材取 $K=5~15$。

（2）分流孔形状、断面尺寸、数目及分布。分流孔断面形状有圆形、腰子形、扇形和异型等。为了减少压力与提高焊缝品质，在制品的外形尺寸较大，扩大分流比受到模具限制时，斜形分流孔的内斜度可在 1°~3° 范围内取值，外锥度可在 1°~3° 范围内取值。分流孔在模具平面上的布置，对于平衡金属流速、减少挤压力、促进金属的流动与焊合，以及提高模具寿命等都有一定的影响。对于对称性较好的空心制品，各分流孔的中心圆直径应大于或等于挤压筒直径的 0.7 倍；对于非对称空心型材或异型管材，应尽量保证各部分的分流比基本相等，或型材断面积较大部分的分流比略低于其他部分的分流比。此外，分流孔的布置应尽量与制品保持几何相似性。为了保证模具强度和产品品质，分流孔不宜过于靠近挤压筒或模具边缘；但为了保证金属的合理流动以及模具寿命，分流孔也不宜过于靠近挤压筒中心。

（3）分流桥。按结构形式可分为固定式分流桥和可拆式分流桥两种。模具设计中分流桥宽度 B 的取值如式（6-5）所示：

$$B = b + (3 ~ 20)\text{mm} \tag{6-5}$$

式中，b 为模芯宽度；（3~20）mm 为经验系数，制品外形及内腔尺寸大的取下限，反之取上限。

分流桥截面形状主要有矩形、矩形倒角和水滴形三种，如图 6-17 所示，其中后两种采用较为广泛。分流桥斜度一般取45°。

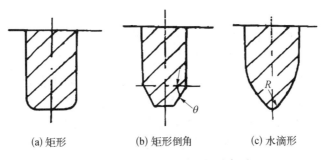

(a) 矩形　　　　　(b) 矩形倒角　　　　　(c) 水滴形

图 6-17　分流桥截面形状示意图

（4）模芯。模芯相当于穿孔针，其定径区决定制品的内腔形状和尺寸，其结构直接影响模具强度、金属焊合品质和模具加工方式。最常见的模芯的结构有圆柱形模芯、双锥体模芯两种。模芯的定径带有凸台式、锥台式和锥式三种，如图 6-18 所示。模芯不宜太长，对于小型挤压机可伸出模具定径带一般为 1~3 mm，对于大挤压机可伸出模具定径带一般为 10~12 mm。

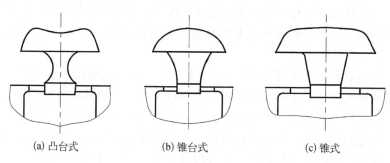

(a) 凸台式　　　　　　　(b) 锥台式　　　　　　　(c) 锥式

图 6-18　模芯的定径带

（5）焊合室形状与尺寸。焊合室形状有圆形和蝶形两种，如图 6-19 所示。当分流孔的形状、大小、数目及分布状态确定之后，焊合室断面形状和大小也基本确定了，因此合理设计焊合室高度有重大意义。

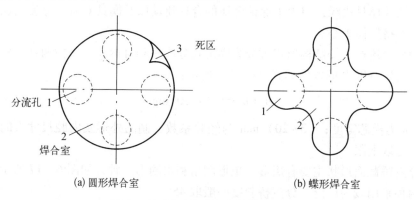

(a) 圆形焊合室　　　　　　　　　　(b) 蝶形焊合室

图 6-19　平面分流组合模焊合室形状

应尽量采用蝶形截面焊合室。采用圆形焊合室时，在两个分流孔之间会产生一个明显的死区，不仅会增大挤压阻力，还会影响焊缝品质；蝶形焊合室有利于消除死区，提高焊缝品质。为消除焊合室边缘与模孔平面结合处的死区，可采用大圆弧过渡，或将焊合室入口处做成 15° 左右；并在与蝶形焊合室对应的分流桥根部也做成相应的凸台，从而改善金属流动，减少挤压阻力。

（6）模孔工作带长度。平面分流组合模具模腔工作带长度的确定非常复杂，不仅要考虑型材壁厚差与距挤压筒中心的远近，还必须考虑模孔被分流桥遮蔽的情况以及分流孔的大小和分布。在某些情况下，从分流孔中流入金属的分布甚至对调节金属流动起主导作用；处于分流桥底下的模孔由于金属流出困难，工作带必须减薄。

（7）模孔空刀结构。模孔空刀，即模口工作带出口端悬梁支承结构。空刀量应适中，既可以保证模具强度，又不至于划伤制品和造成堵模现象。空刀量过大，工作带支承薄弱，在受挤压力的作用下可能把工作带挤压变形甚至挤掉；空刀量过小，挤压出的铝会粘着在空刀部位，造成堵模。针对这种情况往往会设计二级空刀，因为铝制品挤出时越长越容易偏，越容易粘在空刀部位，选择二级空刀既可以保证模具强度又能防止堵模。对于壁厚较厚的制品，多采用直角空刀形式，此种空刀容易加工；对于壁厚较薄或带有悬臂的模孔处，多采用斜空刀形式，此种空刀能提高模具强度。在实际铝型材挤压过程中，当壁厚大于 2.0 mm 时，可采用如图 6-20（a）和（b）所示容易加工的空刀结构；当壁厚小于 2.0 mm 时或带有悬臂处和危险断面处，可采用图 6-20（c）和（d）所示的空刀结构。为降低工作阻力，增加其强度，工作带出口处应做 1°~3° 的斜角，如图 6-20（d）、（e）所示。

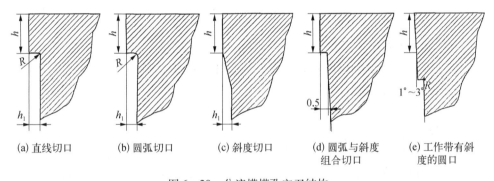

(a) 直线切口　　(b) 圆弧切口　　(c) 斜度切口　　(d) 圆弧与斜度　　(e) 工作带有斜
　　　　　　　　　　　　　　　　　　　　　　　　　组合切口　　　度的圆口

图 6-20　分流模模孔空刀结构

（8）分流组合模具的强度校核。平面分流模工作时，最严酷的承载情况发生在分流孔和焊合室尚未进入金属，以及金属充满焊合室而刚要挤出模孔时；对模具的分流桥进行强度校核，主要是校核由于挤压力引起的分流桥弯曲应力和剪切应力。

下面以航天用某卧式挤压舱段产品为例，介绍卧式热挤压模具的设计方法。

图 6-21 为一种航天器铝合金型材，材料牌号及状态为 6005A-T6。该产品的特点是大截面、大壁厚差和多腔体的复杂结构，在模具设计和挤压工艺设计方面存在以下难点：

（1）形状复杂，壁厚相差悬殊。最大

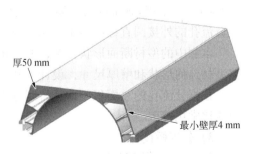

厚50 mm

最小壁厚4 mm

图 6-21　航天器铝合金型材

壁厚为50 mm，最小壁厚仅为4 mm，差距高达12多倍。在挤压成形过程中，壁厚处金属流动速度快，壁薄处金属流动速度慢，保证材料流动速度均匀性的难度非常大。

（2）金属流动速度不均匀导致变形不均匀，壁厚变化较大部位容易发生横向位移过大或局部扭曲现象。

（3）尺寸精度要求极高，成形件外形轮廓精度优于±0.5 mm，大大增加了成形难度。

（4）挤压速度过慢会降低成形效率，过快则会导致温度升高，使型材发生过热甚至过烧，协调好挤压温度和挤压速度之间的关系非常关键。

鉴于以上难点，在模具设计过程中，合理地设计分流孔的形状并分配位置、添加阻流块并确定其尺寸，以及合理确定工作带的长度十分重要。而在挤压工艺的设计中，确定最佳的成形温度和成形速度等工艺参数是关键。

1) 分流比选择

分流比计算公式[3,4]为

$$K = \left(\sum F_{\text{分}} \right) / F_{\text{型}} \qquad (6-6)$$

式中，K 为挤压分流比；$\sum F_{\text{分}}$ 为分力的总和；$F_{\text{型}}$ 表示某一特定类型的力。分流比 K 的大小直接影响到挤压阻力的大小、型材成形和焊合质量，K 值越大，越有利于金属的流动和焊合，也可减小挤压力。因此，在模具强度允许的范围内，应尽可能选取较大的 K 值。对于大型空心薄壁型材，一般取 $K = 10 \sim 30$。

2) 分流孔设计

分流孔断面形状有圆形、椭圆形、扇形和异型等。分流孔数量越多，焊缝越多，因此不可只通过增加分流孔数目来达到流速均匀的效果。合理地排布分流孔，对于平衡金属流速、减少挤压力、促进金属流动、提高焊合质量和提高模具寿命具有重要作用。为了保证模具的强度和提高型材的质量，分流孔不能太靠近挤压筒或者模具的边缘，同时为了保证模具寿命和金属的流动，分流孔也不能太靠近挤压筒和模具的中心位置。

各分流孔的外接圆直径应不小于 $0.7D_{\text{筒}}$[3]。对于本例中的型材，外接圆直径大于 500 mm，采用 660 mm 挤压筒进行挤压成形。则 $0.7D_{\text{筒}} = 0.7 \times 660 = 462$ mm，即各分流孔的外接圆直径应不小于 462 mm。

本例中的型材断面形状复杂，壁厚相差悬殊，为保证金属流动的均匀性，根据型材几何形状和壁厚尺寸，设计了 9 个异型分流孔，如图 6-22 所示。

根据分流孔的总面积可计算得到分流比为 11.1，符合一般大型空心薄壁型材分流比常用范围。

3) 分流桥设计

分流桥的结构可分为固定式和可拆式，本例中模具设计采用固定式。分流桥的宽

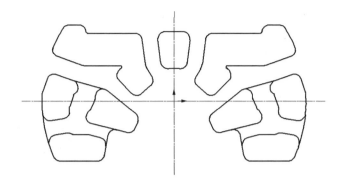

图 6-22　分流孔形状及分布

窄与模具强度和金属流量有关，分流桥的高度直接影响模具的寿命、挤压力及焊缝质量。从增大分流比、降低挤压力来考虑，分流桥宽度 B 应偏小，但从改善金属流动均匀性来考虑，模孔最好受到分流桥的遮蔽，则 B 应偏大，一般取：$B=b+(3\sim20)$ mm。式中，b 为型腔宽度或模芯宽度；（3~20）为经验系数，型材外形及内腔尺寸大的取下限，反之取上限[3,4]。对于本例型材，外形尺寸较大，故取下限值。

分流桥截面形状主要有矩形、矩形倒角和水滴形三种。焊缝质量与分流桥斜度 α 的大小有一定程度的关联。对于大型复杂截面难挤压型材，根据设计经验取 $\alpha=30°$。

4）模芯结构设计

本例中的型材，需在万吨级以上大型挤压机上挤压成形，模芯结构伸出定径带选取为 12 mm。

5）焊合室设计

焊合室形状有圆形和蝶形两种。采用圆形焊合室时，在两分流孔之间会产生一个十分明显的死区，不仅增大了挤压阻力，还会影响焊缝的质量；采用蝶形焊合室有利于消除这种死区，提高焊缝质量。本例中的模具设计采用蝶形截面焊合室。

为消除焊合室边缘与模孔平面间结合处的死区，可采用大圆弧过渡（$R=5\sim20$ mm），或者将焊合室入口处做成 15° 左右的角度。焊合室太浅时，由于摩擦力太小不能建立起足够的反压力，焊合压力不足，会导致焊合不良，同时还会限制挤压速度的提高；焊合室太深会影响模芯的稳定性，易出现空心型材壁厚不均匀的现象，同时分离残料后的积存金属多，降低型材的成品率。一般情况下，焊合室的高度应大于分流桥宽度的一半；也可根据挤压筒直径确定焊合室的高度，焊合室高度与挤压筒直径的关系如表 6-9 所示[3,4]。

对于 $\phi500$ mm 以上的挤压筒，取焊合室高度 $h=40\sim80$ mm。对于本例的型材，一级焊合室高度设定为 35 mm，二级焊合室高度设定为 5 mm。焊合室的三维结构如图 6-23 所示。

表 6-9　焊合室高度与挤压筒直径的关系

挤压筒直径/mm	焊合室高度/mm
95 ~ 130	10 ~ 15
150 ~ 200	20 ~ 25
200 ~ 280	30 ~ 35
300 ~ 500	40 ~ 50
≥500	40 ~ 80

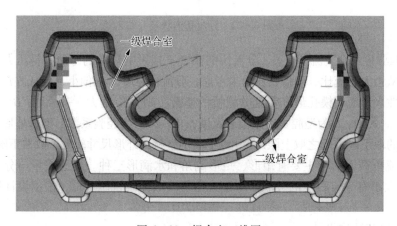

图 6-23　焊合室三维图

6）模孔尺寸

模具型腔外形的模孔尺寸 A 计算公式：

$$A = A_0 + kA_0 = (1 + k)A_0 \tag{6-7}$$

式中，A 为型材外形的模孔尺寸；A_0 为型材外形的公称尺寸；k 为经验系数，对轻合金一般取 0.007~0.015[3,4]。本例中取 0.012。

型材壁厚的模孔尺寸 B 计算公式：

$$B = B_0 + \Delta \tag{6-8}$$

式中，B 为型材壁厚的模孔尺寸；B_0 为型材壁厚的公称尺寸；Δ 为壁厚模孔尺寸增量，当 $B_0 \leqslant 3$ mm 时，取 $\Delta = 0.1$ mm，当 $B_0 > 3$ mm 时，取 $\Delta = 0.2$ mm。

本例根据以上两个公式对模孔尺寸进行计算和优化，设计了型材薄壁处的上下模间隙。

7）不等长工作带设计

确定分流组合模的模腔工作带长度，不仅要考虑型材壁厚差与距离挤压筒中心的远近，还要考虑各个分流桥遮蔽的情况、分流孔的大小和分布。处于分流桥底下的模孔由于金属流出困难，工作带必须减薄。

图 6-24 为本例中经优化设计后的工作带长度二维图，图中位于型材外轮廓线上不带圆圈的数值为模芯工作带长度，圆圈内的数值为型腔工作带长度，内轮廓线上的数值全都为模芯工作带长度。

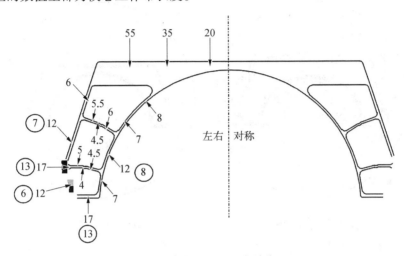

图 6-24 工作带长度（长度单位：mm）

8）空刀设计

在型材出口位置设有两级空刀。一级空刀的主要作用是支撑工作带，防止因金属的剧烈冲击与摩擦使得工作带损坏；二级空刀的主要作用是使型材通过模孔时避免型材与模具之间接触，保证型材外表面的质量。

本例中，一级空刀采用直线式，底部宽度设为 3.0 mm，圆角半径 2.0 mm；二级空刀采用斜线式，倾斜角为 2°，底部宽度设为 3.0 mm，圆角半径 2.0 mm，如图 6-25 所示。

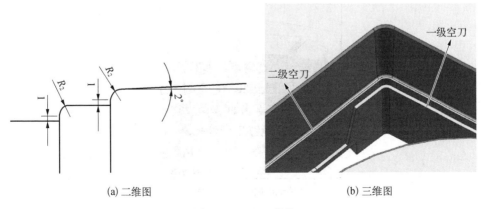

(a) 二维图   (b) 三维图

图 6-25 空刀形状

　　根据以上设计方案，在三维建模软件中构建本例的分流组合挤压模上模和下模的三维几何模型（图6-26），其中模具直径为890 mm，总厚度为450 mm，上模厚度为240 mm，下模厚度为210 mm。

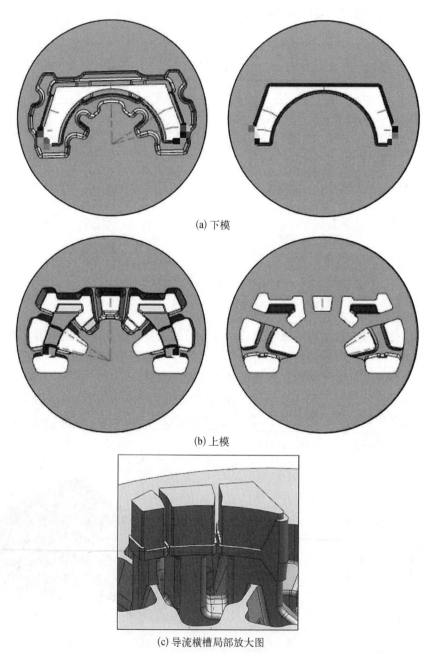

(a) 下模

(b) 上模

(c) 导流横槽局部放大图

图6-26　分流组合模三维造型

6.3　模具加热及加载方式

6.3.1　模具加热方式

热挤压前对模具进行加热的目的：降低坯料内外温度差，减缓坯料温度降低速度，提高金属的塑性、降低变形抗力和温度应力，使金属易于流动，并使零件得到良好的组织性能。一般情况下，挤压铝合金和镁合金的材料加热温度为 400~500℃，挤压钛合金的加热温度为 800~1 000℃；相应的挤压模具预热温度往往和挤压材料加热温度一致或者低 20~50℃。

热挤压模具常用的加热方法：

（1）感应加热。采用感应加热方式加热，该方法应用范围较窄，主要用于外形为圆形、结构较为简单、温度均匀性要求低、生产数量不多的模具加热。

（2）电阻炉加热。即将模具吊装放置在电阻炉内，以辐射和对流传热的方式来加热金属模具。该种加热方式应用范围较广，模具温度均匀性较好，但模具温度不能长时间保持在工艺所需温度，大批量生产时，需要对模具反复拆装加热。

（3）加热管加热。该种方式一般用于立式热挤压模具的加热。具体做法是在模具设计制作时，在模具结构中设计加热管放置孔，将加热管放置其中，通过加热管对模具进行加热。该种加热方式模具温度均匀性相较感应加热得到明显改善，但模具不同部位存在一定温度差。该种加热方式可对模具在线加热，确保模具长时间满足工艺所需温度，适用于大批量生产。

6.3.2　模具加载方式

立式热挤压中模具的加载方式是影响热挤压产品质量的重要因素，特别是精密热挤压成形产品，单向加载方式和双向加载方式对产品成形质量影响较大。

目前，模具的加载方式主要有表 6-10 所列出的 3 种。单向加载主要通过设备上下平台的相对运动（多数挤压机为上平台动，下平台静止），实现对模具的加载，是目前最常见的加载方式，对设备的功能要求简单，广泛适用于大部分产品的生产。双向加载方式除了上下模具的相对闭合外，上平台或下平台的顶缸也相对于平台运动，实现模具的双向加载，该加载方式要求设备具有顶缸设计，可应用于深腔复杂结构等易产生褶皱且不易脱模的产品生产。多向加载除了上下模具相对运动以及上下平台顶缸的相对运动外，还有左右平台或者左右侧顶缸相对运动加载于模具上，从而使模具受多个方向的加载力，该种加载方式适用于薄壁复杂结构等易产生壁厚减薄、开裂、褶皱等缺陷的产品。

表 6 – 10   常见模具加载方式对比

加载方式	设备投入费用	设 备 特 点	最佳适用范围
单向加载	低	设备主要由上下平台组成	简单零件的生产
双向加载	较高	设备除上下平台外，在上下平台上有顶缸设计	深腔、复杂型面产品
多向加载	高	设备除上下平台及顶缸设计外，还有侧向加载顶缸设计	空间异形复杂结构产品

6.4   模具使用及延寿

6.4.1   热挤压模具的使用条件

在轻质合金热挤压过程中，挤压模具的工作条件十分恶劣。随着挤压产品品种的增加和规格大型化、形状复杂化、尺寸精密化、材料高强化，以及大型的高比压挤压筒和新的挤压方案的不断出现，挤压模具的工作条件变得更加恶劣，其要求也越来越高。热挤压模具在使用中主要需承受以下恶劣条件的影响：

（1）承受长时高温作用。金属热挤压是在高温下进行的，铝合金挤压前的铸锭加热温度为 400～500℃，在挤压过程中由于摩擦生热与变形功热效应产生的温升，会进一步提高金属成形时的温度。长时间的高温作用，将恶化金属与模具间的摩擦条件，降低模具材料的强度，甚至产生塑性变形，加大其破损。

（2）承受长时高压作用。为了实现挤压变形，金属和模具均需要承受很高的压力，加上高温和长时间的作用，有时会因超过模具材料的许用应力而损坏。

（3）承受激冷激热作用。模具工作时间和非工作时间的温差非常大，加之模具材料的传热能力较低，很可能在模具中产生较大的热应力，使其工作条件更为恶化。在激冷激热作用下，模具极易产生微裂纹或热疲劳裂纹。

（4）承受反复循环应力作用。挤压过程是一个周期性的间歇式操作过程，工模具在挤压过程中有时受压、有时受拉，因此模具部件中的应力状态极其复杂和极不稳定。在这种反复循环、拉压交变的应力作用下，模具极易产生疲劳破坏。

（5）承受偏心载荷和冲击载荷的作用。在穿孔和挤压时，特别在挤压复杂断面型材、空心型材、大直径小内孔的厚壁管材时，模具内会产生较大的附加应力，或引起较高的应力集中；主应力和其他附加应力叠加会形成很高的工作应力；在这种复合应力作用下，模具极易丧失其稳定性，产生弯曲、扭断或折断。

（6）承受高温高压下的高摩擦。

（7）承受局部应力集中。对于某些形状比较复杂的铝合金型材，相对应的模具和工具的形状和结构也比较复杂，在高温高压下容易产生局部的应力集中，使模具产生局部变形或局部压塌。

综上所述，热挤压时工模具的工作条件是十分恶劣的，引起其变形和损坏的因素也是错综复杂的。因此，需特别要注意模具的正确使用和维护，以最大限度地延长模具使用寿命。

6.4.2 热挤压模具上机前后的注意事项

热挤压模具使用中，上机前后应注意以下事项：

（1）用先进的仪器仪表在线和离线检测模具的尺寸精度、硬度和表面粗糙度。检测验收合格的模具进行登记、入库上架，使用时领出抛光模孔工作带，并将导流模、型材模、模垫进行组装检查，确认无误后发到机台加热。

（2）科学合理地设置热挤压工模具上机前加热温度。

（3）热挤压工模具在炉内加热时间不允许超过 10 小时，时间过长，模具的精细部位容易腐蚀或变形。

（4）在热挤压开始阶段，需缓慢加压力，防止突然产生巨大冲击力破坏模具。

（5）型材连续热挤压模具卸机后，待冷至 150~180℃时再放入碱槽煮；模具在高温下碱煮，容易被热浪冲击开裂。应采用先进的蚀洗方法，缩短腐蚀时间，并回收碱液和实现无污染清洗。

（6）立式热挤压完成后，脱模一般采用挤压机的下顶缸顶出模具的下顶杆，将嵌入模腔中的挤压件顶出。若该方法脱模困难，需采用撬杠等工具使嵌入模腔中的挤压件松动，再利用设备顶出挤压件。

（7）型材连续热挤压模具进行分流模装配时，应用铜棒轻轻颠打，不允许用铁锤猛击，避免用力过大，震烂模具。

（8）型材热挤压模具氮化，需先将模孔工作带仔细抛光至表面粗糙度 $Ra = 0.8~0.4\ \mu m$。

（9）型材挤压模具氮化前要清洗干净，不允许有油污带入炉内；氮化工艺要合理（依设备特性与模具材料而定），氮化后表面硬度为 HV900~1200；氮化层过厚、过硬会引起氮化层剥落。一套模具一般允许氮化 3~5 次，复杂的高倍齿散热器型材模不进行氮化处理。

（10）对老产品的新模具、棒模、圆管模可不经试模直接进行氮化处理；新产品及复杂型材模必须经试模合格后才能进行氮化处理。

（11）铝型材挤压新模试模合格后，最多挤压 10 个铸锭就应卸机进行氮化处理，避免将工作带拉出沟槽；两次氮化之间不可过量生产，一般平模为 60~100 个锭、分流模为 40~80 个锭为宜，生产量过多会将氮化层拉穿。

（12）使用完的挤压模具抛光后，涂油入库保管。

6.4.3 挤压模具维护延寿

挤压模具维护与延寿，应重点做好以下工作：

（1）不断优化模具设计技术，提高模具制作精度与模具质量。

（2）根据零件的复杂程度设计具有合适挤压比的挤压件。一般来讲，挤压比小一些，模具的使用寿命较长，生产过程较为顺畅。当挤压比过大时，模具普遍寿命较短。产品结构越复杂，越容易导致模具局部刚性不够，模具腔内的金属流动也难于趋向均匀，并产生局部应力集中。连续热挤压型材生产时，容易塞模和闷车或形成扭曲波浪，模具容易发生弹性变形，严重的还会发生塑性变形使模具直接报废。

（3）严格控制挤压锭坯的合金成分，合理选择锭坯及加热温度。目前一般要求铸锭晶粒度达到一级标准，以增强塑性和减少各向异性。当铸锭中有气孔、组织疏松或有中心裂纹时，挤压过程中气体的突然释放（类似"放炮"），可使得模具局部工作带突然减载又加载，形成局部巨大的冲击载荷，对模具影响很大。因此，建议对锭坯进行均匀化处理。

（4）优化挤压工艺。要延长模具寿命，科学合理使用模具进行生产是不容忽视的一个方面。挤压模具的工作条件极为恶劣，挤压生产中一定要采取合理的工艺参数来确保模具的组织性能：一是采取适宜的挤压速度。在挤压过程中，当挤压速度过快时，会造成金属流动难以均匀，铝金属流和模具腔内壁摩擦加剧会致使模具磨损加速，模具温度实际较高等现象，如果此时金属变形产生的余热不能及时被带走，模具就可能因局部过热而失效；若挤压速度过低，则热量损失较快，挤压机的出口的温度达不到固溶温度，起不到固溶强化型材的作用。二是合理选择挤压温度。挤压温度是由模具加热温度、盛锭筒温度和坯料温度来决定的。坯料温度过低容易引起挤压力升高，模具容易出现局部微量的弹性变形，或在应力集中的部位产生裂纹而导致模具早期报废。坯料温度过高会使金属组织软化，黏附于模具内壁甚至堵模（严重时模具在高压下崩塌）。

（5）连续热挤压模具使用前期必须对模具进行合理的表面渗氮处理。表面渗氮处理能使模具在保持足够韧性的前提下大大提高模具的表面硬度，减少模具使用时产生的热磨损。表面渗氮不是一次完成，在模具服役期间必须进行 3~4 次的反复渗氮处理，一般要求渗氮层厚度达到 0.15 mm 左右。比较合适的氮化过程为：① 在模具入厂检验后进行首次氮化，此时由于氮化层组织尚不稳定，应该在挤压 5~10 件产品后再次氮化；② 第二次氮化后，可挤压 40~80 件产品，然后进行第三次氮化；③ 第三次氮化后以生产不超过 100~120 件产品为宜。氮化前工作带一定要抛光，模具腔内要清理干净，不可残留碱渣或异物颗粒。氮化次数也不可过多，一般情况下不超过 4~5 次；因为此时的氮化层如果不是工作带被拉伤的话，经过反复氮化和挤压生产，氮化层组织已经相对稳定。要注意的是前期氮化时要经过合适的生产过程方能进行氮化，氮化次数过于频繁会造成工作带易于脱层。

（6）连续热模具上机前，工作带必须经过研磨抛光，一般要求抛光至镜面；氮化质量的好坏一定程度上决定了工作带抛光的光洁度。对模具工作带的平面度和垂直度装配前要进行检查。模具腔内必须用高压气体以及毛刷清理干净，不得有粉尘或杂质异物，否则极易在金属流的带动下拉伤工作带，使挤压出来的型材产品出现面粗或划线等缺陷。

（7）热作模具钢模具保温时间一般在 2~3 小时，不能超过 8 小时。对于普通立式热挤压模具，保温时间过长容易引起模具表面氧化，局部精细结构变形；对于连续热挤压模具，保温时间过长会造成模具工作带氮化层硬度降低，使模具上机时不耐磨，导致型材表面粗糙，严重的会引起划线等缺陷。使用模具时要有与模具相配套的模支撑、模套和支承垫，避免因支承垫内孔过大而导致模具出口面与支承垫接触面太小，使得模具变形或破裂。模具、挤压筒、挤压轴三者应同心，同心度一般应控制在 ±3 mm 以内，否则易产生偏心载荷以及模具各部位设计流动速度的改变，影响型材成型。

（8）采用正确的碱洗（煮模）方法。型材连续热挤压模具卸模后，模具温度在 500℃以上，如果立即浸入碱水中，由于碱水温度比模具温度低得多，会导致模具温度迅速下降，模具极易发生开裂现象；正确方法是在卸模后将模具在空气中放置到 100~150℃ 再浸入碱水中。普通分流组合模在卸模前进行拔模操作，可以大大减少煮模工作量，缩短煮模时间；具体做法是挤压结束后，挤压杆先于挤压筒后退，压余留在挤压筒中，然后挤压筒后退，在同时将模具分流孔中的部分残铝随同压余拔出，然后再进行碱煮。有的分流组合模芯头极小，甚至比钢笔还细，这类模具挤压结束后不允许拔模；开模时一定要事先看清楚模具结构，并等模具腔中的残铝基本都煮掉后才能开模，否则稍不留神就会将芯头碰断，导致模具报废。

（9）模具使用的强度采用由低到高再到低的顺序。模具刚进入服役期时，内部金属组织性能还处于浮动阶段，在此期间应采用低强度的作业方案，以使模具向平稳期过渡；模具使用中期，由于模具的各项性能已基本处于平稳状态，类似磨合过的汽车，可适当提高使用强度；后期时模具的金属组织已经开始恶化，经过长期的生产服役，疲劳强度、韧性和稳定性已经开始走入下降曲线，此时应适当降低模具的使用强度，直至模具报废。

（10）做好模具在挤压生产过程中的使用维护记录，完善每套模具的跟踪记录档案和管理。挤压模具从入厂验收到使用报废，这中间时间短则几个月，长的达一年以上，模具的使用记录记载着产品生产的各个过程，对模具的维护及管理具有重要意义。挤压工艺涉及的模具数量大、品种多，对每套模具的使用过程进行管理，有利于帮助模具库管理员、模具使用者和模具设计制造人员了解每套库存模具的真实情况。模具的跟踪记录包括：① 模具的制造信息，包括每套模具的设计图纸、制作记录、检验记录（精度值、硬度值）等；② 模具每次上机挤压的工艺信息，如加温时间、坯料温度、模具温度、挤压速度、挤压力、合格品数、型材线密度、成材率等；③ 每套模具的前三次修模方案、氮化处理时间、出入模具库时间、报废或返回模具厂维修的时间和原因等。

这些记录的收集对改进模具管理、核算模具成本、优化模具设计和修模、评判模具质量好坏、提高挤压生产的稳定性、合理使用模具、确定模具较低库存等工作都有着直接的影响。

参 考 文 献

[1] 刘瑞萍，张书豪，张德伟，等. 冯小东车用铝型材挤压数值模拟与模具强度预测 [J]. 铝加工，2019（3）：58 - 60.
[2] 董盼稳，崔伟超，朱守存，等. 基于 HyperXtrude 大悬臂铝挤压模具结构的优化设计 [J]. 轻合金加工技术，2018（1）：33 - 37.
[3] 廖健，刘静安，谢水生，等. 铝合金挤压材生产与应用 [M]. 北京：冶金工业出版社，2018.
[4] 刘静安. 轻合金挤压工模具手册 [M]. 北京：冶金工业出版社，2012.

第七章 热挤压成形设备

热挤压成形设备是指在热挤压加工中用于坯料成形和分离的机械设备。根据航天产品的结构特点及其常用的立式挤压和卧式连续挤压两种工艺方法，航天产品常用的挤压工艺设备主要有立式热挤压成形设备、连续热挤压成形设备以及多向热挤压成形设备。本章以挤压领域常用的液压挤压压力机为重点，系统介绍热挤压设备的系统构成，综述国内外液压热挤压成形设备的发展情况，列举常用的国内外典型热挤压设备，并对热挤压成形设备的日常使用和常见故障进行介绍。

7.1 热挤压成形设备系统构成

7.1.1 立式热挤压成形设备系统构成

根据产生压力的方式，立式挤压机可分为以下两类：采用机械传递压力的机械压力机；采用液体传递压力的液压压力机。机械压力机与液压压力机相比，不仅结构不同，很多技术问题也不同。

7.1.1.1 机械压力机

机械压力机是金属成形加工领域广泛使用的锻压设备[1]。由交流伺服电动机直接驱动的新一代机械压力机，去除了传统压力机上的离合器、制动器[2]以及大惯量飞轮，可根据不同加工工艺的要求，由伺服电动机通过传动机构控制滑块的运动轨迹，在单台机械压力机上实现不同的工艺以及多种系列产品的共线生产，满足现代生产个性化、多样化、小批次的发展趋势[3-6]。

1. 传统机械压力机

最初的机械压力机是通过曲柄连杆机构将电机的旋转运动转换为滑块的直线往复运动，对板料进行冲压加工。该类压力机上梁中仅有传动齿轮、传动轴、芯轴、曲柄及连杆部件，结构简单、整机刚度高、上梁高度低，便于维护[7]。但由于曲柄连杆机构的固有缺陷，使得曲柄连杆压力机存在以下缺点[8, 9]：① 滑块运动特性为正弦曲线，工作速度较大，导致零件成形时容易产生破裂缺陷；② 模具接触坯料速度较大，影响零件的表面成形质量，同时较大的接触冲击也会降低模具的使用寿命；③ 曲柄连杆机构的机械增益较低，相同吨位下滑块输出力较小，不利于加工较厚的零件；④ 受滑块运动特性曲线的限制，曲柄连杆机构不适宜作为长行程压力机的传动机构。

国外许多著名的压力机制造公司，如德国的米勒万家顿（Mùller Weingarten AG）、日本的会田（AIDA）和小松（KOMATSU）等均研制了机械多连杆压力机，其产品代表当今机械多连杆压力机的先进水平。国内大型机械压力机的生产厂家主要有济南二机床集团有限公司、齐二机床集团有限公司、上海锻压机床厂、中国一重等。自 20 世纪 80 年代以来，我国相关企业先后引进日本小松集团的机械压力机、德国埃尔富特公司的多连杆压力机、德国舒勒公司的高速精密压力机等多种压力机产品技术，使我国冲压装备在结构、精度、技术性能方面有很大提高。但由于设计制造水平、工艺水平及加工机床能力和精度的限制，我们与国际先进水平相比仍存在差距[10-27]。

2. 机械伺服压力机

近年来随着交流伺服电机驱动成形装备技术的不断发展，研究人员采用交流伺服电机作为压力机的动力源，发明了滑块运动特性曲线可调的机械伺服压力机。该类压力机融合了机械压力机高效率、高精度和液压机行程可变、运动特性曲线可调的优点，使得压力机的工作性能和工艺适宜性大大提高。与传统机械压力机相比，机械伺服压力机具有高效、高柔性、高精度和低噪环保的优势[28-31]。

机械伺服压力机的研究始于 20 世纪 90 年代，美国俄亥俄州立大学工程研究中心 Yossifon 等[32, 33]提出采用交流伺服电机代替飞轮作为机械压力机的动力源，其目的是实现滑块运动特性曲线可控。但受限于当时大扭矩伺服电机开发的技术瓶颈，大型伺服压力机开发也成为技术难题。在此背景下，研究人员开发出了多种高机械增益的多连杆传动机构，以弥补伺服电机无法提供足够扭矩的问题。

Yossifon 等[34, 35]开发出三种双肘杆传动机构，通过传动机构的参数优化设计、载荷和扭矩分析，设计和制造出 300 kN 双动式机械伺服压力机。Soong[36]提出一种可应用于伺服电机驱动压力机的单自由度变杆长的传动机构，通过规划输入速度和调整驱动杆长，可得到满足冲压工艺要求的理想滑块运动曲线。Yan等[37-39]在分析曲柄连杆、史蒂芬森型、瓦特型和肘杆型等机械压力机常用传动机构的基础上，设计出了采用直流伺服电机驱动的小型压力机，并利用 Bezier 曲线描述曲柄的输入函数，通过优化 Bezier 曲线的参数，实现不同的曲柄转速输入，以满足不同冲压工艺的要求。Fung 和 Chen[40]利用永磁磁铁伺服电机驱动曲柄连杆机构，采用哈密顿原理和拉格朗日方程建立了整个系统的运动学和动力学模型，针对外载荷变化的特点设计出伺服电机扭矩自适应控制系统，可以精确控制滑块相对于电机转角的位置，从而实现对滑块位置的精确控制。广东工业大学的孙友松等[41]对直流伺服电机驱动机械压力机进行了深入的研究，采用大容量的电容构成"电子飞轮"来代替传统机械压力机的飞轮，开发了4 000 kN伺服压力机。英国利物浦科技大学的Jones和Tokuz[42-44]提出了基于普通电机和伺服电机共同驱动两自由度传动机构的混合驱动压力机，建立了完整的系统模型和试验方案，通过理论和试验结果验证该混合驱动的预期特性。Straete等[45]运用混合驱动理论采用一个差动轮系驱动凸轮机构从而实现可变近、远休止时间的柔性输出运动，仿真结果表明：采用混合驱动方案比采用伺服电机单独驱动方案，其伺服电机的最大输出功率和力矩可减小70%。Connor[46-48]建立了一种实现轨迹创成的混合驱动五连杆机构，并利用遗传算法优化研究了给定轨迹的混合驱动五连杆机构的尺度综合。Sesha等[49]利用混合驱动五连杆机构的运动输出代替变轮廓线凸轮。李辉[50]对混合驱动可控压力机的基础理论进行了系统的研究，建立了混合驱动压力机传动机构的优化设计模型，并建立了直流电机的动力学模型和位置负反馈控制模型，采用拉格朗日方程建立了混合驱动压力机机电系统的动力学模型，为混合驱动压力机的设计提供了理论基础。这些研究成果很好地推动了机械伺服压力机的发展。

7.1.1.2 液压压力机

液压压力机是根据静态下液体压力等值传递的帕斯卡原理制成的机器设备。压力采用液压形式传动，泵将电能转变为液体压力能，通过油缸驱动滑块等执行机构完成工件的压力成形。

液压压力机具有行程较长、压力可调节、自身结构简单且容易制造、加工速度稳定、不会产生超负荷等特性，是一种很好的压力成形设备，特别是当液压压力机系统具有对压力、行程速度单独调整的功能后，不仅能够实现复杂工件以及不对称工件的加工，还很适合长行程、难成形及高强度材料的加工，并且加工的废品率极低。由于具有上述诸多优点，液压压力机已成为压力加工领域重要的研究和发展方向[51-54]。

工作压制和回程时用油泵直接驱动，装机功率较大；油缸升压和电磁阀换向需要一定时间，工作速度较机械压力机慢，工作节奏小于机械压力机；使用液体（液压油、机械油或乳化剂）作为工作介质，因而对液压元件精度和密封条件要求较高；工作油液有一定的使用寿命，需定期更换；设备发生故障时，症状不直观，排查难度较大；漏油、渗油现象时有发生，对环境污染较大等问题，是液压压力机的不足和缺点。

液压机主要由机械结构、液压控制系统、计算机控制系统、泵控液压系统、泵及泵-蓄势器站、润滑系统、过滤系统、冷却系统等构成（图7-1）。

1. 机械结构

热挤压机常见的机械结构形式有单臂式、四柱式上传动和双柱下拉式三种。单臂式液压机属于小型液压机，公称力一般从3.15 MN到8 MN，本体结构一般

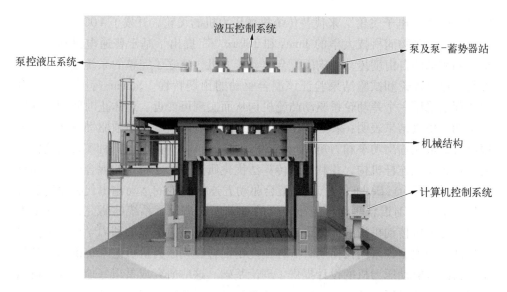

图7-1 立式热挤压机示意图

为缸动式，见图7-2。四柱式上传动液压机是最传统的结构形式，目前大多数大中型液压机仍采用这种形式，见图7-3。双柱下拉式液压机是近年来发展较快的一种结构，见图7-4。

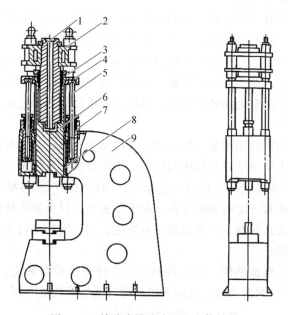

图7-2 单臂式锻造液压机本体结构

1—工作柱塞；2—横梁；3—拉杆；4—活动小梁；5—回程柱塞；
6—工作缸；7—回程缸；8—导向装置；9—机架

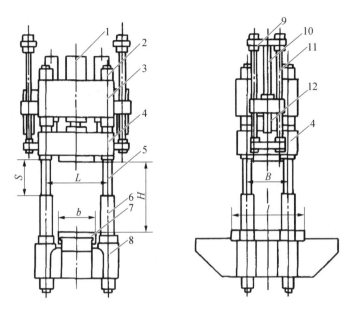

图 7 - 3 四柱式上传动锻造液压机

1—工作缸；2—立柱螺母；3—上横梁；4—活动横梁；5—立柱；6—限程套；7—移动工作台；
8—下横梁；9—小梁；10—回程柱塞；11—拉杆；12—回程缸

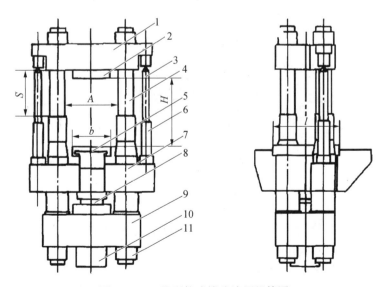

图 7 - 4 双柱下拉式锻造液压机简图

1—上横梁；2—上砧；3—回程柱塞；4—立柱；5—移动工作台；6—回程缸；
7—固定梁；8—工作柱塞；9—下横梁；10—工作缸；11—螺母

2. 液压控制系统

液压控制系统主要由主缸、侧缸、锁紧缸、穿孔缸、大容量轴向柱塞变量泵、电液比伺服阀（或电液比例调节阀）、位置传感器、油管、油箱及各种液压开关组成。

液压阀是液压机液压控制系统中最主要的部件，不同液压阀的组合与配置构成液压控制系统的核心。液压阀从结构上可分为三大类，即锥阀、滑阀和插装阀。

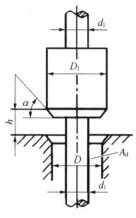

图 7 - 5　锥阀示意图

锥阀是水压系统中最常用的阀门，其结构如图 7 - 5 所示。它靠阀的锥面来封堵液流，当阀的上部作用有高压液体时，锥阀开启十分费力，必须采用接力器或单顶缸来辅助。锥阀十分适合于高压大流量的液压机，二三十年前的锻造液压机大部分都采用锥阀，目前已逐步由插装阀取代。由于锥阀常常要靠接力器或单顶缸来开启，响应时间比较长，因此不能适应要求快速动作和减少时滞的现代化控制需求。

滑阀主要由阀芯和阀体组成，依靠阀芯在阀体内轴向位置的变化，实现与阀体相连的各个液流通道接通或断开，从而改变液体流动的方向及流量，结构如图 7 - 6 所示（二位四通滑阀）。阀芯换位的驱动方式中，最常用的是电磁铁，也有手动、机动、气动、液动和电液动等类型。滑阀由于是靠阀芯与阀体之间的间隙密封，泄漏是不可避免的，因此主要适用于黏度比较大的油压传动，而不适于水压传动。另外，滑阀的通流能力也比较小，不适合于大流量系统。

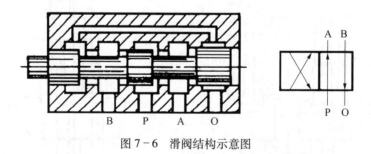

图 7 - 6　滑阀结构示意图

插装阀也称插装式锥阀，是近 30 年来迅速发展起来的，它由插装阀单元、控制盖板及先导控制阀组成，如图 7 - 7 所示。插装阀单元又由阀套、阀芯、弹簧和密封组成，如图 7 - 8 所示，主阀芯上腔作用有 X 口的液体压力及弹簧力，用 X 口的控制油压的变化来控制主通道 A 和 B 之间的通断，盖板用来固定和密封插装阀单元、沟通控制油路和主阀控制腔之间的联系；在盖板内也可装嵌节流螺塞等微型控制元件（如单向阀、梭阀、流量控制器和先导压力阀等）。插装阀的特点是：① 结构简单，通流能力大，适合于各种高压大流量系统；② 改变不同的先导控制阀及盖板，便可轻易地实现不同阀的功能，而插装主阀的结构不变，便于标准化；③ 不同功能的阀可以插装在一个集成阀体中，阀与阀之间的通道通过阀体内部的油孔连接，实现了无管连接，泄漏少、占用空间小，便于集成化；④ 先导控制阀功率小，有明显的节能效果。目前，插装阀已成为各种液压机的主导阀型。

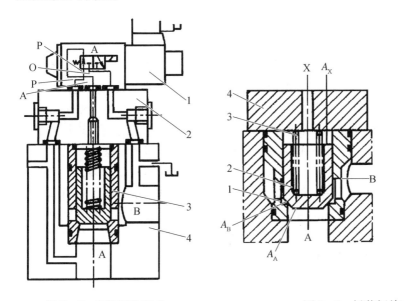 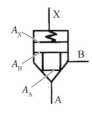

图 7-7　插装阀的组成

1—先导控制阀；2—控制盖板；
3—装阀单元（主阀）；4—阀块体

图 7-8　插装阀单元

1—阀套；2—阀芯；3—弹簧；4—盖板
注：A_A、A_B、A_X 分别为 A、B、X 三个口的液体压力作用面积。

液压控制系统配件常用的配件品牌如表 7-1 所示。

表 7-1　液压控制系统配件常用的配件品牌

序　号	名　　称	常 用 品 牌
1	充液阀	台湾久冈、江苏如皋、济宁泰丰
2	电磁阀/比例阀	台湾油研、日本油研、阿托斯、力士乐
3	插装阀	台湾久冈、济宁泰丰
4	电机+油泵组	汇川+美国派克、海天+海特克
5	蓄能器	天津布柯玛、巴克
6	吸油过滤器	信远、崛牌、贺德克
7	高压过滤器	黎明、崛牌、贺德克

序　号	名　　称	常　用　品　牌
8	密封圈	广研所、台湾鼎基、SKF、DLI、UTEC
9	水冷却器	日本大生、阿法拉伐、神威
10	油路块	台湾上弘、济宁泰丰、天锻

注：广研所全称为广州机械科学研究院有限公司胶业研究所。

3. 工业计算机控制系统

由于热挤压加工环境恶劣，零件价格昂贵，机器经常满负荷工作，因而对控制系统的可靠性要求很高。微处理器出现前，液压机采用的是数字控制，现已完全淘汰。随着计算机技术和大规模集成电路的发展，计算机迅速进入快锻液压机自动化领域，发展了快锻液压机机组微机控制系统。目前随着现场总线技术的发展和推广应用，国内外均开发了基于现场总线技术的计算机控制系统。

一般大型液压机组动作复杂、结构庞大、控制对象和监测量较多，并且分为多个控制单元。因此，现采用总线技术来构造的机组控制系统结构，由可编程控制器（PLC）系统、控制计算机和监测计算机组成现场控制网络，并采用硬件积木化、硬件软件化、软件模块化的思想，实现集中监控、分散管理、分布控制。

计算机控制系统常用的配件品牌如表 7 - 2 所示。

表 7 - 2　计算机控制系统常用的配件品牌

序　号	名　　称	常　用　品　牌
1	PLC 系统	西门子
2	控制计算机和监测计算机	联想、戴尔、惠普等
3	计算机系统	Windows、Linux
4	触摸屏	西门子、阿普奇
5	低压电气	施耐德、西门子、ABB

4. 泵控液压系统

泵控液压系统又称改进型正弦传动（modi-fied sinosoidal drive）液压控制系统。它由德国威普克潘克公司研发，采用双向可变流量的径向柱塞泵实现，主要依靠柱塞泵的快速换向及变速，不用阀及阀分配器，就能改变液压机活动横梁及砧子的运动速度和方向。

威普克潘克公司的 RS、RX 及 RKP 系列带有伺服控制的高速换向径向柱塞泵，能在每分钟 150 次的换向频率下，通过泵的伺服阀控制伺服缸，通过改变摇杆的偏角来改变泵输出高压油的流向和流量，用伺服缸上的位移传感器来监测伺服缸的行程，使其按工作程序的要求作规律性的变化，建立泵流量与时间的关系曲线；这条关系曲线是一条经过修正后的正弦曲线，使液压机能按近似正弦曲线的运动方式在锻造终点时缓慢接近终点，并缓慢地卸压，自然地转入回程，从而消除了一般阀控式液控系统中，在阀瞬时开启或关闭时，引起管道内的液压冲击。其工作原理如图7-9所示。

5. 泵及泵-蓄势器站

泵-蓄势器传动的泵站系统，由高压泵、电动机和减速器（或同步电动机）、润滑泵、高压蓄势器水罐和气罐、空气压缩机及附属装置、水位指示器、各种高低压阀（包括水闸阀、气闸阀、最低液面阀、安全阀、充气阀、液压闸阀和电磁分配器等）、水箱、乳化液搅拌装置、冷却装置、管道及其连接件、固定件、电气控制柜等构成。图7-10为泵-蓄势器站系统原理图。

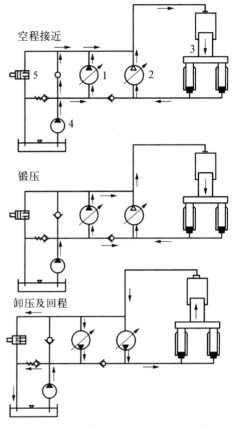

图7-9 泵控液压系统工作原理图

1与2—主油泵；3—液压机；
4—充液泵；5—卸压阀

液压机中常用的高压大流量液压泵有斜盘式轴向柱塞泵、斜轴式轴向柱塞泵及径向柱塞泵，这三种泵主要以油为工作介质。水介质的高压大流量泵则一般为卧式往复三柱塞泵。

泵及泵-蓄势器站与泵控液压系统的比较见表7-3。

表7-3 两种传动方式的比较

项 目	泵 直 接 传 动	泵-蓄势器传动
泵的出口压力	随液压机的负荷变化而变化	与液压机负荷无关，与蓄势器压力相同
液压机的速度控制	使用变量泵时，可改变泵的流量；使用定量泵时，需利用旁通回路使部分液体流回油箱，从而实现液压机的速度控制	控制主阀分配器中阀的开启量，即控制流量，从而控制液压机速度

项　目	泵 直 接 传 动	泵-蓄势器传动
恒速性	液压机速度取决于泵的供液量，采用定量泵可保持液压机速度恒定	液压机的速度随负荷变化而改变。若需保持恒速，则需装备特殊的装置
泵的流量	根据液压机最高速度选择	根据液压机一个工作循环期间内所需液量的平均值选择
压力的调整	利用调压阀可改变供液压力，故压力调整较为方便	蓄势器压力确定了液压机的最高压力，故压力调整困难
漏损	液压机停止工作时，管道中处于低压，故漏损少	在蓄势器与分配器之间常处于高压，故漏损多
工作介质	一般用油较多，用水（或乳化液）亦可	一般用乳化液较多，用油亦可，但用油时需注意漏损，蓄势器气罐需使用氮气

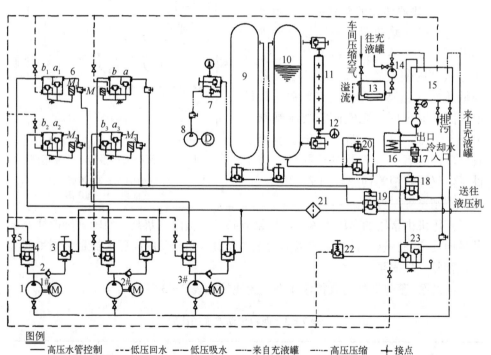

图 7-10　泵-蓄势器站系统原理图

1—泵；2—单向阀；3—闸阀；4—循环阀；5—低压闸阀；6—电磁分配器；7—充气阀；8—高压气泵；
9—蓄势器气罐；10—蓄势器水罐；11—水位指示器；12—电接点压力表；13—乳化液搅拌箱；
14—离心泵；15—水箱；16—冷却器；17—电磁阀；18—液压闸阀；19—最低液面阀；
20—手动闸阀；21—过滤器；22—安全阀；23—两阀分配器

6. 润滑系统

润滑系统一般采用油脂强制润滑，润滑油量及次数的时间间隔可调节，既保证重要点的可靠润滑，又不浪费油脂，造成污染。启动机器时必须先启动润滑装置，否则主电机不能启动；一般液压机均设有故障报警装置，当油路断油或油压过低时，润滑异常报警灯闪亮并停机，只有在润滑系统正常工作时，主机才允许进行操作。

7. 过滤系统

一般油压机会设置液压油过滤系统，当滤油器被污物堵塞时设备即报警，提示维修人员清洗或更换滤芯。

8. 冷却系统

热挤压机多在高温下工作，通常会采用强制水冷却循环系统，压机允许的正常工作油温应小于一定的值。油压机的设定值一般为 60℃，当油温达到 45℃ 时报警灯会亮起并提示接通冷却水。冷却水与液压油在换热器中自动进行热交换，对动力系统油液进行冷却。若遇偶发事故油温达到 60℃ 时，系统会发出停机命令，保证设备在允许的温度范围内工作。

7.1.2　连续热挤压成形设备系统构成

通常，一套完整的连续挤压机系统主要由挤压机本体、液压传动与控制系统、机械化设备、自动检测与控制装置和电气控制系统等组成。本节以油压卧式双动正向铝挤压机为例，介绍设备的系统构成。

7.1.2.1　挤压机本体结构形式与特点

挤压机本体由预应力组合框架、主工作缸、侧缸、挤压梁装置、挤压筒装置、挤压筒、移动缸、移动模架装置、主剪装置、模内剪装置、下导向架装置、伸缩缸等部件构成，各部件坐于前、后横梁的基础垫板上。

挤压机设计中，可以采用计算机三维有限元分析软件，对挤压机的关键零部件，如预应力结构组合框架、主缸、组合挤压筒等进行结构优化设计和应力场、位移场、温度场分析。

1. 预应力组合框架

如图 7-11 所示，挤压机本体的受力框架由整体式前梁和后梁（可选材料 GS20Mn5）、叠板拉杆（可选材料 Q460C）和方形机架（可选材料 Q345B 焊接结构）组成一个封闭的预应力组合框架，如图 7-12 所示。采用专用液压预紧工具对四根拉杆全长同时施加高压拉力负荷，同时对机架施加压应力，从而使整个框架处于应力预紧状态。预应力框架具有以下优点：

（1）框架四根受力叠板拉杆的中心间距对称于压机中心，使得整个机架受力均匀，进而提高挤压制品的精度。

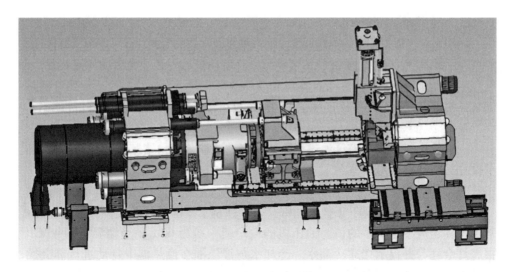

图 7 - 11　挤压机本体

图 7 - 12　挤压机预应力组合框架

（2）由于机架具有较大的抗弯截面，在挤压力的作用下，机架伸长和弯曲变形小，在下机架上可固定挤压梁、挤压筒下部水平和垂直导向的导轨，对于挤压梁、挤压筒和模具之间的对中调整非常方便；上机架可作为挤压筒的 X 型移动导轨。

（3）在后梁下部设有两套弹性锚固装置与基础锚固，使后梁固定可靠。

叠板式拉杆内拉应力交变幅值小，使用寿命长，设备外形美观。经有限元计算优化的叠板式拉杆与传统带螺纹的柱状拉杆系统相比，挤压机机架具有优越的刚性指标，叠板式拉杆缺口效应显著降低，工作寿命大幅提高。

2. 主工作缸、侧缸

主工作缸为柱塞缸（如图 7-13 所示），通过四个压块固定于后梁中心。缸体材料可选 20MnMo 锻钢材质，通过分段锻造、调质处理、埋弧窄间隙焊接探伤合格后加工而成。主柱塞为空心结构，材料可选 45 钢，采用锻焊方法制造；外表面堆焊不锈钢带后磨光，硬度 HRC 43~48。主工作缸和穿孔缸密封可采用特制的 V 形圈组合密封，并在铜导套内导向。主工作缸上装有放油塞和带排气的测压接头。空心主柱塞又作为穿孔缸使用，内置穿孔活塞。

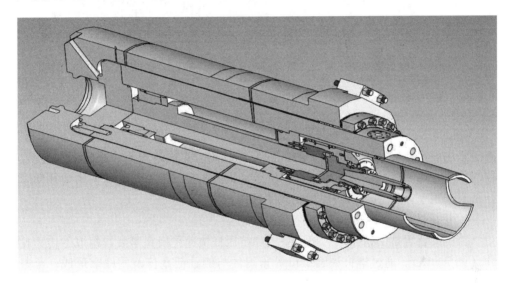

图 7-13 主工作缸

内置式穿孔活塞通过螺母和转针体与穿孔针系统相连。穿孔针系统在挤压梁内和挤压杆内设有两处导向机构。转针体上设有转针机构（采用液压马达控制）和穿孔针位置检测装置。穿孔针定针装置采用液压随动支承系统使穿孔活塞按挤压杆前进的速度同步后退，使穿孔针定径带保持在模口的固定位置上。

转针机构可以带动穿孔针旋转，除用于更换穿孔针以外，还可在挤压异型空心型材时进行对模。

在主柱塞壁上打有供穿孔活塞前进和回程两工作腔的进出油通道，通过两个伸缩缸和进出油口相连。

两个活塞式侧缸（图 7-14）水平固定在后梁主工作缸的两侧。侧缸的前后腔均装有放水塞和带排气的测压接头。组合式活塞头的双向密封和活塞杆密封均采用 V 形圈组合密封，并均由铜套导向。

3. 挤压筒锁紧缸

挤压设备一般采用四个活塞式锁紧缸配置，分别固定在后梁主缸的上下两

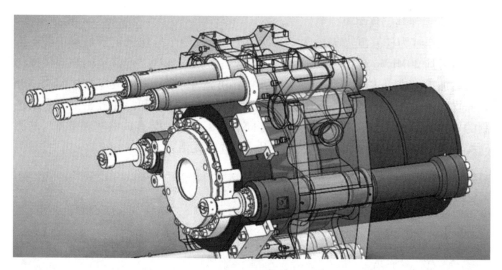

图 7 - 14 侧缸

侧。采用固定在后梁主缸的上下两侧的方式，便于实现挤压筒快速闭合和打开。缸的前后腔均装有放油塞和带排气的测压接头。组合式活塞头的双向密封和活塞杆密封采用 V 形圈组合密封，均由铜套导向。

4. 挤压梁装置

挤压梁装置是由挤压梁、挤压垫板和挤压杆快速更换夹紧装置组成的传力构件（图 7 - 15），通过螺钉和圆螺母等紧固件与侧缸活塞杆及主柱塞形成一个整体。挤压梁前端设置有挤压杆快速更换夹紧装置，采用一套独立的机-电-液操纵系统实现挤压杆的快速松开和锁紧。挤压梁通过设置于立柱上的水平和垂直导向面导向，同时设有挤压杆中心在线监测系统，对中位置误差信号在操作台屏幕上进行数字化显示和超值警示。

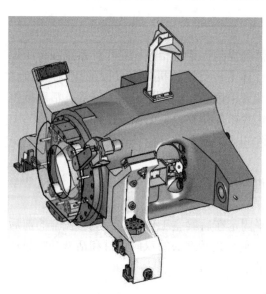

图 7 - 15 挤压梁装置

5. 挤压筒装置

挤压筒装置（图 7 - 16）采用三键定位方式固定在挤压筒外壳中心，并通过螺栓将外壳和挤压筒锁紧缸活塞杆连接成一体。挤压筒组件外壳后端设置有快速更换装置，通过一套独立的机-电-液操纵系统实现挤压筒的快速松开和锁紧。挤压筒外壳通过设置于立柱上的水平和垂直导向面导向，并在上方的立柱上设有外斜面辅助导向。外壳前、后端设有挤压筒中心在线监测系统，对中位置误差信号可在操作台屏幕上数字化显示并进行超值警示。

挤压筒组件采用过盈装配而成，外套材料可采用5CrNiMo，中衬和内衬可采用H13。外套、中衬与内衬采用防串动结构形式。

挤压筒加热可采用直管电阻式电热元件、轴向分四区加热方式，由热电偶测量和反馈各段温度，并

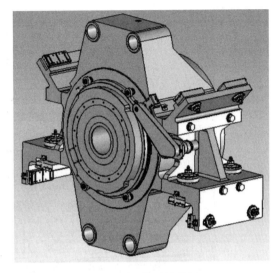

图7-16　挤压筒装置

在操作台屏幕上显示数字。挤压筒组件与外壳之间有隔热材料。挤压筒上设置操作人员的站立平台，供打磨和润滑穿孔针使用。

6. 前梁总装件

前梁总装件包含有多个装置，如图7-17所示。具体装置如下：

1）下导向架

下导向架装置由螺钉和键水平固定在前梁后立面上，为模架移动装置提供支承和导向。

在下导向架装有用于制品和模具分离的模内压余分离剪，带有热油循环系统，用以剪断模具后面的型材，减少对型材的损坏，提高产品的成材率。

下导向架和主剪支架中设有四个用于模座水平压紧的单作用缸，用于把模座压在前梁的承压垫上，确保模具精确定位并完成压余的干净剪切。

2）移动模架

移动模架水平布置在下导向架装置上，由一个带有滑块的活塞缸驱动做横向移动，用于换模和制品剪切。

3）快换模

快换模装置设置在前梁操作侧，前梁采用活动连接，由一个活塞缸驱动做纵向移动。换模时，处于挤压中心模座内即将被更换的模具由模架移动缸驱动，另一套处于换模位模座内预热好的模具，由快换模缸驱动两个油缸按照规定的程序交叉换位，来实现模具的快速更换。

4）主剪

主剪装置由正装活塞缸驱动，采用矩形导向滑块，用螺钉和键垂直安装固定

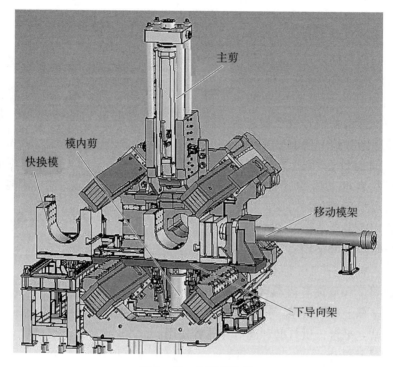

图 7-17　前梁总装件

在前梁中心正上方，用于制品和压余的分离。主剪装置上设有采用拨片方式的打压余装置，打料杆液压缸为外置式，通过长连杆驱动拨片打料力和打料角度，使压余与剪刀片不粘接；主剪回到上位后，设有液动插销剪刀悬挂装置。在模具上方还设有模具垂直压紧油缸，辅助于主剪剪切和模内剪剪切。

主剪缸和压模缸组合式活塞头的双向密封和活塞杆密封均采用 V 形圈组合密封，并均由整体铜导套（ZCuSn7Pb6Zn4）导向。

主剪周围设有检修平台，主剪剪刀设有润滑装置。

7.1.2.2　液压系统

1. 液压传动系统

挤压机的泵站采用集成化设计，集中布置在压机后部的地坑内，由电液比例控制轴向柱塞、变量泵、恒压变量轴向柱塞泵和三螺杆泵循环过滤冷却系统构成。主泵供油系统通过两根连通管从油箱吸油。

多台电液比例控制轴向柱塞变量泵，按一定组合形式排列、匹配使用，可使泵组产生所需的流量，满足系统各执行机构的运行速度和压力要求。两台恒压变量轴向柱塞泵分别用于先导控制和辅助设备系统的控制。

管路系统设计采用缓冲、防震措施，如设缓冲垫、软管或避震喉，以及能吸收振动的可曲挠式橡胶管接头。

2. 操纵系统

液压操纵系统由集成控制阀块构成，集中布置在挤压机后上方主油箱顶部。主系统的集成控制阀块由不同功能的插装件、控制盖板和先导控制阀等二通插装阀组成，控制油路中的油流方向、压力和流量，实现系统柔性升压、升速；控制各阀启闭瞬时的动作时间差，使工作缸柔性换向运行平稳，降低振动和噪声，并有助于对外泄漏的控制。这种构成和控制方法具有流阻小、响应快、内泄漏少、启闭和过载保护性能好等特点。根据需要，各集成块的各个阀之间进行必要的安全联锁，设置便于监测和控制系统压力的压力传感器；在各压力接口处设置测压接头，在泵站处集中设置抗震压力表装置。

主、侧缸及穿孔缸系统中采用电液比例阀调压，用于实现挤压吨位控制与保护，以及系统柔性卸压。

主变量油泵电液比例控制阀的伺服控制油由恒压变量油泵加蓄能器供给，系统中设有稳压、精滤（10 μm）及压力保护等元件。

油循环系统主要用于液压系统循环过滤和主泵主轴轴承的冲洗，根据需要对系统油液进行加热和冷却。DRLF 大流量过滤器装有压差发讯器及旁通阀，过流量为额定流量的 3~5 倍，过滤精度为 10 μm。和过滤器串列式集成布置的板式油冷却器和 SRY 型油用管状电加热器，根据设置于油箱上的温度传感器设定的油温工作范围，自动接通进水电磁水阀进行冷却，或自动接通加热器电源进行加热。

为满足主柱塞空程前进和快速回程速度要求，在主缸底部安装有一个大通径的充液阀，可实现高压与低压充排液系统的隔离。充液阀与油箱间设有蝶阀和避震喉。

油箱设计安装在压机后上方，设置有空气滤清器、温度传感器、液位控制指示器、液位液温计、放油用球阀等。全部集成阀块及其相互间的连接管路均设计在油箱的顶部，布有电缆桥架和电气控制箱。油箱底部直接和充液阀管路相连，在充液口设置防止回油喷溅的网栅。

7.1.2.3 挤压机供料系统

挤压机供料系统由铸锭、挤压垫、压余机械化处理系统构成，包括铸锭承载支架、推锭装置、供锭机械手、活动垫片装卸机械手、固定垫挤压垫润滑装置、压余运输装置、挤压垫润滑装置等。

1. 铸锭承载支架

坯料挤压时由装置送至承载支架（图 7-18）上。承载支架应与推锭装置支架及供锭机械手处于同一水平线。承载支架上安装有光电开关，检测坯锭是否在运锭机上。推锭装置将坯料推入供锭机械手的钳口。

图 7 - 18　铸锭承载支架

2. 推锭装置

推锭装置（图 7 - 19）支架横跨坯料运送小车和供锭机械手，由电机（变频控制）、皮带轮、皮带等带动左右移动，推头将坯料从运送小车推到供锭机械手部位。

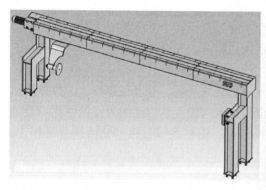

图 7 - 19　推锭装置

3. 供锭机械手

供锭机械手为夹钳式自适应可伸缩机械手（图 7 - 20），通过油缸水平供锭。设计采用带辊轮的双夹持臂，其中一个是可直线式移动的活动臂，另一个为固定在移动小车上的固定臂；夹持钳口采用液压方式打开和闭合。供锭机械手两夹持钳口的最大打开长度要同时满足最长铸锭长度，活动臂的移动通过伺服马达、丝杠传动系统自动调节移动臂的位置，满足供锭工艺要求。供锭机械手的前后限位，设计为机械可调结构。

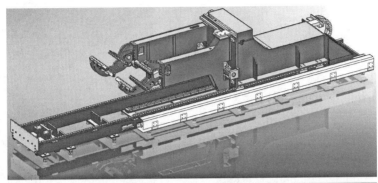

图 7 - 20　供锭机械手

机械手的移进和退出采用伺服电机驱动、齿轮齿条传动，可实现机械手快速供锭，缩短非挤压时间，提高压机的生产效率。

4. 活动垫片装卸机械手

活动垫片供给、接收机械手如图 7 - 21 所示，主要用于无缝管材挤压时，活动挤压垫的接收和供给。其安装在挤压机的上框架，采用伺服马达控制，通过液压缸摆进和摆出，同时可以沿挤压机轴线方向前后移动。

管材挤压时，活动垫片装卸机械手夹持活动挤压垫摆入机内，通过挤压杆推入挤压筒。挤压结束后，活动垫片装卸机械手靠近模具，摆入挤压中心，夹钳将

图7-21　活动垫片装卸机械手

挤压垫片夹紧,通过主剪下降,主剪下端的压块压在夹钳的上方并向下移动,将垫片与压余分离后摆出机外;随后主剪继续下降,将压余从模口分离;挤压垫片由垫片供给、接收机械手沿挤压轴线向后移动到挤压筒的后端,润滑后用于下一次的挤压。

5. 压余运输装置

挤压结束后,挤压余料被主剪分离后,经由压余输出溜槽装置滑到压余运输装置(图7-22)上用户自备的压余收集箱中;压余收集箱里的压余达到一定数量后,由电机减速机驱动的小车将压余收集箱运输到机架的外侧,然后通过行车将压余收集箱吊走。

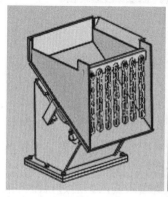

图7-22　压余运输装置

6. 挤压垫润滑装置

挤压垫分为固定挤压垫和活动挤压垫（图7-23、图7-24）。挤压型材与棒材时采用固定挤压垫；挤压无缝管材时采用活动挤压垫。两种挤压垫的润滑装置均安装在供锭器钳口上，跟随供锭器一起移动，供锭的同时对固定挤压垫或活动挤压垫端面进行润滑；均采用环保的液态润滑剂。

图7-23 固定挤压垫润滑装置　　　　图7-24 活动挤压垫润滑装置

7.1.2.4 自动检测、控制装置

1. 位置检测

挤压杆、挤压筒、穿孔针、主剪、活动垫片供给接收机械手、推锭装置和供锭机械手行程采用光电编码器或位移传感器连续检测和控制，由 PLC 采集位置数字量信号，其极限位置设有接近开关保护。

其余各个机构的行程位置检测、发讯和联锁采用接近开关。

2. 对中检测

挤压梁和挤压筒外壳下方分别设计装有四只和八只无接触位移传感器，在线分别监测挤压杆和挤压筒的水平、垂直运行偏差；二者的对中位置误差信号送入 PLC，再由上位机屏幕数字化或偏差曲线显示，并设有超值警示。

3. 压力检测

主缸、侧缸、穿孔缸和锁紧缸的集成阀块上分别设置压力传感器，独立检测四缸的工作压力，进行联锁控制、安全保护和泄荷操作，并由上位机实时数字显示。

控制泵和辅助泵及其控制的主变量泵启动联锁压力检测和控制采用压力传感器发讯，并由上位机实时数字显示。

循环泵的压力设定采用压力继电器发讯，主泵壳体冲洗超压时控制各泵停止。

4. 速度控制

通过比例阀控制器无级调节变量泵流量，实现挤压机主系统各机构运行速度的预设、调整和控制，以及挤压速度的设定、闭环控制和检测，并实现等速挤压功能；设置可在上位计算机上设定数字显示、监视和修改。

5. 挤压筒温度控制

挤压筒设计为4区电阻加热，通过热电偶检测温度，由PLC分别控制各区电热元件。各区温度信号送入PLC，再进入上位机；温升速度可控，便于实现加热时筒内传热平衡，达到节能和延长电热元件寿命的目的；上位计算机可显示挤压筒温升曲线。

6. 油箱油温检测和控制

油箱上设置温度传感器，检测油箱主泵吸油区域的油温，配合板式冷却器的电磁水阀进行液压油温度联锁控制。

7.1.2.5 挤压工具

挤压不同的型材，需要配置的挤压工具不同。具体如何配置，主要取决于挤压型材的截面形状。

1. 管材挤压工具

（1）挤压筒装配组件；

（2）空心挤压杆；

（3）活动空心挤压垫；

（4）穿孔针及针尖；

（5）过渡连接器；

（6）针支撑。

2. 型棒材挤压工具

（1）实心挤压杆；

（2）固定挤压垫；

（3）闷车套；

（4）模套；

（5）剪切垫；

（6）空位垫；

（7）清理垫。

7.1.2.6 集中润滑系统

挤压机设有三套润滑油集中润滑系统，对挤压梁、挤压筒、剪刀导滑面进行集中润滑，采用分散定点定时的加油方式，以保证各润滑点的润滑油适量。润滑系统带有低油量报警功能。

7.1.2.7 气路系统

气路系统由电磁气阀和单向节流调速阀组成，在总进气管上设有气源开关阀和气源三联件（空气过滤器、减压阀和油雾器），用以放水、油雾和调压操作。

7.1.2.8 电气控制系统

电气系统用于设备功能、挤压工艺过程的控制，由多个功能模块构成。

1. 供电系统

动力供电电源一般为 AC380V，三相五线制。系统设有总电源开关柜，用于整机的动力电源供给和保护，使压机电控与车间电源隔离。主泵电机采用变频启动，控制泵及辅助泵电机采用 Y-△方式启动，其余电动机直接起动；380/220 V 动力供电全部集中于泵站。机上电气设备、检测元件、发讯元件和电磁阀线圈采用 24VDC 直流电压。

2. 电气设备构成

（1）由总电源开关柜连接的各个电气控制柜；

（2）电气控制柜连接的主油泵电动机、辅助泵电机及交直流控制电源；

（3）操作台、前梁出口操作盒、PLC、继电器、控制电源、挤压筒加热控制柜；

（4）上位工业控制机系统；

（5）位置检测编码器，挤压杆、挤压筒对中位置检测系统；

（6）限位开关、接近开关、二次仪表等检测元件；

（7）接线盒和相应电缆管线桥架等。

3. PLC 及各种检测和控制系统

电气控制系统中的上位工业控制计算机和工业可编程控制器两级控制功能，通过计算机和 PLC 系统协调工作，实现对挤压机工作过程的在线智能管理和控制。操作台上设有操作按钮，上位计算机设触摸开关、挤压速度、行程、挤压力、挤压筒温度等参数的数字显示，以及压机状态和故障指示灯显示。控制软件采用模块化程序。

PLC 与按钮、接近开关、压力继电器、压力、温度、位置传感器、编码器、比例阀控制器、电液阀等电气发讯元件，通过各种输入/输出模块连接运行，实现压机的位置、压力、速度、挤压杆和挤压筒位置对中检测、挤压筒温度、各主辅助机构动作的可靠控制及安全联锁。

4. 上位机控制系统

上位机系统通过与 PLC 的通信进行生产、工艺、控制信息的传输、数据交换和管理。上位机选用整体式工业控制计算机，可与个人计算机配件兼容，可以按需要进行参数设定、调整权限控制功能；监控界面（HMI）及控制程序选用工业计算机（IPC）加视窗控制中心（WinCC）组态软件，具有下述主要功能：

（1）对执行机构行程、速度、压力等控制参数进行设定及实时显示，对设备状态（包括故障显示和检测、极限参数报警）进行图形及数据监控。

（2）设定包括铝合金材质、模具编号、挤压比、挤压速度、加热温度等工艺参数，并进行相应的控制、查询、记录及再现。

（3）对控制、工艺、生产数据库中的数据进行处理和生成报表。

（4）具有双向通信能力，可以接受和提供挤压机控制参数和工艺参数。

（5）对所有的高低压液压回路仿真显示，以及完善的诊断故障报警功能。

系统的操作分"紧急操作""调整""手动""自动"四种制度。"手动""自动"两种制度为正常的生产工作模式；"紧急操作"制度下不允许进行挤压。任何制度下，要确保"禁止压机机构动作"按钮不处于按下状态，机构才能运动。

"紧急操作"制度为双手操作模式。按下"紧急操作"按钮后，一手按压"允许压机机构动作"按钮，一手按压相应机构动作按钮，动作才能执行；松开任何一个按钮，动作马上停止。该制度是一种低速模式，不带联锁保护。

"调整"工作制度为点动模式。拔起"紧急操作"按钮，旋钮旋到"调整"位置，按压相应机构动作按钮，动作进行；松开机构动作按钮、工作制度选择旋钮改变位置，或按压"禁止压机机构动作""紧急操作""停止"其中任一按钮，动作停止。该制度也是一种低速模式，但带有最基本的联锁保护。

"手动"工作制度。拔起"紧急操作"按钮，旋钮旋到"手动"位置，系统即处于"手动"工作制度模式。该制度下带有必要的自保、联锁和极限保护功能，工作过程由操作者控制，任一机构可单独运行完成一个动作；机构运动速度由程序控制，自动实现快慢速选择。工作制动选择旋钮改变旋转位置，或按压"禁止压机机构动作""紧急操作""停止"其中任一按钮，动作停止。

"自动"工作制度。拔起"紧急操作"按钮，旋钮旋到"自动"位置，系统即处于"自动"工作制度模式。设为该工作制度后，在满足初始条件的前提下，按压"自动启动"按钮，设备即按照预先设定的挤压工艺程序，自动开始动作流程。该制度分为"半自动"与"全自动"两种模式："半自动"模式下，挤压结束后各个机构回到初始位置后，挤压机停止工作，等待下一次启动或转入其他工作制度；"全自动"模式下，挤压结束后压机会再次启动周期循环上锭及挤压，直到按压"停止"按钮。该工作制度模式下，机构运动的速度由程序控制，自动进行快慢速度调整。

7.1.2.9 专用工具

挤压机一般会随机带专用工具一套，包括：

（1）预应力组合机架超压预紧装置及超高压液压装置一套，该液压装置除用于机架超压预紧外，还用于挤压杆快速更换时对蝶簧油缸的控制；

（2）起吊用各种规格环首螺钉若干；

（3）插装阀拆装专用工具一套；

（4）特殊规格的扳手若干；

（5）穿孔针挤压杆、固定挤压垫更换工具一套。

7.2 热挤压成形设备国内外发展情况

7.2.1 立式热挤压成形设备发展情况

1. 国外立式热挤压成形设备发展情况

目前立式热挤压成形设备多为锻造液压机。发达国家的锻造液压机快速发展于二战后，主要是为了航空工业发展的需求，其发展趋势呈现大型、超大型化，且以大型、超大型模锻液压机为主。美国威曼高登、俄罗斯上萨尔达冶金联合生产企业以及法国的 AD 公司是世界上拥有模锻液压机的公称锻造力最大、品种和数量最多的 3 个企业。美国大型锻造液压机的拥有量居世界首位，其液压机的品种、规格和数量分布合理，很好地满足了美国对于大型锻件的需求；法国拥有 2 台 750 MN 锻造液压机；中国则拥有当前全球最大的 800 MN 锻造液压机。

大型、超大型锻造液压机的结构基本都为三梁四柱、板框式以及钢丝缠绕式，几乎全部为多缸驱动，油缸为上推式或下拉式。

液压系统几乎全部为泵-蓄势器传动的水控系统。上面所述的锻造液压机大部分建造于二战结束至 20 世纪 70 年代，由于当时的液压元件、电器元件及其计算机的限制所致，其液压系统多为蓄势器传动的水控系统，电气控制多采用继电器控制，配套的操作机也不齐全。自 20 世纪 80 年代始，发达国家对现有的锻造液压机在以下几个方面进行了改造和调整。

（1）液压控制系统：由于水泵蓄势器传动能耗高、占地多、投资大以及水控元件需要采用防锈材料制造，导致其成本增加；而且水控元件的寿命短、易泄漏，备品备件的需要量大，资金占用多。因此从 20 世纪 80 年代始，逐步改造为泵直驱油控系统。

（2）配备了相应的操作机：为了提高生产率、减小劳动强度以及提高劳动安全保护水平，随着计算机及控制技术的发展，逐步为大型、超大型的锻造液压机配置了锻造操作机，与主机联动，提高了自动化程度、生产率和人身安全保证能力，并同时大幅度提高了锻件的精度。

（3）调整了锻造液压机的数量、规格和类型：20 世纪 80~90 年代，由于世界经济的影响，发达国家淘汰了一批老式锻造液压机，补充了一部分新的液压机，同时合并了一些锻造公司，使得锻造液压机的规格、数量及类型分布更加合理。

经过改造和调整并不断吸取新的技术成果，目前发达国家的锻造液压机具有以下特点：

（1）锻造液压机的数量、规格和类型更加合理，形成了比较完善合理的，包含自由锻、模锻、等温模锻和多向模锻的锻造液压机设备体系。

（2）锻造力越来越高。

（3）本体机架结构的抗疲劳性能不断提高。梁柱结构向厚钢板叠组结构、梁柱分离向梁柱融合结构、无预应力向预应力结构、多连接向少连接少应力结构等方向集中发展。

（4）液压机结构由多缸结构向少缸甚至单缸结构发展，最大工作压力逐步提高，使液压机载荷分布更为合理，结构更为紧凑。

（5）液压传动由泵-蓄势器传动转变为泵直接传动，水控系统转变为油控系统，工作介质压力由高压向超高压转变，使得压机的结构更加紧凑、刚度强度更好，同时可减少投资，节约能源，元件寿命更长，控制更方便、更精确。

（6）自动化水平高。现代化的重型锻造液压机、操作机、锻造吊车均实现了联动控制、全部机械化，并配有锻件尺寸自动测量装置，锻造压机与操作机数控联动，锻造加热炉也自动控制。

（7）锻件的精度越来越高。采用新型液压阀、伺服阀和闭环控制系统，人工直接操作变成计算机控制程序操作，液压系统的控制精确高，大幅度提高了锻件的精度。

（8）热模锻压机多工位化。大型汽车零件模锻件生产大部分采用以多工位热模锻压机为主体的综合自动线，美国、德国、日本基本采用热模锻压机取代原有的模锻锤；中小型模锻件采用多工位高速自动热镦机，实现了每小时 4 000~12 000 件的高效生产。

（9）设备模锻、挤压多功能化。在一台模锻液压机上实现多种功能，如图 7-25 所示。20 世纪 50 年代美国制造的 2 台 450 MN 模锻液压机和 20 世纪 60 年代苏联制造的 2 台 750 MN 模锻液压机都是单一的模锻功能。20 世纪 70 年代后，苏联为法国制造的 650 MN 模锻液压机则具有水平锻造（多向模锻）功能，美国制造的 315 MN 模锻液压机则同时具有模锻、挤压两种功能。

美、俄、日、德四国拥有全封闭真空等温锻造设备，并长期对我国禁止出口。美国雷迪司（Ladish）公司最早采用全封闭真空等温锻造设备为普惠公司超塑性等温锻造 IN100 合金涡轮盘，目前建有 1 台 50 MN、2 台 80 MN、1 台 100 MN、1 台 125 MN 全封闭真空等温锻造设备，能够生产外径达 1 000 mm、质量达 1 000 kg 的钛合金、高温合金盘形件。图 7-26 为雷迪司公司的 100 MN 真空等温锻造液压机；美国第三代 F100 和 F110 系列推重比 7~8 涡扇发动机，以及第四代 F119 系列推重比 10 一级涡扇发动机的风扇叶片、压气机叶盘和涡轮盘，都是在该设备上生产的。

(a) 美国卡梅隆(Cameron)公司的315 MN板框式模锻+挤压液压机

(b) 美国铝业公司的450 MN模锻水压机

(c) 法国的650 MN多向模锻水压机

(d) 苏联的750 MN模锻水压机

图 7−25　多功能锻造液压机

图 7 - 26　雷迪司公司的 100 MN 真空等温锻造液压机

俄罗斯轻合金研究院拥有一台 20 MN 全封闭真空等温锻造设备，如图 7 - 27 所示，设备空行程 900 mm，工作行程 160 mm，控制变形时的应变速率为 10^{-3} s^{-1}，极限工作温度为 1 200℃，真空室内的真空度为 10^{-2} Pa，该装置上的最大模块尺寸为 ϕ500 mm，工件最大尺寸为 ϕ400 mm × 150 mm，模具加热装置采用 85 kW 电阻加热器，用于涡轮盘成形时，模具寿命预计为 500 件左右。

20 世纪 80 年代，西德莱宝真空冶炼公司为日本提供了一套热等温锻造设备，用于 Ni 基或 Ti 合金锭子真空下锻造成型，也用于在非封闭性模具中将 Mo 锭锻造成平板或圆盘。该设备可实现直径 500 mm 的产品锻造，生产效率高，每个工作日（8 小时）对 Mo 合金和 Ti 合金，可完成 4~6 个锻造循环，对 Ni 合金，约可完成一个锻造循环。该设备带有装料和卸料控制室、两台预热炉和一个冷却室，用于提高工作效率；锻造室的加热系统及模件一直保持锻造温度，锻坯锭在预热室里预热，达到所需的锻造温度便可在锻模间操作，然后锻造。Ti 合金及 Ni 基合金锻打后立即卸料，而 Mo 锻件应先放置于控制室冷却盘上，在真空下冷却一晚上。德国爱立德（ALD）公司是真空炉和真空工艺的领先供应商之一，制造的热等温锻造真空设备多用于钛或高温合金大型旋转部件的生产，发展的重点是钢和镍基合金以及诸如钛、钽铌及其制品，或金属粉末产品等特殊材料。图 7 - 28、

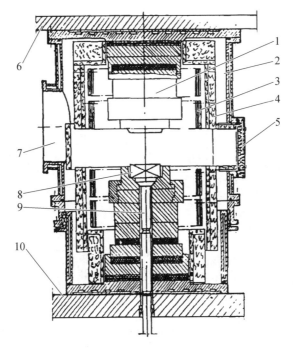

图 7 - 27　俄罗斯 20 MN 全封闭真空等温锻造设备装置图

1—模具；2—真空室；3—加热器；4—热绝缘；5—装料门；6—动横梁；
7—抽气管；8—工件；9—顶杆；10—压机移动台面

图 7 - 28　等温锻造设备（制造钛合金和高温合金回转体）

图 7-29 是 ALD 等温锻造设备示意图，具有多区坯料加热、均匀的温度分布、机械手控制、计算机控制真空系统以及系统便于移植到液压机上等特点。

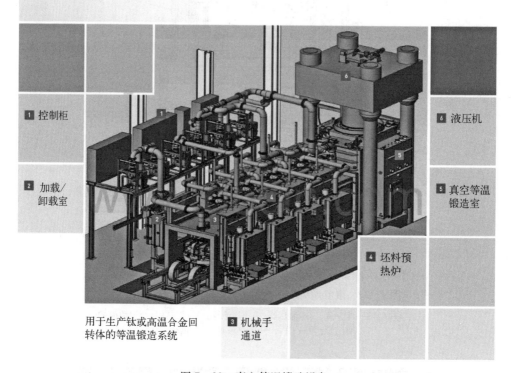

图 7-29 真空等温锻造设备

2. 国内立式热挤压成形设备发展情况

国内大型模锻液压机的建造始于 20 世纪 60 年代初。1962 年，上海电气上重铸锻有限公司建成了国内首台 12 000 吨水压机；1982 年，由第二重型机器厂设计制造的安装于重庆西南铝加工厂的 100 MN 多向模锻水压机投产。随着大型自由锻液压机的建成投产，大型、超大型模锻液压机也进入了发展高峰，天锻压力机有限公司为红原航空锻铸工业公司制造了 100 MN 等温锻造液压机，苏州昆仑先进制造技术装备有限公司建成了 300 MN 和 1 000 MN 模锻液压机，第二重型机器厂和西安三角航空科技有限责任公司建成了 800 MN 模锻液压机，西安三角航空科技有限责任公司建成了 400 MN 模锻液压机，第二重型机器厂和红原航空锻铸工业公司建成了 200 MN 等温锻造液压机。此后中国的大型、超大型模锻液压机沉寂了二十多年。

21 世纪初，国内大型、超大型自由锻液压设备又进入了一个新的快速发展期。2006 年第一重型机器厂建成 150 MN 自由锻水压机；2008 年第二重型机器厂建成了 160 MN 自由锻水压机；2009 年上海重型机器厂建成了 165 MN 自由锻油压机；2010 年洛阳中信重工机械股份有限公司建成了当时全球最大的 185 MN 自由锻油压机。至 2012 年时，太原重工股份有限公司自主开发研制的 35 MN、45 MN、63 MN、80 MN、125 MN 系列油泵直接传动双柱斜置式预应力结构和 70 MN 四柱式预应力结构等 8 台快速锻造液压机，以及自主开发研制配套的 430 kN、600 kN、1 000 kN、1 800 kN 系列锻造操作机成套设备，先后在南京迪威尔高端制造股份有限公司、瓦房店轴承精密锻压有限责任公司、无锡大昶重型环件有限公司、扬州诚德重工有限公司、中钢集团邢台机械轧辊有限公司、马鞍山钢铁股份有限公司、重庆焱炼重型锻造有限公司、太原重工股份有限公司、重庆长征重工有限责任公司投产应用；2012 年 12 月 29 日，太原重工股份有限公司研制的 125 MN 快速锻造液压机与 1 800 kN/4 000 kN 锻造操作机成套技术装备正式投产。目前国内已建成 20 余台万吨级自由锻造液压机，其规模和锻造能力均居世界首位，约占全球万吨级自由锻液压机的 50%，国内建成的万吨级模锻液压机也达到了 20 台左右。

　　第二重型机器厂和西安三角航空科技有限公司建造的 800 MN 多缸模锻液压机是目前世界最大的模锻液压机，西安三角航空科技有限公司建造的 400 MN 世界最大的单缸模锻液压机，加之昆山昆仑重型装备制造有限公司 300 MN 单缸模锻液压机的建成，使我国重型模锻液压机的装备能力得到了迅速提升，并跃居国际领先地位，也使我国航空制造业具备了梦寐以求的大型、高性能模锻制造能力，为我国新型飞机的研制和生产奠定了坚实的基础。更加难能可贵的是，这些重型模锻液压机都全部为自主设计制造。其中，800 MN 压机在参考苏联为法国 AD 公司设计制造的 650 MN 模锻液压机结构的基础上，进行结构和零部件优化后结合我国重型铸锻件制造能力，自主设计建造，主要技术参数见表 7-4。400 MN 和 300 MN 单缸模锻液压机则突破了已有重型模锻液压机的形式，全面采用了预应力钢丝缠绕结构，形成了独特的技术路线。

表 7-4　800 MN 模锻液压机的主要技术参数

序　号	项　　目	技　术　参　数
1	公称压力	800 MN
2	系统压力	31.5 MPa/63 MPa
3	中间穿孔力	160 MN
4	净空距	5 000 mm
5	活动横梁最大行程	2 000 mm
6	中间穿孔最大行程	2 500 mm

序　号	项　　目	技　术　参　数
7	开档：前后方向	6 500 mm
8	开档：左右方向	3 000 mm
9	工作台面尺寸	4 000 mm × 8 000 mm
10	工作速度	0.2~50 mm/s
11	活动横梁运动位置精度	≤±1 mm
12	活动横梁同步精度	≤0.2 mm/s

　　预应力钢丝缠绕技术在重型模锻液压机（以及重型挤压机）上的成功应用，是中国锻压装备行业对世界重型装备设计制造领域的一大贡献。以该项技术为基础，清华大学课题组随后提出了预应力钢丝缠绕的新型多向预紧机架结构，解决了多向模锻液压机承载机架的设计难题，经 2 台 40 MN/64 MN 多向模锻液压机试制，验证了这一新型结构的可靠性和承载多向载荷的性能。2010 年 9 月，由中国冶金科工集团有限公司、中国二十二冶集团有限公司、清华大学等单位联合在唐山召开"大型多向模锻设备及工艺研讨会"，国内二十多位院士、专家出席并参观了 40 MN/64 MN 多向模锻液压机及 3 英寸（1 英寸 = 2.54 cm）阀体的锻造演示，一致认为："正交预紧机架"结构有效地解决了多向模锻液压机水平压制力承载结构设计的难题，为发展我国的多向模锻制造技术奠定了独立自主的技术基础；希望这一个填补国内空白的技术突破，尽快用于核电阀门以及航空航天等复杂精密锻件的产业化生产，为振兴民族工业作出贡献。

　　400 MN 和 800 MN 模锻液压机以及多向模锻液压机的研制和建设，可追溯到 2003 年中国工程院组织的以师昌绪院士为组长的"发展我国大型锻压装备研究"咨询项目，项目咨询报告中明确提出了建造 1 台 800 MN 多向模锻液压机（含水平 2×100 MN 压制能力）和 1 台 150 MN 挤压机的建议。随后形成的中国二重和西安三角航空两个重型液压机的建设项目，采用了不同的技术路线，相互竞争、相互赶超、相互补充，建成了多台模锻及挤压设备，促进了我国重型模锻装备的发展。目前已经建成的设备有北京航星机器制造有限公司的 120 MN 多向热挤压机（含水平 2×30 MN 多向模锻功能）、中国二重的 200 MN 等温锻/模锻液压机（含水平 2×50 MN 多向模锻功能）、中冶京唐（唐山）精密锻造有限公司的 120 MN 多向模锻液压机（垂直 90 MN、水平 2×18 MN）、山东三林集团的 150 MN 模锻液压机和青海康泰的 680 MN 液压机、中冶精密锻造的 300 MN 多向模锻液压机、南京迪威尔的 350 MN 多向模锻液压机、山东南山集团的 500 MN 模锻液压机等。

　　国内现在的大型、超大型锻造液压机具有如下特点：

　　（1）自由锻和模锻液压机的数量均居世界之首，中国已成为世界锻造大国。

（2）锻造液压机的数量、规格和类型趋于合理。自由锻液压机从 100 ~ 200 MN 已经形成系列；锻造液压机类型亦将趋于齐全，有自由锻液压机、模锻液压机、等温模锻液压机和多向模锻液压机等，改变原来单一的自由锻和模锻现象。

（3）国产化程度大幅提高。建成和在建的大型、超大型锻造液压机，除中信重工的 185 MN 自由锻液压机是进口的国外设备，200 MN 自由锻液压机由国外设计、联合制造以及一重和二重的 150 MN、160 MN 的液压和电气系统由国外设计制造外，其余建成或在建的锻造液压机全部具有完全自主的知识产权，标志着我国设计制造大型、超大型锻造液压机的水平已接近世界先进水平。

（4）自由锻液压机采用了三梁四柱全预应力框架结构和上推式油缸结构。模锻液压机的结构形式多样化，包括三梁四柱全预应力框架结构（多为 200 MN 以下的大型模锻液压机）、板框式结构（二重的 800 MN 模锻液压机）和钢丝缠绕式框架结构（多由清华大学设计、多用于 300 MN 以上的模锻液压机）等，其油缸多为上推式安装方式。

（5）液压系统多采用油控系统。除一重、二重的 150 MN 吨级的自由锻液压机采用泵-蓄势器传动水控系统外，其他大都采用油泵直传和油控系统，有的还采用了油泵直控的液压控制系统。

（6）液压系统工作介质压力由高压向超高压发展，有的可高达 63 MPa。

（7）锻造力趋于极限。在建的 200 MN 自由锻造液压机居全球自由锻液压机之首；昆仑先进制造技术装备有限公司的 1 000 MN 模锻液压机居世界模锻液压机之首，而且 1 600 MN 的模锻液压机的设计也已经完成。

（8）配置了锻造操作机，机械化程度高。

3. 国内外立式热挤压成形设备发展差距

"高档数控机床与基础制造装备"国家科技重大专项明确提出：到 2020 年航空航天、船舶、汽车和发电设备制造所需要的高档数控机床与基础制造装备 80% 以上立足国内。锻造液压机是广泛应用于上述四大领域的不可或缺的关键设备之一。近二十多年来，在上述四大支柱产业的带动下，我国锻造行业取得了长足的进步，锻造液压机在数量上和锻造能力均居世界之首，已成为锻造液压机设计制造大国，但与发达国家相比还有较大的差距：

（1）从建成和在建的锻造液压机看，自由锻液压机已经形成系列，规格齐全，分档也比较合理；而模锻液压机的规格和类型分布尚欠合理。100 MN 级模锻液压机数量偏多；等温锻多集中在 200 MN 以下，尚无 200 MN 以上的等温锻压机；大型多向模锻液压机仅有一台在建；400 ~ 800 MN 模锻液压机之间档距过大，将造成大马拉小车或小马拉大车的现象。

（2）中高端锻造能力不足，功能单一。国内的大型、超大型模锻液压机的功能仅局限于单一的热模锻，大型、超大型模锻件的温锻、等温锻以及多向模锻液压机处于在建阶段，其工艺仍在探索，尚未成熟；大型多工位模锻液压机亟待开发。

（3）自动化程度低。大部分操作包括产品运输依然依靠人工完成，特别是20世纪建成的大型模锻液压机尤甚。

（4）可靠性低。已建成的大型锻造液压机平均无故障时间（MTBF）与1 500 h目标还有一定的差距，部分锻造液压机仅仅处于能够使用的程度，故障率较高，压机精度低，导致了锻件的尺寸精度和表面质量差。

（5）劳动生产率低。日本全员劳动生产率为175 t/（人·年），我国最具代表性的汽车锻造公司的全员劳动生产率为50 t/（人·年），浙江温州地区的统计仅为18.7 t/（人·年）。

（6）模具寿命低。受工艺设计、锻造设备、加热、润滑等因素影响，我国热锻模寿命一般在4 000~6 000件，国外模具寿命一般在10 000~15 000件。模具寿命是影响锻件成本的主要因素，提高锻模的寿命是锻造企业共同的使命。

7.2.2　连续热挤压成形设备发展情况

1. 国外连续热挤压成形设备发展情况

挤压工业的历史可以追溯到200年以前，随着挤压实践经验逐渐丰富和对于挤压工艺、挤压工模具和金属流动规律的不断深入研究，极大地推动了挤压加工技术的发展。1797年，S. Bramah设计了第一台铅挤压机。1820年，T. Burn建造了第一台铅管液压挤压机，这台挤压机基本上包括了现代挤压机的基本构件，如挤压筒、可更换模具、带有挤压垫的挤压杆以及用螺纹连接在挤压杆上的可移动穿孔针等。1870年，Haines和Werms建成了一台反向铅挤压机。1879年，Borell建成第一台电缆包铅的铠装铅挤压机。至1918年，全球建设了约200余台挤压机。1927~1928年，在Singer机械式挤压机上第一次尝试了钢管挤压生产。1933年，根据Singer的专利，Mannesmann在威滕（Witten）建造了一台12 MN机械式钢管挤压机。1941年，Ugine-Séjournet发明了玻璃润滑剂，促进了热挤压钢的发展。1943~1944年，DEMAG‑Hydraulic和Schloemann SIMAG建造了第一台125 MN大型挤压机。

1945年后，卧式和立式挤压机、挤压机辅助设备、短行程挤压机、回转式挤压机、紧凑型挤压机等取得了突破性进展。20世纪40~50年代，苏联制造了80 MN双动铜挤压机和120 MN、200 MN大型挤压机，均为水泵-蓄势器传动。20世纪60年代初，油泵直接传动挤压机出现。1963年后，日本制造的挤压机全部采用油泵直接传动，但挤压力基本小于30 MN，仅限于铝挤压机。1967年，卡梅隆公司设计制造了350 MN立式反向钢挤压机，同时具有挤压和模锻功能，在2010年我国建成360 MN立式钢挤压机之前，该设备是当时全球最大的挤压机。

2. 国内连续热挤压成形设备发展情况

20 世纪 70 年代初，沈阳重型机器厂制造出我国第一台 125 MN 卧式双动水泵-蓄势器传动挤压机。1996~2015 年是我国铝挤压工业、大型挤压设备高速发展的黄金期，其间建成投产的大型挤压生产线约 114 条，均是现代化的油压机。其中太原重工股份有限公司制造了 65 台，为中国铝挤压工业发展作出了重要贡献，另从国外引进了 28 台，这 20 年间平均每年投产大型挤压机 10.5 台。1996 年，爱励铝业（天津）有限公司从意大利达涅利公司引进 1 台 50 MN 单动正向挤压机。2001 年，西南铝业（集团）有限责任公司将 80 MN 水压机改造为 80/95 MN 现代化油压机。2002 年，山东丛林集团 1 台单动正向挤压机投产，是中国首台 100 MN 级油压机，由上海重型机器厂有限公司制造。2001 年和 2005 年，吉林麦达斯铝业有限公司从德国西马克·梅尔公司分别引进 1 台 75/78 MN 单动正向挤压机和 1 台 55 MN 正反向管材挤压机。2004 年，山东兖矿轻合金有限公司从德国西马克·梅尔公司引进 1 台 150 MN 双动正向和 1 台 100 MN 单动正向大型挤压机。2002 年，西安重型机械研究所（现中国重型机械研究院）联合相关单位，制造了我国第一台 100 MN 油泵直传双动铝挤压机，在山东丛林集团试车成功，使我国重型挤压机的设计制造步入了国际先进行列。2016 年，太原重工股份有限公司自主研制的 225 MN 重型挤压机交付辽宁忠旺铝业集团，这使我国的大型超大型挤压机数量和挤压力均位于世界前茅。目前我国拥有的铝材挤压机约 4 000 台。

3. 国内外连续热挤压成形设备发展情况比较

目前全世界已正式投产的万吨以上的大型有色金属挤压机约 20 台，挤压力最大的是美国雷诺公司的 270 MN 挤压机，其次是我国的 225 MN 挤压机及俄罗斯古比雪夫铝加工厂的 200 MN 挤压机。2002 年山东丛林集团铝业公司首台 100 MN 油压机建成投产后，国内 110 MN、125 MN、150 MN、165 MN、225 MN 超重型卧式挤压机相继投产[55, 56]。中国现已装备 100 MN 以上卧式挤压机 18 台左右（其中 225 MN 卧式挤压机 2 台），50 MN 以上的卧式挤压机 100 台以上，产能超过 150 万吨/年，较好地满足了我国国防军工、经济建设发展的需要。但我国正处于国防现代化、工业化和城市化发展的高峰期，对大（中）型挤压机及大（中）型挤压产品有很强的需求，特别是大型高端特种产品仍存在很大的发展空间。

有资料报道，世界几个工业发达国家都在研制挤压力更大、更为新颖的挤压机，如 350 MN 卧式挤压机。在挤压机本体方面，近年来国外发展了钢板组合框架和预应力"T"型头板柱结构机架和预应力混凝土机架，大量采用扁挤压筒、活动模和内置式独立穿孔系统；在传动形式方面发展了自给油传动系统，并在万吨级以上的大型挤压机上采用了油泵直接传动装置。

现代挤压机及其辅助系统都采用了程序逻辑控制（PLC）系统、计算机辅助设计与实验（CADEX）计算闭环系统进行速度自动控制，实现了等温-等速挤压、工模具自动快速装卸乃至全机自动控制。挤压机的辅助设备（包括长坯自控加热炉、坯料热切装置、在线淬火装置、前梁锯、活动工作台、冷床和横向运输装置、拉伸矫直机、成品锯、人工时效炉等）已经实现了自动化和连续化生产。挤压程序化、高质量、高效率的特征是挤压工艺及装备现代化水平与特点的一个重要体现。

产品大型化、复杂化、高精化是现代挤压技术的另一个特点。现在挤压铝型材的最大总宽度可达到 2 500 mm，最大断面积可达成 1 500 cm^2，最大长度可达到 25～30 m，最重可达 2 t 左右；超高精度型材的最薄壁厚 0.3 mm，最小公差±0.012 7 mm；薄壁宽型材的宽厚比可达 150～300 以上，空心型材的孔数可达数十个。管材的品种也有了很大发展，除各种不同规格的圆管以外，还可生产变断面管、螺旋管、压圆管等规格范围（20×1.5）mm～（625×15）mm，最薄壁厚 0.38 mm 的各种轻合金异形管。冷挤压管的精度更高，一般情况下，不需要机械加工、内外表面不用进行任何处理即可使用，例如，带 11 条筋骨的反应堆套管，壁厚公差仅为±0.07 mm。现可生产的圆棒规格范围为 3～620 mm，而且可以生产各种规格的异形断面棒材。

7.3 典型热挤压成形设备

7.3.1 典型立式热挤压设备

液压机的发展呈现大型、超大型化，且以大型、超大型模锻液压机为主的趋势；其典型立式热挤压设备见表 7－5。国际上乌克兰新克拉马托重型机器厂、俄罗斯乌拉尔重型机械厂、德国梅尔公司、英国戴维公司、美国威曼高登（Wyman-Gordon）公司、日本三菱公司等，具有较强的大型立式热挤压设备设计生产能力；国内的中国第二重型机械集团公司、中国一重集团有限公司、中国重型机械研究院股份公司、天津市天锻压力机有限公司、合肥合锻智能制造股份有限公司等，在大型立式热挤压设备设计生产方面能力较为突出。

表 7－5　典型立式热挤压设备

国家、公司	设计、制造厂家	公称力/MN	设 备 特 点
瑞典	—	800	锻造液压机
俄罗斯古比雪夫铝加工厂和上萨尔达钛厂	乌克兰新克拉马托重型机器厂	750	苏联航空工业体系的国宝级装备，总高 34.7 m，长 13.6 m，宽 13.3 m，基础版深入地下 21.9 m，总重 20 500 t。采用 12 缸 8 柱上传动，模具空间净高 4.5 m，滑块行程 2 000 mm

国家、公司	设计、制造厂家	公称力/MN	设　备　特　点
俄罗斯依若斯基重机厂	英国戴维公司设计制造，德国西马克·梅尔公司改造	120	四柱上传动
法国 AD 公司	—	750、650、400、220、200、46	模锻液压机
美国卡梅隆公司	—	100、180、300	该公司的 300 MN 多向模锻液压机仍为世界上最大的多向模锻液压机
美国威曼高登公司	—	450、315、270、261	模锻液压机
美国威曼高登公司	—	315、270、185	多向模锻液压机
美国威曼高登公司	—	72、23	等温模锻液压机
乌克兰新厂	俄罗斯乌拉尔重型机械厂	120	四柱上传动
法国克鲁索钢铁厂	德国潘克设计并成套克鲁索钢厂制造主机	90/110（有增压器）	双柱上传动
日本神户制钢所	英国戴维·罗威制造，德国西马克·梅尔公司改造	80/130（有增压器）	四柱上传动
日本铸锻钢户畑工厂（JCFC）	德国潘克，日本三菱	80、100	双柱上传动
罗马尼亚布加勒斯特	德国西马克·梅尔公司	120/150（有增压器）	四柱上传动
德国萨尔钢铁公司	德国西马克·梅尔公司	85	四柱下拉式
意大利台尔尼公司	英国戴维公司设计制造，意大利因斯改造	105/126（有增压器）	四柱上传动
韩国现代（釜山）	德国哈森克莱弗	70、100	四柱下拉式
韩国斗山重工（昌源）	德国西马克·梅尔公司	100、130（有增压器）	四柱上传动
西安三角航空科技有限责任公司	中国第二重型机械集团公司	800	世界最大模锻液压机，地上高 27 m、地下 15 m，总高 42 m，设备总重 2.2 万 t。可用于制造航空航天大型模锻件、燃气轮机用大型轮盘锻件、烟气轮机用大型轮盘锻件、各类发动机叶片、大型船用模锻件、电站用大型模锻件、压力容器锻件，以及其他类型民用品大型模锻件
西安三角航空科技有限责任公司	清华大学	400	模锻液压机，大型钛合金整体框、梁和大型涡轮盘等精密模锻件

国家、公司	设计、制造厂家	公称力/MN	设　备　特　点
青海中钛青锻装备制造有限公司	清华大学	680	多功能挤压/模锻机，可挤压出外径700 mm、内径430 mm 的 P91 及钛材质大口径厚壁无缝管材，P91 管材长 9 m、钛材质管材长 6.5 m，这是钛材质管材目前在世界上挤压出的最大口径管材
某企业	—	300	多向模锻液压机
某企业	—	250	等温锻造液压机
苏州昆仑先进制造技术装备有限公司	—	300、100	模锻液压机
红原航空锻铸工业公司	中国第二重型机械集团公司	200	等温锻造液压机
北京航星机器制造有限公司	天津市天锻压力机有限公司	120	多向模锻液压机，适用于大型、高性能和高价值复杂模锻件
西南铝业集团有限公司	—	100	多向模锻水压机，阀体、壳体、三通、下套筒、DD 喷管、大外筒、小外筒、球形接头和燃油泵壳体等复杂零件
中国二十二冶集团精密锻造有限公司	清华大学	40	多向模锻液压机，与苏联设计的 100 MN 多向模锻液压机相似
中国一重集团有限公司	中国一重集团有限公司	20	与美国卡麦隆公司 300 MN 多向模锻液压机相似
开封高压阀门厂	中国重型机械研究院股份公司	8	国内首台多向模锻设备
燕山大学	—	6.5	650 MN 多向模锻挤压液压机的模拟机，可实现挤压与多向模锻两种工艺，但挤压时应卸掉穿孔缸

7.3.2　典型卧式热挤压设备

国际上美国雷诺公司、俄罗斯古比雪夫铝加工厂、瑞士奥斯金铝业公司均具有万吨级以上的卧式热挤压机，德国西马克·梅尔公司具备大型、超大型卧式挤压机设计、生产制造能力。国内吉林启星铝业有限公司拥有吨位高达 235 MN 的卧式挤压机，该机由太原重工股份有限公司设计生产制造。国内拥有万吨级以上卧式挤压机的企业有十余家，设备主要由太原重工股份有限公司、中国一重集团有限公司、上海重型机器有限公司、中国第二重型机械集团公司等设计生产制造。我国各类卧式挤压机的现拥有量、吨位水平均居世界前茅，也是当前世界最大吨位挤压机的制造国。

国内外典型大型卧式热挤压设备见表 7-6。

表 7-6　典型大型卧式热挤压设备

使用企业	制造国别/企业	吨位	设备特点
雷诺公司	美国	270 MN	原全球挤压力最大的有色金属卧式挤压机
萨马拉（原名古比雪夫）铝加工厂	俄罗斯	200 MN	原世界第二大吨位重型油压机，现已被中国 235 MN 挤压机替代
奥斯金铝业公司	瑞士	100 MN	油压机，配置 ϕ620 mm 和 ϕ560 mm 圆挤压筒和 750 mm×280 mm 扁挤压筒，可生产宽度可达 740 mm、最长达 30 m 的车辆用大型型材
KOK 公司	日本	96 MN	油压机，配备有直径 430 mm、500 mm、600 mm 的圆挤压筒和 700 mm×28 mm 扁挤压筒（挤压筒长度为 1 600 mm），可生产最大断面外接圆直径为 380 mm、400 mm、530 mm 和断面外形尺寸 630 mm×230 mm 的型材。700 mm×280 mm 扁挤压筒的内孔尺寸为 700 mm×280 mm×1 600 mm，比压 530 N/mm^2，外套外径 1 900 mm，内套外径 970 mm
德国联合铝业公司	德国	72 MN	油压机，配置 ϕ500 mm、ϕ560 mm 圆挤压筒和 675 mm×230 mm、675 mm×280 mm 扁挤压筒，可生产多种合金、不同厚度、宽度可达 650 mm，最长达 30 m 的车辆用大型型材
陕西铭帝铝业有限公司	中国	75 MN	国产卧式短行程挤压机
辽宁忠旺集团	太原重工股份有限公司	225 MN	单动挤压机，适用于大型铝合金型材、棒材及大型带筋壁板等的挤压加工，挤压产品最大外接圆直径达 1 100 mm
辽宁忠旺集团	太原重工股份有限公司	125 MN	双动正向挤压机
辽宁忠旺集团	太原重工股份有限公司	125 MN	双动正向挤压机
辽宁忠旺集团	太原重工股份有限公司	90 MN	单动正向挤压机
宁夏宁东铝业基地	太原重工股份有限公司	200 MN	双动正向挤压机
宁夏宁东铝业基地	太原重工股份有限公司	100 MN	单动正向挤压机
利源精制股份有限公司	德国西马克·梅尔公司	160 MN	双动正向挤压机
利源精制股份有限公司	德国西马克·梅尔公司	100 MN	单动正向挤压机
山东兖矿轻合金有限公司	德国西马克·梅尔公司	150 MN	双动正向挤压机
山东兖矿轻合金有限公司	德国西马克·梅尔公司	100 MN	单动正向挤压机
洛阳华中铝业有限公司	太原重工股份有限公司	150 MN	双动正向挤压机，可挤压宽度大于 800 mm、长度大于 12 m、外接圆直径大于 250 mm 的铝型材
洛阳华中铝业有限公司	太原重工股份有限公司	100 MN	双动正向挤压机

续　表

使用企业	制造国别/企业	吨位	设备特点
西南铝业集团有限公司	沈阳重型机械集团有限责任公司	125 MN	单动正向水压机
华建铝业集团有限公司	太原重工股份有限公司	100 MN	双动正向挤压机
华建铝业集团有限公司	太原重工股份有限公司	90 MN	单动正向挤压机
南山铝业	德国西马克·梅尔公司	125 MN	单动正向挤压机
南山铝业	德国西马克·梅尔公司	150 MN	单动正向挤压机
山东裕航特种合金装备有限公司	中国重型机械研究院股份公司	125 MN	单动正向挤压机
山东裕航特种合金装备有限公司	太原重工股份有限公司	90 MN	单动正向挤压机
吉林启星铝业有限公司	太原重工股份有限公司	110 MN	单动正向挤压机
吉林启星铝业有限公司	太原重工股份有限公司	235 MN	单动正向挤压机，现世界挤压力最大的有色金属卧式挤压机
南南铝加工有限公司	上海重型机器有限公司	110 MN	单动正向挤压机
郑州中车四方轨道车辆有限公司	太原重工股份有限公司	110 MN	单动正向挤压机
丛林铝业科技（山东）有限责任公司	中国重型机械研究院股份公司	100 MN	油泵直传双动铝挤压机，国内第一台万吨卧式挤压机，使我国重型挤压机的设计制造步入了国际先进行列
丛林铝业科技（山东）有限责任公司	上海重型机器有限公司	100 MN	单动正向挤压机
丛林铝业科技（山东）有限责任公司	日本宇部兴产公司	80 MN	单动正向挤压机
青海国鑫铝业有限责任公司	太原重工股份有限公司	100 MN	双动正向挤压机
湖南经阁铝业有限公司	太原重工股份有限公司	100 MN	双动正向挤压机
四川广汉三星铝业有限公司	太原重工股份有限公司	90 MN	单动正向短行程挤压机
广东豪美铝业股份有限公司	太原重工股份有限公司	90 MN	单动正向短行程挤压机
广东凤铝铝业有限公司	太原重工股份有限公司	100 MN	双动正反向挤压机
广东凤铝铝业有限公司	太原重工股份有限公司	125 MN	单动正向短行程挤压机
广东凤铝铝业有限公司	太原重工股份有限公司	200 MN	单动正向短行程挤压机

7.4　热挤压设备使用及常见故障

大型、超大型热挤压设备多为液压压力设备，使用和维护有很多相似之处，常见故障主要分为机械故障和液压故障。相比立式挤压设备，卧式挤压设备的结构更为复杂。本节以连续挤压机为例，简要介绍液压压力机的日常操作注意事项和常见故障。

7.4.1 热挤压机操作注意事项

大型挤压机结构复杂、贵重，在高温、高压液体、高气压等严酷条件下工作，操作者必须详尽了解挤压机结构、所有设备的作用和性能，并具备一定的经验，经考核合格后才能上岗。以 125 MN 卧式水压机为例，操作时应关注以下事项。

1. 挤压前的准备

（1）启动水泵站水力系统，使高压水罐中的水压达到额定的工作压力，以保证挤压工作时有足够的高压水。同时对充水罐进行充水充气，水位不低于指示器的一半，压力在 0.8~1.2 MPa。

（2）检查挤压机、加热炉及其他辅助设备是否完整、正常，清除一切非生产用品和妨碍生产的阻碍物。

（3）检查各联结部位的螺丝是否松动。

（4）检查各润滑点是否正常、油量是否充足，并按规定予以加油。

（5）开车前要将各柱塞表面、立柱表面和导轨表面擦拭干净，并加油润滑。

（6）开车前设备各部件应处在原始位置；检查水力操纵系统的分配器和阀的工作状况，安全阀是否可靠，检验各工具安装调整情况，挤压前工具必须预热等。

（7）开车前应拧开各放气阀，把管道和工作缸中空气放掉。

（8）检查各水力管道、管接头和工作缸密封处是否有漏水、漏气和漏油现象，若发现有这些情况，必须妥善处理好后才能开车。

（9）挤压工作时，应先用锭进行试挤压，操作者根据试挤压的情况用粉笔在刻度尺上标明锭坯镦粗压缩位置、穿孔和挤压时挤压机所有行程的极限位置，并标出压余的厚度。

（10）根据制品的合金牌号和规格尺寸，操作者用节流阀调整挤压速度。

2. 挤压时注意事项

（1）经常冷却挤压工具，并检验挤压制品的尺寸，如发现制品超差或者有其他缺陷，必须采取相应的措施予以纠正。

（2）工作中如发现有振动、不正常噪声和爬行等现象，应立即停车，打开各气阀放气。

（3）操作时若发现高压水管漏水，应立即停车处理，严禁用手堵，以免发生危险。

（4）随时注意各阀是否因振动而自动关闭，并造成水力系统失调。

（5）操作者应经常注意与泵站的联系信号，发现低水位时应停车。

（6）挤压机工作结束后，首先关闭高压闸阀，切断高压水源，并通知泵房挤压机已停车；同时关闭低压闸阀并将充液罐中的气放掉，以免柱塞有可能继续向前滑动而冲击其他构件。

（7）对于单独传动的油压机来说，情况要简单一些，只需要根据设备操作规程及时排除各种异常现象，按以上方法进行维护和操作，即可保证设备的正常运转。

7.4.2　液压系统失调与维修

挤压机液压系统失调，会引起噪声、振动、爬行和系统压力不足，一般是管道中进入空气导致的。当挤压机工作时，高压水罐中的水位急剧降低会导致产生旋涡，造成空气顺旋涡的空穴进入管道而注入工作缸内；空气进入主缸和管道内时，一般就会引起噪声、振动和爬行等故障；严重时，空气进入主缸后会使主柱塞以很快的速度移动，导致主缸破坏，甚至撞击前横梁造成破坏。要消除这种危险需要立即停车，打开气阀放气。

为防止空气进入管道，一般在蓄势器装置中设有自动停车装置。当高压水罐中水位降到最低液面时，水位指示发出信号，挤压机自动停车，这样可避免事故的发生。另外在水泵站和挤压机之间一般设有灯光信号和铃响保持联系，根据不同的指示灯光信号和铃声，操作者可以判断水泵工作情况和水罐中的水位，以保证操作者正确地进行挤压操作。

系统出现压力不足的情况时，要检查溢流阀的调整是否适当、管路有无泄漏、节流小孔阀口或管道有无污物堵塞。

单独传动的油压机，也存在水压机相应的问题，但总的来说，系统比较平稳，主要应防止漏油和堵模现象。

7.4.3　中心失调产生的原因及调整方法

挤压机在繁重的工作条件下，常常产生挤压机中心失调和液压失调等故障，直接影响挤压机正常运转。

1. 中心失调产生的原因

所谓中心失调就是挤压筒、穿孔针、模子及挤压轴不在同一轴心线上，使挤压出来的制品偏心。其产生的原因如下：

（1）机体在强大张力作用下产生弹性变形。

（2）运动部件在巨大的自重作用下，经频繁的往复运动导致接触面磨损。

（3）在挤压过程中，由于挤压筒与高温铸锭直接接触和挤压筒的加热装置将热传给挤压筒支架和机架等邻近部件，引起了热变形。

（4）穿孔针的弯曲与拉细。尽管在安装与检修时，总是将挤压筒、穿孔针、模子和挤压轴中心调整到同一轴线位置上，但在使用中由于各种原因，正确位置会发生变动，使挤出的管材产生偏心。为了保证在使用情况下，仍能将上述各部分的中心调整在同一轴线上，挤压机上必须有调整装置和防止措施。

2. 卧式挤压机的调整

防止卧式挤压机中心失调需要从两方面着手：一是本体结构设计要在各种因素影响下具有自动调心的功能；二是根据情况人为控制和调整。

（1）防止弹性变形而产生失调的措施：安装挤压轴（及穿孔针）的活动横梁、挤压筒支架和前梁等零部件时，底部要自由地放在地脚板上，不用螺栓联结。这样，当立柱变形伸长时，前梁可沿地脚板自由滑动，从而保证挤压工具位于挤压中心线上。

（2）防止部件热变形而产生失调的措施：在挤压过程中，挤压筒和前梁随着温度升高，其轴心也将升高，造成压轴特别是穿孔针的轴线不同心（图7-30）。解决这一问题的办法是把前梁安放在带有斜面的地脚板上（或平支承面上），两个斜面与挤压中心相交，使前梁受热时以轴为中心向四面膨胀，而原中心保持不变（图7-31）。挤压筒采用四边键块与挤压筒支架构成滑块联结，当温度升高时以挤压轴为中心向四周辐射膨胀，使原轴心保持不变，保证自动定心（图7-32）。

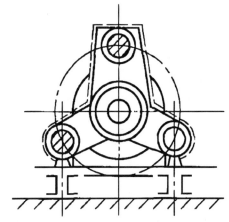

图7-30 前梁受热膨胀引起
挤压筒位置移动

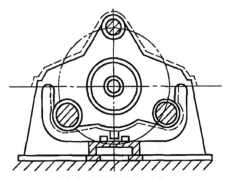

（a）前梁安放在平面支架上

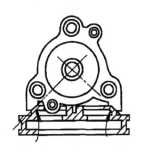

（b）前梁安放在与挤压中心相交的斜面上

图7-31 挤压筒自动定心结构

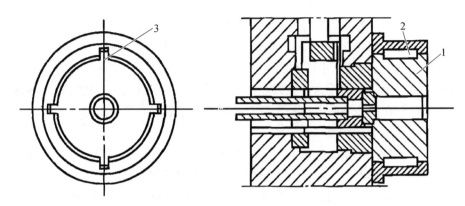

图 7-32　挤压筒支架沿径向膨胀装置

1—挤压筒；2—挤压筒支架；3—楔

（3）防止运动部件因磨损产生失调的措施：活动横梁和挤压筒支架支承安装在棱柱形导轨上，在活动横梁和挤压筒支架的磨损面上安放楔形的青铜滑块，如图 7-33（a）所示。通过拧动调节螺丝可改变楔形件的位置，使这些部件在一定范围内实现上下（两边楔形件调量相同时）、左右（两边楔形件调量不同时）移动，达到调整的目的，如图 7-33（b）所示。

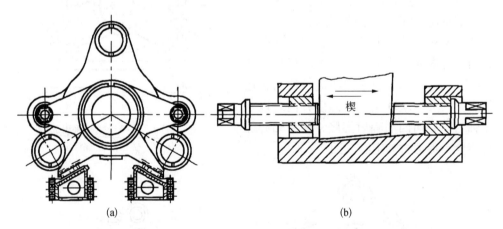

(a)　　　　　　　　　　　　　　　　(b)

图 7-33　磨损失调的调整装置

3. 穿孔针的调整

1）穿孔针的调程装置

调程装置位于固定梁后的挤压中心线上，主要作用有：① 作为穿孔针的限程装置；② 用电动机调节行程，改变其与转针机构前端面之间的距离，使穿孔针在挤压时固定或与挤压轴一起运动，或停止在某一个位置，适应不同的工艺需要；③ 用于在变换制品时进行微量调整，避免壁厚偏差。

　　图 7-34 是 12 500 t 挤压机的调整装置示意图。电动机带动蜗轮体转动使调整套在穿孔压杆上往复移动进行。当调整套在最前位置时，穿孔针有 4 150 mm 的行程，挤压时穿孔针与挤压轴一起运动；当调整套在后位置时，穿孔针只有 2 500 mm 的行程，挤压时穿孔针只能在模口；当调整套在 0~1 650 mm 范围内任意位置移动时，穿孔针也能停放在模子内某一位置。

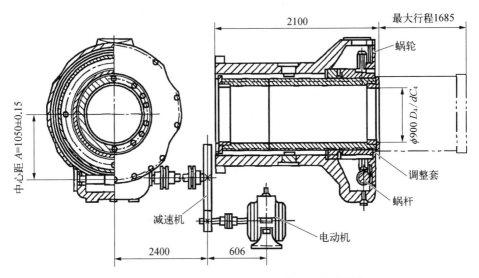

图 7-34　12 500 t 挤压机穿孔针的调整装置（长度单位：mm）

　　2）穿孔针的转动机构

　　挤压非圆形断面的异型型材时，要求穿孔针与模子位置对准，否则制品壁厚不均。小型挤压机一般通过转动模子来使穿孔针与模孔对准；在大型挤压机上该方法不方便操作，所以在大型挤压机上设有转针机构。

　　图 7-35 是 12 500 t 挤压机布置在穿孔小动梁上的转针机构示意图。如穿孔针拧入支承结构后，针在模座内位置不对，可以启动电机，经减速机带动丝杆旋转使摆杆摆动，其中摆杆与环、环与穿孔压杆均用键连接，这样在摆杆作左右摆时，环与压杆就顺时针或逆时针方向转动，使针正确对准模座。摆杆最大摆角为 30° 时，极限位置由限程开关控制；调整角度大于 30° 时，需人工将连接键取出，并使摆杆返回，再将键插入环的下一个键槽中来实现。环的作用是通过键带动穿孔压杆旋转，同时前端面与调整装置的后端接触，用作穿孔针的限程。

　　挤压机中心失调的防止和调整，除上述措施外，生产过程中还应注意：锭坯加热温度要合理，避免过热及过冷；挤压工具应合理进行预热；要特别注意挤压筒、挤压杆及穿孔针的润滑；每次挤压完后，用环状喷水器套在穿孔针上由前向后进行喷水冷却。

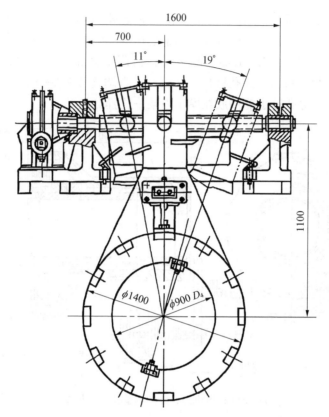

图 7－35　12 500 t 挤压机穿孔针的转针机构（长度单位：mm）

7.4.4　机械零件失效

通常情况下，挤压机机械零件的失效主要包括以下几种。

（1）整体断裂：设备零构件在受拉、压、弯、剪和扭等外载荷作用时，危险截面会发生疲劳断裂，例如导柱的断裂、螺栓的断裂、齿轮轮齿根部的折断等。

（2）过大的残余变形：作用于设备零构件上的应力超过了材料的屈服极限，零构件会产生残余变形，如转轴的弯曲、压盖的变形等。

（3）零件的表面破坏：零件的表面破坏主要是腐蚀、磨损和接触疲劳，这些都是随着工作时间的延续而逐渐发生的失效形式，如导轨的磨损、铜套的磨蚀等。

（4）工作条件失常引起的失效：如滑动轴承只有在存在完整的润滑油膜的条件下才能正常工作，否则会造成不同形式的失效，如轴承过热、胶合、磨损等，传动带发生打滑失效。

7.4.5　其他常见故障

（1）缺陷故障：指设计、安装、制造过程中存在的问题，如因充液阀部件设计不合理，导致充液阀弹簧长期往复受压而出现的疲劳性断裂。

（2）突发故障：指与操作工的责任心及操作水平、超负荷以及液压油的清洁度、零部件的质量等因素有关的故障。这种故障一般没有时间性、固定性。要减少和避免这类故障，必须加强操作工的技术水平培训，尽量避免碰撞机械手、不放挤饼、放歪挤饼、放侧挤饼等人为故障的发生。棒、中板、模具温度不适合会造成设备超负荷运行，使设备出现漏油、爆密封圈、烂边缸等问题。液压油需要根据工况定期过滤，周期取决于环境、速度、压力、密封圈的质量等。

（3）磨损型故障：一般是指设备运行一定时间后，由于摩擦产生的磨损而引起的故障。这种故障一般靠勤保养来延长部件使用寿命，但磨损到一定程度后必须更换相关部件（如滑块、主缸铜套等），否则就会引起其他元件等的损坏。

挤压机的动作靠电器、液压控制，无论是机械、电器、油路同时出现故障或某个控制元件出现故障，都可使整机不能正常工作乃至停机，平常加强设备的维护和保养至关重要。

参 考 文 献

［1］　孙友松，何寄平，方雅，等.交流伺服驱动与成形装备节能［J］.锻压设备与制造技术，2009（5）：29－31.

［2］　赵升吨，王军，何予鹏，等.机械压力机节能型气压式制动方式设计理论［J］.机械工程学报，2007，43（9）：16－20.

［3］　Azpilgain Z, Ortubay R, Blanco A, et al. Servo mechanical press：A new press concept for semisolid forging［J］. Diffusion and Defect Data Part B（Solid State Phenomena），2008，141/143（3）：261－266.

［4］　Osakada K, Matsumoto K, Otsu M, et al. Precision extrusion methods with double axis servo-press using counter pressure［J］. CIRP Annals-Manufacturing Technology，2005，54（1）：245－248.

［5］　莫健华，郑加坤，古闲伸裕，等.伺服压力机的发展现状及其应用［J］.锻压设备与制造技术，2007（5）：19－22.

［6］　Guo W Z, Gao F. Design of a servo mechanical press with redundant actuation［J］. Chinese Journal of Mechanical Engineering，2009，22（4）：574－579.

［7］　史文明.小松式压力机机械结构特点［J］.一重技术，1996（3）：1－43.

［8］　Kurt L. Handbook of Metal Forming［M］. Michigan：SMS Press，1985：1－8.

［9］　李硕本.锻压手册［M］.北京：机械工业出版社，2002：170－172.

［10］　周朝辉，曹海桥，吉卫，等.DEFORM有限元分析系统软件及应用［J］.热加工工艺，2003（4）：51－52.

［11］　Kopp R, Wiegels H. 金属塑性成形导论［M］.唐永林，洪慧平，译.北京：高等教育出版社，2010.

［12］　Cockroft M G, Latham D J. Ductility and the workability of metals［J］.Journal of the Institute of Metals，1968，96：33－39.

［13］　牛济泰.材料和热加工领域的物理模拟技术［M］.北京：国防工业出版社，1999.

[14] 应上进. 材料热加工工艺模拟技术的现状及发展趋势 [J]. 江苏煤炭, 2002 (3): 22-23.

[15] 邓磊, 金俊松, 夏巨谌, 等. 2397 铝合金热变形微观组织演化研究 [C]//第十二届全国塑性工程学术年会暨第四届全球华人塑性加工技术研讨会论文集. 重庆: 中国机械工程学会, 2011: 318-321.

[16] 刘静安. 铝型材模具设计 (上) [M]. 北京: 冶金工业出版社, 1990.

[17] 胡正谌, 夏巨谌. 金属塑性成形手册 (下) [M]. 北京: 化学工业出版社, 2009.

[18] 尚顺事, 顾佳琳, 康飞宇, 等. 影响薄膜润滑摩擦系数的主要因素 [J]. 石油炼制与化工, 2004, 35 (10): 41-44.

[19] 石磊, 李继文, 李永兵, 等. AZ31 镁合金的热挤压变形和力学性能分析 [J]. 锻压技术, 2009, 34 (6): 35-38.

[20] 邓小民. 铝合金管挤压时内表面点状擦伤缺陷的研究 [J]. 轻合金加工技术, 2011, 29 (2): 28-30.

[21] 竭艳丽, 卢新利, 李晓波, 等. 5A06 铝合金管材环形裂纹的形成原因 [J]. 轻合金加工技术, 2006, 34 (9): 44-45, 50.

[22] 屠世润, 高越. 金相原理与实践 [M]. 北京: 机械工业出版社, 1986.

[23] 杨玉荣, 梁学锋, 沈飚, 等. GH4169 合金高温旋转弯曲疲劳性能及其组织形态分析 [J]. 金属学报, 1995, 31 (增刊): 37-40.

[24] 叶俊青, 张华, 魏志坚, 等. 热模锻工艺参数对 GH4169 合金组织和力学性能的影响 [C]. 上海: 第十一届中国高温合金年会, 2007: 125-129.

[25] 杨亮, 董建新, 张麦仓. 晶粒度对 690 合金热变形特性的影响 [J]. 稀有金属材料与工程, 2012, 41 (8): 1477-1482.

[26] 赵新海, 赵国群, 王广春. 锻造过程优化设计目标的研究 [J]. 锻压装备与制造技术, 2004 (1): 48-52.

[27] 杨维权. 现代质量管理统计方法 [M]. 广州: 中山大学出版社, 1990.

[28] 吕言, 周建国, 阮澎. 最新伺服压力机的开发以及今后的动向 [J]. 锻压装备与制造技术, 2006 (1): 11-14.

[29] 张贵成, 符起贤, 黄尧坤. 数控伺服压力机的特点及其研究 [J]. 机电工程技术, 2008, 37 (11): 104-106.

[30] 闵成建, 闫成海, 祈长洲, 等. 伺服压力机的特点与应用 [J]. 金属加工, 2010, 23: 6-10.

[31] 夏敏, 向华, 庄新村, 等. 基于伺服压力机的板料成形研究现状与发展趋势 [J]. 锻压技术, 38 (2): 1-5.

[32] Yossifon S, Messerly S, Kropp D, et al. A servo motor driven multi-action press for sheet metal forming [J]. International Journal of Machine Tools and Manufacture, 1991, 31 (3): 345-359.

[33] Yossifon S, Shivpuri R. Analysis and comparison of selected rotary linkage drives for mechanical presses [J]. International Journal of Machine Tools and Manufacture, 1993, 33 (2): 175-192.

[34] Yossifon S, Shivpuri R. Optimization of a double knuckle linkage drive with contrast mechanical advantage for mechanical presses [J]. International Journal of Machine Tools and Manufacture, 1993, 33 (2): 193-208.

[35] Yossifon S, Shivpuri R. Design considerations for the electric servomotor driven 30 ton double knuckle press for precision forming [J]. International Journal of Machine Tools and Manufacture, 1993, 33 (2): 209-220.

[36] Soong R C. A new design method for single DOF mechanical presses with variable speeds and length-adjustable driving links [J]. Mechanism and Machine Theory, 2010, 45 (3): 496-510.

[37] Yan H S, Chen W R. On the output motion characteristics of variable input speed servo-controlled slider-crank mechanisms [J]. Mechanism and Machine Theory, 2000, 35 (4): 541-561.

[38] Yan H S, Chen W R. A variable input speed approach for improving the output motion characteristics of

Watt-type presses [J]. International Journal of Machine Tools and Manufacture, 2000, 40 (4): 675 – 690.

[39] Yan H S, Chen W R. Optimized kinematics properties for stevenson-type presses with variable input speed approach [J]. Journal of Mechanical Design, 2002, 124 (2): 350 – 354.

[40] Fung R F, Chen K W. Dynamic analysis and vibration control of a flexible slider-crank mechanism [J]. Journal of Sound and Vibration, 1998, 214 (4): 605 – 637.

[41] 孙友松, 李振石. 伺服驱动智能型数控曲柄压力机 [P]. 中国: 2003200320118186.8, 2004.12.29.

[42] Tokuz L C, Jones J R. Power transmission and flow in the hybrid machines [C]. The 6th International Machine Design and Production Conf., 1994, Ankara: 209 – 218.

[43] Tokuz L C. A design guide for hybrid machine applications [J]. Transction Journal of Engineering and Environment Sciences, 1997, 21: 1 – 11.

[44] Tokuz L C, Jones J R. Programmable modulation of motion using hybrid machines [J]. European Engineering and Technology Transfer Congress, 1991 (1): 85 – 91.

[45] De Schutter J, Van de Straete H J. Hybrid cam mechanisms [J]. IEEE/ASME Transactions on Mechatronics, 1996 (4): 284 – 289.

[46] Connor A M. The synthesis of hybrid five-bar path generating mechanisms using genetic algorithms [J]. Genetic Algorithms in Engineering System: Innovations and Application, 1995: 313 – 318.

[47] Connor A M. The kinematic synthesis of path generating mechanisms using genetic algorithms [J]. Artificial Intelligence in Engineering, 1995: 238 – 244.

[48] Connor A M. The synthesis of hybrid mechanism using genetic algorithm [D]. Liverpool: Liverpool Polytechnic, 1996.

[49] Sesha S V, Bhartendu S. Programmable cam mechanisms [C]. The 26th International Symposium on Industrial Robots, 1997: 267 – 272.

[50] 李辉. 混合驱动可控压力机的基础理论研究 [D]. 天津: 天津大学, 2003: 1 – 5.

[51] Renn J C, Tsai C. Development of anun-conventional electro-hydraulic proportional valve with fuzzy-logic Controller for hydraulic presses [J]. International Journal of Advanced Manufacturing Technology, 2005, 26 (1): 10 – 16.

[52] Sun P, Gracio J J, Ferreira J A. Control system of a mini-hydraulic press for evaluating spring back in sheet metal forming [J]. Journal of Materials Processing Technology, 2006, 176 (1): 55 – 61.

[53] Ferreira J A, Sun P, Gracio J J. Close loop control of a hydraulic press for spring back analysis [J]. Journal of Materials Processing Technology, 2006, 177 (1): 377 – 381.

[54] 吴生富, 金森, 聂绍眠. 大型锻造液压机全预紧组合机架的整体性及影响因素分析 [J]. 塑性工程学报, 2006, 13 (2): 110 – 113.

[55] 谢建新, 刘静安. 金属挤压理论与技术 [M]. 2 版. 北京: 冶金工业出版社, 2012.

[56] 刘静安. 我国有色金属挤压工艺装备现状及技术创新与发展趋势 [J]. 铝加工, 2011 (4): 24 – 29.

第八章 典型航天结构件热挤压工艺解析

航天产品中挤压成形的零件主要有接头类、带筋壁板类、盒体类、端框类、支架类、舱体类、管材类、空心梁类等典型结构件，常用的材料为7A04、7075、2A12、5A06、6003、6005A等铝合金，以及AZ31和MB26等镁合金。本章对各类产品立式、卧式挤压以及以挤压为基础的复合成形等典型工艺方法，从工艺方案的制定、有限元分析及模具设计、工艺方案的验证与性能分析等方面进行全面的解析。

8.1 立式热挤压工艺解析

立式热挤压典型构件成形工艺流程主要包括热挤压、表面清理、热处理、精加工、检验等工序。铝合金构件挤压成形，一般用板材或棒材作为坯料，选用合适的热挤压成形方法制造成符合设计要求的产品。图8-1是铝合金挤压成形加工的一般工艺流程。

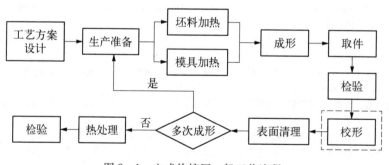

图8-1 立式热挤压一般工艺流程

在立式热挤压成形中，根据成形方法的不同，可分为一次挤压成形、分步加载成形、多道次挤压成形。实际生产中，需要根据零件的特点，选择相适应的成形方法。不同挤压方法的工艺流程存在一定的差异，基本工艺流程如下。

1. 一次挤压成形

接头类、支架类等铝合金典型构件，结构特征相对简单，产品尺寸较小，一般情况采用一次挤压成形工艺，不进行预成形，主要工艺过程如下：

（1）毛坯下料。根据接头构件、支架构件的结构特点及工艺状态协调要求，选取合适厚度板材或合适直径的棒材下料。

（2）一次挤压成形。按工艺状态协调要求进行挤压成形，成形结束后，去除毛刺、飞边等废余料。

（3）热处理。对于7A04、2A12等可热处理强化铝合金材料构件，由于热挤压前经过退火处理、热挤压过程中存在变形强化等，成形后需进行淬火+时效热处理，以保证材料强度满足指标要求。

（4）机加。按图纸及工艺要求，机加去除余量。

（5）无损检查。主要采用荧光检查、超声、X射线等方法检查。

2. 分步加载成形

带筋壁板类典型铝合金构件的特点为薄壁壁板结构、壁板上分布有不同形状的加强筋、产品的轴向长度远大于截面尺寸。针对该类型构件成形尺寸和挤压成形工艺性要求，宜采用分步加载成形方法，主要工艺过程如下：

（1）毛坯下料。按照带筋壁板构件的结构特点及工艺状态协调要求，选取合适厚度的板材下料。

（2）分步加载成形。按分步成形设计要求进行分步多次的挤压成形，去除多余废料并进行必要清理，观察表面成形质量。

（3）校形及后处理。针对5A06铝合金壁板类构件薄壁特点，热挤压完成后如局部翘曲则需进行校形。为减少挤压变形造成的残余应力，需进行一次低温时效热处理。

（4）机加。按图纸及工艺要求，进行加工。中间过程如有变形风险，可进行去应力时效处理。

（5）无损检查。主要采用荧光检查、超声等方法检查。

3. 多道次挤压成形

端框、盒体件等典型铝合金构件，按其形状及成形工艺特点，一般采用多道次挤压方法成形，主要工艺过程如下：

（1）毛坯下料。按照盒体类、端框类的结构设计要求及工艺状态协调要求，选取合适厚度板材或合适直径的棒材下料。

（2）预成形。按工艺状态协调要求进行预成形，成形结束后，去除毛刺、飞边等废余料。

（3）终成形。按工艺状态协调要求进行终成形，去除多余废料并进行必要清理。

（4）热处理。5A06铝合金盒体类、端框类构件，热挤压前需进行坯料的退火软化热处理；热挤压变形结束后，作为不可热处理强化铝合金材料，考虑减少挤压变形造成的残余应力，需进行一次低温时效热处理。

（5）机加。按图纸及工艺要求进行加工。中间过程如有变形风险，可进行去应力时效。

（6）无损检查。主要采用荧光检查、超声、X 射线等方法检查。

前面所述的不同材料、不同结构形式的典型热挤压产品，具体的工艺协调参数可参照表 8-1 制定。

表 8-1　工艺协调参数表

序号	涉及工序	边　界　条　件	协 调 工 艺 参 数
1	备料	坯料外形尺寸	坯料修边余量为 5%，挤压比值一般在 6~100
2	热挤压成形	2A12 铝合金温度范围 20~460℃	线膨胀系数 $\alpha \times 10^{-6}/℃$：25.7
3	热挤压成形	5A06 铝合金温度范围 20~400℃	线膨胀系数 $\alpha \times 10^{-6}/℃$：26.5
4	热挤压成形	7A04 铝合金温度范围 20~300℃	线膨胀系数 $\alpha \times 10^{-6}/℃$：26.2
5	热处理、机加	锻件图、零件图技术要求	变形量要求控制在 2 mm 以内
6	机加、热处理	壁厚 3~15 mm 翼板类构件 壁厚 3~5 mm 盒体类构件 壁厚 3~6 mm 端框类构件 壁厚 3~10 mm 法兰类、接头类构件 壁厚 3~20 mm 骨架类构件	外轮廓单边余量 2~4 mm

8.1.1　接头类构件

航天产品中常见的接头类结构，多为尺寸相对适中、局部征不规则，以及截面形状为 π 型、Ω 型、几字型等的整体结构，主要用于舱体与成件或其他机构等承力件的连接，工作环境较为严苛；选用的材料多为硬铝和高强铝合金，如 7A04 铝合金。该类产品整体结构相对简单，适用于正挤压或复合挤压成形工艺。

针对该类产品结构相对简单的特点，宜采用小吨位设备等温正挤压成形。设计等温热挤压接头挤压工件时，考虑接头零件的脱模变形和小加工量需求，挤压件的拔模斜度设计为 1.5°，机械加工余量设计最小为 2 mm。

7A04 材料常用挤压温度为 350~430℃（详见第三章 3.2.3 节），挤压速度为 1~10 mm/s。考虑降低模具应力和成形载荷，模具温度应尽可能高。为减少挤压变形过快造成变形硬化并阻碍进一步流动，挤压速度尽可能小，以保证挤压变形过程中材料充分流动。实际生产中 7A04 铝合金接头的挤压温度范围定为 420~450℃，挤压速度范围定为 0.5~1.0 mm/s。

采用 DEFORM 等有限元分析软件分析成形过程金属流动、成形力变化以及缺陷产生情况，以此为基础设计制造等温热挤压模具，并通过工艺试验验证工艺、模具设计的可行性和合理性。

1. 成形工艺方案制定

图 8-2 所示零件是某飞行器 7A04 铝合金关键承力接头结构件，原采用"自由锻件+机械加工"传统工艺方法加工制造，工序多、周期长、后续机械加工量大，材料利用率仅约为 7%。考虑该接头零件底部对称分布两带通孔的连接凸耳、内部有变截面复杂立筋，外壁为变壁厚近三角结构，形状复杂且对尺寸精度要求较高，挤压成形时采取闭式等温挤压方案更为合理；如采用常规的反挤压工艺方法，在成形过程中边角部位（尤其是薄壁处）易出现充填不到位现象，影响工件成形尺寸。闭式等温挤压成形的主要工艺流程为：下料→加热→润滑→热挤压→检验→热处理→性能检测。

进行等温挤压成形模具、工艺设计前，需先在接头零件基础上合理进行等温挤压产品结构设计。设计过程遵循：① 单边留取机加余量并简化复杂部位结构；② 结构在后续精加工过程中便于装卡和确定加工基准；③ 结构应便于零件脱模，设计合适的拔模斜度等原则。图 8-3 是该零件的热挤压件结构设计模型。

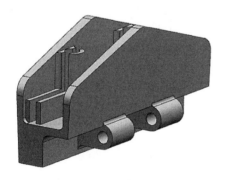 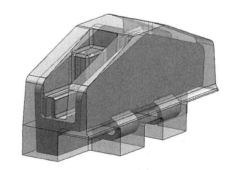

图 8-2 接头零件图　　　　　　　　图 8-3 等温挤压件三维图

2. 有限元分析及模具设计

根据接头的等温挤压结构尺寸，建立如图 8-4 所示等温成形有限元分析模型，依据体积不变原理，确定毛坯尺寸为 260 mm×120 mm×90 mm（所用仿真软件的功能及模块详细说明见本书第三章），选用四面体网格划分方式。由于软件自带的材料库中暂无 7A04 铝合金数据，因此选用与 7A04 铝合金近似的 7075 铝

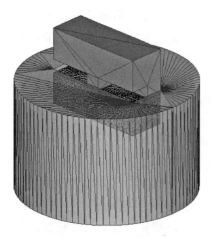

图 8-4　有限元分析模型

合金数据进行计算[1]；不考虑模具的变形以及温度的变化，在前处理设置中将模具设为刚性体，温度设定为 420℃，选择 Coulomb 摩擦模型，假设摩擦因子恒定，设为 0.3[2, 3]（具体仿真过程可参考 8.4 节）。

接头在等温挤压成形过程中，受上模的向下挤压，在上模和下模形成的封闭模腔中成形。等温挤压过程零件变形充填情况见图 8-5；整个挤压成形过程是靠近凸模一侧的反向挤压和靠近凹模一侧的正向挤压同时作用的复合挤压，上下两侧均为两端先充填、中间部位后充填，最后完成边角部位的充填。

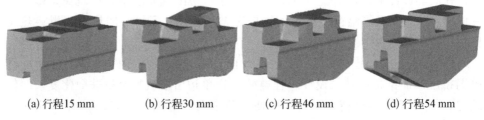

(a) 行程15 mm　　(b) 行程30 mm　　(c) 行程46 mm　　(d) 行程54 mm

图 8-5　等温挤压变形充填情况

该接头等温挤压过程中成形力变化曲线如图 8-6 所示。成形初始阶段坯料的成形类似于自由镦粗，模具与坯料的接触面积逐渐增大，所需的成形力也缓慢增大；当行程约为 15~35 mm 时，模具坯料的接触面积变化不大，成形力变化趋势也不明显；当行程约为 35 mm、成形力约为 530 kN 时，上模完全与坯料接触，坯料在各部位开始进行充填，载荷随着上模下压而急剧增加；当行程约为 53 mm 时，大部分位置已填充完毕，只有局部边角位置还未填充到位，等温挤压件近似处于三向压应力状态，成形力直线上升，挤压结束时最大成形力约为 3 200 kN。

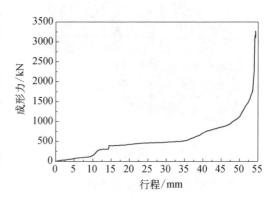

图 8-6　挤压接头成形力-行程变化曲线

等温挤压件等效应力云图如图 8-7 所示，大部分区域的等效应力在 40~50 MPa，变形充分均匀；最大值为 83.4 MPa，在挤压件边缘边角部位。

折叠缺陷位置分布如图8-8所示,主要集中在凸模和凹模过渡边缘区域,此区域会产生飞边,导致折叠;折叠存在的部位为工艺余量部位,不影响零件最终成形质量。

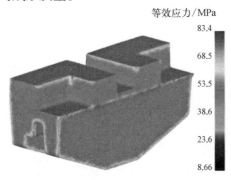

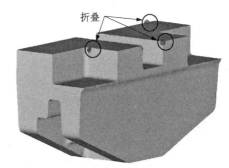

等效应力/MPa

83.4
68.5
53.5
38.6
23.6
8.66

图8-7 挤压接头等效应力分布云图

图8-8 折叠缺陷出现位置

根据接头等温挤压件模型,设计的接头等温挤压模具如图8-9所示。模具主要由上模板、凸模垫板、凸模、应力圈、凹模、凹模垫板、下模板和顶杆8部分组成。铝合金等温挤压温度一般为400~500℃,考虑使用要求及模具的成本,加工制作模具主要工作部分(凸模、凹模、应力圈和顶杆等)的材料选用5CrNiMo热作模具钢。

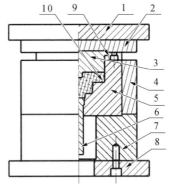

(a) 三维示意图

(b) 截面示意图

图8-9 等温挤压成形模具

1—上模板;2—凸模垫板;3—凸模;4—应力圈;5—凹模;6—顶杆;
7—下模板;8—凹模垫板;9—凸模固定板;10—接头

3. 工艺方案验证及性能分析

接头等温挤压成形工艺试验的工艺参数,在已有数据基础上优化调整。模具温度选择为400±5℃,坯料温度选择为420±5℃,成形吨位选择比有限元分析最大成形力略大一些，设置为 3 500 kN；等温挤压成形后进行固溶时效处理。坯料实物如图 8 - 10（a）所示，等温热挤压件如图 8 - 10（b）所示，表面处理后等温热挤压件如图 8 - 10（c）所示。验证的结果是该工艺方案能成形出满足尺寸要求的接头，无缺肉、裂纹缺陷，固溶时效处理后经精加工可获得满足要求的接头零件，材料利用率提高约 60%，加工周期缩短约 40%。

(a) 毛坯　　　　　　　　　(b) 等温挤压件　　　　　　　(c) 酸洗后等温挤压件

图 8 - 10　试验件前后对比图

H112 状态的 7A04 铝合金原材料和固溶时效状态的 7A04 铝合金等温挤压件力学性能见表 8 - 2。固溶时效状态的等温挤压件力学性能相对于 H112 状态的原始材料有一定提高。检测的固溶时效状态等温挤压件金相组织如图 8 - 11 所示，无过烧、过热现象。

表 8 - 2　材料性能数据对比

	抗拉强度/MPa	屈服强度/MPa	延伸率/%
7A04 铝合金原材料	540	500	8
7A04 铝合金 T6 热挤压件	590	520	9

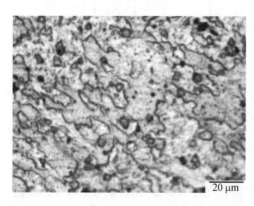

图 8 - 11　等温挤压件固溶时效后内部组织

该例解析中，通过 DEFORM 软件分析了 7A04 铝合金接头等温挤压成形过程中金属流动充填情况、成形力不同阶段变化情况以及缺陷可能出现位置，用于实际生产工艺指导；通过模具设计以及工艺试验验证，获得了满足质量要求的接头等温挤压件；代替"自由锻造+机械加工工艺"制造方式，材料利用率提高 57.5%，加工周期缩短约 40%；制备的接头零件力学性能满足要求，相较于原材料有一定提高，且组织无过烧、过热现象，满足标准及设计要求。

8.1.2 带筋壁板类构件

航天产品中常见的带筋壁板类结构多为尺寸相对较大且筋槽结构特征规则分布，其整体结构截面形状多为 U 形、鞍形、圆弧形，如用于舱体外部封闭窗口的盖板或蒙皮等带筋鞍形构件和带筋圆弧板构件，选择的材料多为可焊性高的 5A06 防锈铝合金。对于这类结构对称规则、变壁厚多筋轻量化壁板产品的挤压成形，一般适于采用反挤压或分步加载等温挤压成形方法。

针对 5A06 铝合金带筋壁板构件，考虑等温挤压成形的特点、产品结构相对规则对称、筋条特征阵列分布等因素，对于零件产品尺寸居中、基本壁厚尺寸在 1.5~3 mm 的制品，宜采用小吨位设备进行分步反挤压成形。设计大尺寸薄壁高筋类热挤压工件时，考虑带筋壁板零件的脱模变形和小加工量需求，零件自带拔模角，挤压件的拔模斜度设计为 1.5°，机械加工余量设计最小为侧壁 0~0.5 mm，底厚 3~5 mm。

5A06 材料常用挤压温度为 400~460℃（详见第三章 3.2.3 节），挤压速度为 1~10 mm/s。考虑降低模具应力和成形载荷，模具温度应尽可能高；为保证挤压变形过程中材料流动充分，减少挤压变形过快造成变形硬化进而阻碍进一步流动，挤压速度尽可能小；将 5A06 铝合金接头的挤压温度范围定为 440~460℃，挤压速度范围定为 0.5~1 mm/s。

设计等温热挤压壁板类挤压工件，采用 DEFORM 等有限元分析软件分析了成形过程金属流动、成形力变化以及缺陷产生情况，设计制造了等温热挤压模具，并通过工艺试验验证工艺及模具设计的可行性、合理性。

1. 成形工艺方案制定

某鞍形构件、带筋圆弧板构件为飞行器典型壁板类构件，该类型构件截面为近似 U 形结构，内部和底面均布加强筋起到加强结构强度作用，如图 8-12 所示为两种不同长度和外形、截面示意图。

鞍形和圆弧壁板类等温挤压工件如图 8-13、图 8-14 所示。零件底部和顶部两侧高度均不同，但考虑到后期精加工基准确定以及装夹方便，热挤压件图均设计为等高，即上平面在鞍形构件的两侧为同一平面，下平面在鞍形构件的两侧为同一平面，如图 8-13 所示。

圆弧板构件为大型曲面薄腹网格筋零件，为保证大型网格筋构件的尺寸精度，在长度方向和弧面切向增加一定机加余量，在非机加面增加极小酸洗碱洗余量。挤压工件如图 8-14 所示，该零件的所有筋与腹板都是非机加工面，非加工面面积较大，采用传统的挤压工艺难以保证挤压精度，并且零件投影面积很大，对设备吨位要求过高，因此采用了步进式加载热挤压工艺方法。

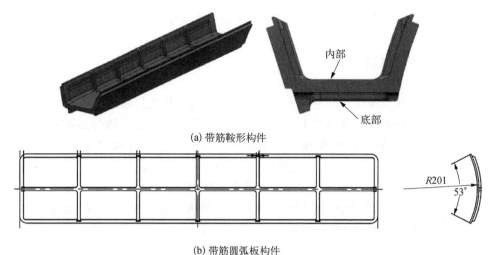

(a) 带筋鞍形构件

(b) 带筋圆弧板构件

图 8-12　带筋壁板类零件图

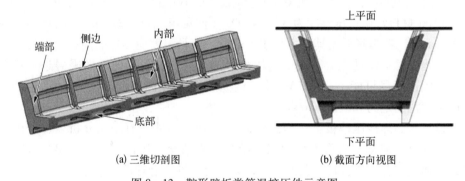

(a) 三维切剖图

(b) 截面方向视图

图 8-13　鞍形壁板类等温挤压件示意图

图 8-14　圆弧壁板类等温挤压件示意图

2. 有限元分析

针对鞍形壁板类构件，考虑材料流动不均造成挤压工件高度不一致，为避免局部亏量，坯料尺寸根据体积不变原理，在热挤压件图基础上体积增大 20% 左右。对坯料进行网格划分，选取四面体单元，网格最小尺寸约为 1.5 mm，设置上模下行速度为 0.5 mm/s，选用近似的 5056 铝合金材料数据模型计算。模拟过程中将成形模具设定为刚性体，不计模具的变形，温度设定为 420℃，选择 SHEAR 摩擦模型，假设摩擦因子恒定为 0.3。

针对圆弧壁板类构件，模拟过程中上模加载速度设定为 1 mm/s，使用剪切摩擦模型，剪切摩擦系数选取为 0.3，模拟过程中所有几何体温度设定为 430℃，选取有限元软件 DEFORM－3D 材料库中与 5A06 相近的 5083 作为模拟使用的板坯材料。

1）鞍形壁板类构件挤压成形分析

对该尺寸坯料进行热挤压成形过程模拟，上模和下模成形闭合到位后，坯料成形情况如图 8－15 所示，可知坯料未出现充填不满情况，其中截面积较小部位飞边大于截面积较大部位飞边，因此，坯料尺寸满足设计尺寸要求。

图 8－15 坯料热挤压成形情况

对图 8－15 中热挤压坯料开展热挤压成形过程规律分析。依据变形特点，可将鞍形构件热挤压成形过程分为镦粗阶段、成形阶段和填充阶段（图 8－16）。成形过程载荷随下行位移变化曲线如图 8－17 所示，曲线斜率变化同成形过程的三个阶段相对应，初始镦粗阶段时，成形载荷缓慢增大，变化趋势不明显，当到达变形阶段时，载荷变化斜率增大，载荷变化趋势明显，当到达充填阶段时，载荷变化斜率明显增大，载荷急剧上升，热挤压成形结束时，载荷最大约 1 160 t。图 8－18 为成形结束后零件等效应力云图，从图中可看出，热挤压件的等效应力大部分区域在 50 MPa 左右，最大值为 76.3 MPa，说明热挤压件变形比较充分，最大位置处出现在带筋边缘部位，此部位为最终充填部位。在有限元分析过程中，发现底部筋槽位置出现折叠缺陷，具体如图 8－19（a）所示，分析产生的原因为侧边立筋厚度较窄，该部位成形所需金属体积同邻近部位金属体积比较小，成形时在等速下压条件下，变形较为剧烈，导致拐角处金属变形不同步，从而产生折叠缺陷，可通过增加立筋厚度、增大该部位同相邻部位金属体积比来消除该缺陷，具体如图 8－19（b）所示。

(a) 下行5 mm（镦粗阶段）

(b) 下行5 mm（成形阶段）

(c) 下行20 mm（填充阶段）

图 8－16 等温挤压成形过程

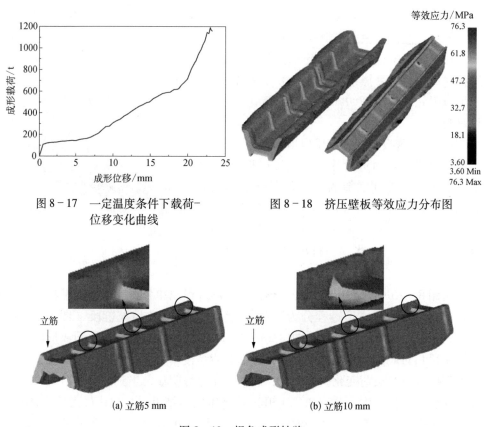

图8-17　一定温度条件下载荷-
位移变化曲线

图8-18　挤压壁板等效应力分布图

(a) 立筋5 mm

(b) 立筋10 mm

图8-19　拐角成形缺陷

2）圆弧壁板类构件步进式等温挤压仿真分析

经过多轮数值模拟分析和理论论证后，选择过筋尺寸为40 mm、重叠部分为90 mm、沿一个方向步进式加载的成形工艺。结合对坯料尺寸的理论计算以及坯料尺寸的数值模拟，决定选用冷尺寸为980 mm×210 mm×10 mm的平板坯料，观察模拟过程中板坯金属流动的规律，将板坯的初始位置放置在第一次加载一侧与模芯平齐的位置，板坯如图8-20所示。将坯料与模具导入DEFROM-3D中，坯料及模具如图8-21所示。成形过程中的充填情况如图8-22所示。

图8-20　平板坯料示意图

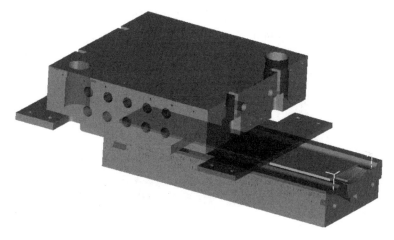

图 8-21 坯料及模具有限元模型示意图

(a) 第一道次充填接触情况

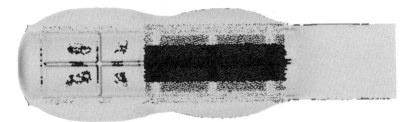

(b) 第二道次充填接触情况

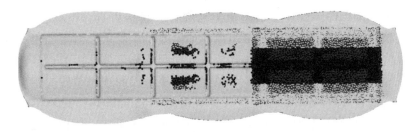

(c) 第三道次充填接触情况

图 8-22 圆弧壁板工件三道次充填接触情况示意图

完成三道次的步进式加载后，在第二列及第四列腹板处出现一定程度的翘曲，如图8-23所示，经过矫正后翘曲部分重新与模具接触，并且该过程中金属的流动方向无明显交汇，不会出现折叠等缺陷，如图8-24所示。校形完成后构件翘曲位置的接触情况及折叠角度如图8-25所示，可以发现翘曲经过校形后完全接触模腔，并且表面折叠角均分布在180°附近，校形后构件在翘曲处没有出现折叠缺陷的趋势。

图8-23　第二列及第四列腹板处翘曲

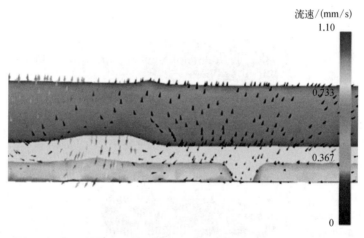

图8-24　矫形时翘曲部分速度图

3. 模具设计

1）鞍形壁板类构件挤压模具设计

根据等温挤压件图设计鞍形壁板类构件等温挤压模具，模具主要由上模、下模、下模座、顶杆和顶块5部分组成，如图8-26所示。为保证模具控温加热，在上模和下模分别设计有加热管放置孔和测温热电偶孔；为保证鞍形构件成形后脱模，设计有均匀分布的4个顶杆和顶块组成的顶出装置。铝合金等温成形温度一般在400~500℃[4]，模具材料选用5CrMnMo热作模具钢制造。该鞍形壁板构件为近净成形，成形后大部分位置无需再加工，因此需要考虑模具与坯料热膨胀系数，将模具尺寸按照等温挤压件尺寸对应放大，缩放系数一般选1.003 2~1.003 4。

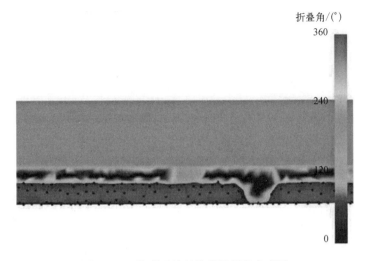

图 8-25　校形后接触情况及折叠角度图

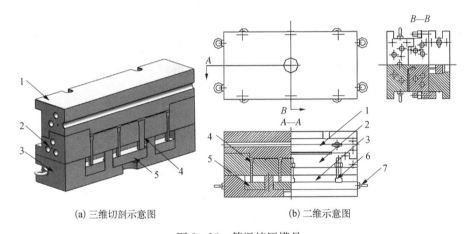

(a) 三维切剖示意图　　　　　　　　(b) 二维示意图

图 8-26　等温挤压模具

1—上模；2—下模；3—下模座；4—顶杆；5—顶块；6—T 型螺栓；7—吊耳

　　考虑等温挤压需要模具温度同坯料温度一致或相接近，故在模具上设计有加热管放置孔、测温孔以及保温板固定螺纹孔，具体设计如图 8-27 所示。综合考虑顶出装置防卡滞、减小飞边、易顶出等因素，在顶杆进行了台阶过渡和拔模设计，具体如图 8-28 所示。

　　2）圆弧壁板类构件挤压模具设计

　　根据大尺寸薄腹网格筋壁板类构件的步进式加载精密成形工艺和现场设备的尺寸需求，设计了由上模、模芯、镶块、模座以及压板组件构成的挤压模具，并按照经验预留若干加热管孔，同时为实现加载过程中的导向功能设计导套台阶孔等内容，具体见图 8-29。

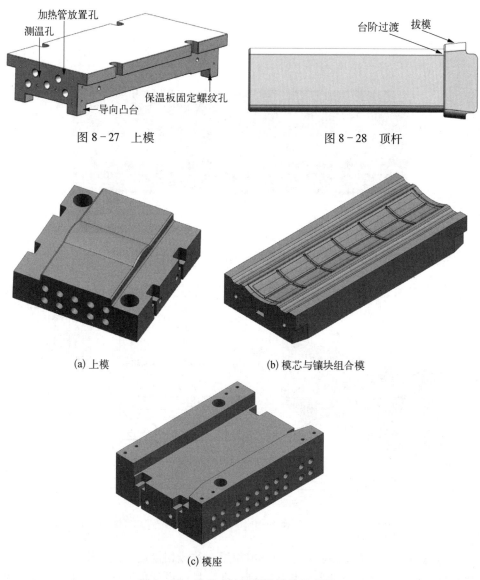

图 8-27 上模

图 8-28 顶杆

(a) 上模　　　　　　　　(b) 模芯与镶块组合模

(c) 模座

图 8-29　步进式挤压模具结构示意图

4. 工艺方案验证及性能分析

1）鞍形壁板等温挤压试验验证与分析

挤压模具加热温度设置为（400±5）℃，坯料加热温度设置为（420±5）℃，成形吨位设置为 12 MN，下压速度设置为 3 mm/s，模具同坯料接触后变形速率由成形压力反馈控制。如图 8-30 所示为鞍形坯料等温挤压件对比图，可知成形结果同有限元分析结果一致，鞍形坯料未出现填充不满缺陷。

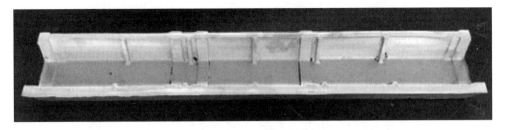

图 8-30 鞍形坯料等温挤压件

对鞍形构件等温挤压实物进行三维扫描检测，检测结果同等温挤压件三维模型进行对比分析，型面尺寸偏差分析结果见图 8-31，可知采用等温挤压近净成形工艺制备的挤压件大多部位三维尺寸精度可达到±0.3 mm，局部达到±0.5 mm。对等温挤压件进行力学性能检测，抗拉强度高于 340 MPa，延伸率约为 25%，满足性能要求。对等温挤压产品装配部位进行精加工，可获得满足尺寸要求的最终产品，如图 8-32 所示。

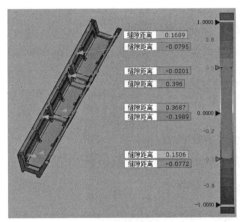
(a) 内部型面

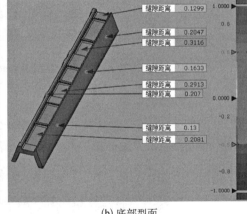
(b) 底部型面

图 8-31 三维扫描图（长度单位：mm）

鞍形构件等温挤压成形后的尺寸精度和性能满足要求，大多部位尺寸精度达到±0.3 mm，其余部位达到±0.5 mm，抗拉强度高于 340 MPa，延伸率约为 25%，装配位置少量机加后可直接使用；构件内部无缺陷产生，满足 GJB 1580A-2019 AA级要求。挤压出的产品质量满足设计指标要求。

2）圆弧板壁板工件等温挤压试验验证与分析

采用步进式加载工艺进行试验，热挤压时坯料温度（420±5）℃，模具温度（430±5）℃，加载速度为 1 mm/s。

图 8-32　三种零件精加工后产品

上述尺寸坯料成形后的网格筋挤压件如图 8-33 所示，可以看出挤压件内部结构充填完全，轮廓清晰，飞边流出情况和模拟结果相似，一道次模压力为 3 000 t，第二道次及第三道次模压力均为 2 800 t。切边后挤压件如图 8-34 所示。

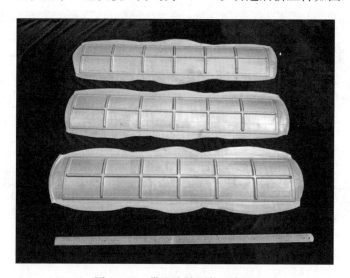

图 8-33　带飞边挤压件示意图

利用便携式三维扫描仪测量，5A06 铝合金壁厚尺寸偏差±0.253 mm，在平板部位平面度偏差±0.373 mm，加强筋尺寸偏差±0.50 mm，满足技术指标要求。

筋底、腹板的横向及纵向力学性能如图 8-35 所示，筋底部的平均屈服强度为 167.9 MPa，平均抗拉强度为 350 MPa，腹板宽度方向的平均屈服强度为 173.8 MPa，平均抗拉强度为 359 MPa，腹板长度方向的平均屈服强度为 171.6 MPa，平均抗拉强度为 362 MPa。挤压产品质量满足设计指标要求。

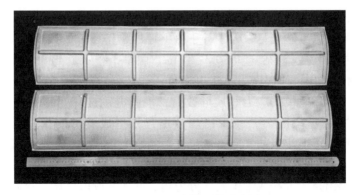

图 8 - 34 无飞边挤压件示意图

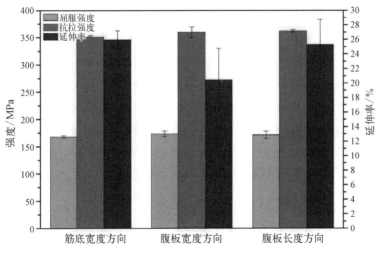

图 8 - 35 挤压件力学性能柱状图

8.1.3 盒体类构件

航天产品中常见的底板底座、基座等盒体类构件，多为尺寸相对较大且深腔和侧壁带筋槽、截面形状为 U 形或 W 形等的整体结构，多用于舱体内部成件的固定或支撑，材料多为性能居中且切削加工性好的 5A06 铝合金。该类产品的壁厚分布不均，立筋的高宽比大，属于典型的深腔高筋体积分配不均的盒体类结构，适用于反挤压或多道次挤压成形工艺。

针对 5A06 铝合金底板、底座以及基座产品结构相对复杂异型，多为深腔带筋特征，外形型面立壁结构，零件产品尺寸居中，基本壁厚尺寸普遍在 3~5 mm 等结构特点，结合等温挤压成形工艺特点，一般选用小吨位设备进行立式反挤压成形。设计薄壁深腔盒体类热挤压工件时，考虑盒体类零件脱模变形和成形载荷大的难点，零件底厚和应尽量大于等于侧壁厚度，挤压件的拔模斜度设计为3°，机械加工余量设计最小为侧壁单边3~5 mm、底厚3~5 mm。

5A06材料常用挤压温度为400~460℃（详见第三章3.2.3节），挤压速度为1~10 mm/s。为降低模具应力和成形载荷，模具温度应尽可能高；为保证挤压变形过程中材料流动充分，减少挤压变形过快造成变形硬化并阻碍进一步流动，挤压速度尽可能小；故实际挤压温度范围定为440~460℃，挤压速度范围定为0.5~1 mm/s。

多道次等温挤压近净成形工艺，分为预成形和终成形工序。等温热挤压盒体类挤压工件设计时，采用DEFORM等有限元分析软件分析成形过程金属流动、成形力变化以及缺陷产生情况；在此基础上设计制造等温热挤压模具，并通过工艺试验验证工艺及模具设计的可行性、合理性。

1. 成形工艺方案制定

1）底板类非对称型盒体类构件

图8-36为航天产品中常见的底板类非对称复杂盒形件示意图，其中一端部分凸出，外形尺寸约340 mm × 200 mm × 90 mm。由于该产品为非对称复杂盒形结构，其中一端凸出部分反挤压过程中材料分配及流动同其他部位存在差异，采用一次挤压成形会导致此凸出部分成形不到位，因此采用两次等温反挤压成形方案，以保证凸出部分成形到位，以及盒形件侧壁高度尺寸均匀分布。

完成成形工件设计和精密成形模具设计后，制定先预成形后再等温挤压终成形的成形工艺方案，通过DEFORM有限元软件，分析等温挤压工艺对盒体类挤压件成形性能的影响，优化等温挤压成形的工艺、模具结构参数。

图8-37为等温挤压成形前的毛坯，采用逆向补偿方法对预成形挤压件进行优化，形成曲面预变形毛坯。

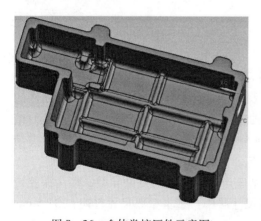

图8-36　盒体类挤压件示意图　　　　图8-37　底板类构件等温挤压坯料尺寸图

2）基座类对称型盒体类构件

图 8－38 为典型基座零件的三维数模图。零件中间的通孔四周分布着深 30 mm 的 8 个凹槽，凹槽腹板厚 8 mm，零件凹槽内为非加工面。由于非加工面面积较大，采用传统的挤压工艺难以保证挤压精度，且该零件为承力构件，用传统挤压工艺可能会出现晶粒拉长等现象，从而影响构件性能，故选择等温挤压工艺对该零件进行挤压成形。

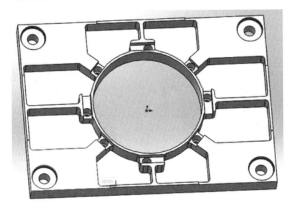

图 8－38　基座零件示意图

在挤压件设计中，需要综合考虑脱模以及挤压成形载荷等问题。图 8－39 为设计的挤压件示意图。

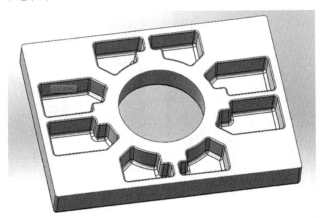

图 8－39　基座挤压件示意图

2. 有限元分析及模具设计

1）盒体类构件有限元分析

盒体类构件挤压的几何模型包括坯料、凹模和凸模。利用三维建模软件对相关零件进行建模，设计零件对应的挤压工件和挤压坯料三维模型（详见图 8-40 与图 8-41）并导入有限元模拟软件中。在挤压过程仿真中不考虑凹模和凸模的变形，将其设为刚性体；根据经验确定大概工艺参数，材料和模具的温度都设为 460℃，即将挤压过程设为等温挤压，不考虑热量的传递。给坯料划分网格，网格均划为 100 000，设置步长均为 0.5 mm，挤压速度均为 3 mm/s，凸模与坯料、凹模与坯料的摩擦系数均设置为 0.3。以上述设定为基础模拟研究挤压件成形情况。

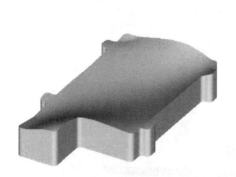

图 8-40　底板类构件预成形挤压坯　　　　图 8-41　基座类盒体构件挤压预
三维模型图　　　　　　　　　　　　　　　成形坯示意图

图 8-42（a）和图 8-42（b）分别为底板、基座板先预成形，然后终成形两次等温挤压成形的盒形件成形仿真效果图。

(a) 底板成形效果图　　　　　　　　　　　(b) 基座成形效果图

图 8-42　盒体类产品等温挤压两次成形示意图

通过对盒体类挤压件成形过程进行仿真模拟，得知该类挤压件成形有如下特点：

（1）平板坯料一次挤压成形过程中，边角部分的金属有明显的上翘现象，且成形力较大；

（2）将坯料设计为边角凸台的形状可以有效减轻上翘现象，且可以有效降低成形力；

（3）相比一次挤压成形，通过两次等温成形的盒体类构件，成形后的挤压件尺寸均匀性更加符合后续加工要求。

2）盒体类构件模具设计

底板类构件的挤压件凸凹模以及预成形挤压件凸模具体结构设计见图 8-43。以挤压件图为基础，考虑大型挤压件在等温成形中坯料的定位以及挤压件的脱模、

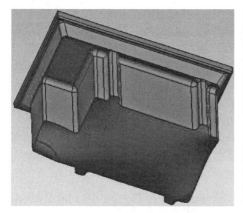 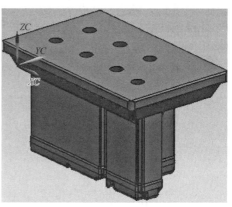

(a) 预成形凸模　　　　　　　　　　　　(b) 终成形凸模

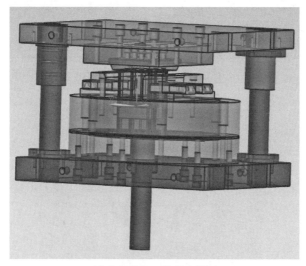

(c) 底板类挤压模具三维图

图 8-43　底板模具设计图

顶出等问题，并尽可能降低模具成本，模架、模板、应力圈、顶出装置等采用预成形与终成形共用的方案设计；凹模采用双层组合式，保证模具成形时候的承载能力；模架采用对角的双导柱导套形式，保证模具的间隙精度。零件成形过程中的两次挤压过程均需要模具，考虑到铝合金的膨胀系数与模具钢的不同，为获得成形更精确的产品，两套模具中的凹模、凸模和顶块分别设计，其余零件相互借用。模具工作部分凸模、凹模材料选用5CrMnMo，其余部件材料可选用45钢等价格更低的材料。

根据基座的等温挤压件图，为了使挤压过程中金属有足够空间向中间流动，进而减小模具挤压压力，在凹模加凸台设计，如图8-44所示。为了减小模腔压力及加工方便，凸模凹模之间设计5 mm的间隙让材料垂直流动作为飞边，如图8-45所示。基座凹模模具三维数模如图8-46所示，在挤压件四周未设置拔模斜度；为保证挤压件脱模，将凹模设计为镶块与模座结合的形式，加工后由下顶出装置使挤压件脱模。完整的挤压模由凸模、凹模、镶块、凸台、定位结构等组成，模具材料选用5CrNiMo钢。

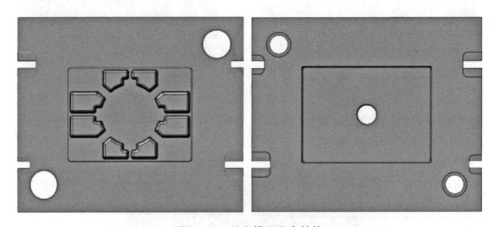

图8-44　基座模具凸台结构

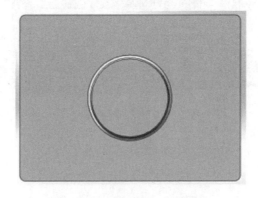

图8-45　基座模具凸凹模结构

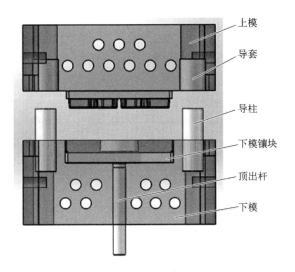

图 8-46　基座模具结构图

3. 工艺方案验证及挤压件性能分析

1）底板、底座挤压工艺方案验证

在 20 MN 液压机上进行等温预成形试验及等温终成形试验。挤压工艺参数按照以往试验优化的结果设置为：模具加热温度（450±10）℃，坯料加热温度（460±10）℃，预成形吨位 12 MN，终成形吨位 14 MN，下压速度 3 mm/s，模具同坯料接触后变形速率由成形压力反馈控制。采用与不采用预成形工序等温挤压件的对比见图 8-47，其中左侧图为采用预成形工序再终挤压成形的挤压件，右侧图为直接终挤压挤压件，对比结果同有限元分析一致，先预成形后终挤压成形的成形件四周壁高基本一致，而直接终挤压成形的挤压件四周壁高明显不同，较低位置达不到尺寸要求。图 8-48 为先预成形后再终成形的毛坯、预挤压件、终挤压件实物图，从图中可以看出该方案能成形出满足要求的铝合金异形盒形件。

图 8-47　预成形与直接成形等温挤压件对比图

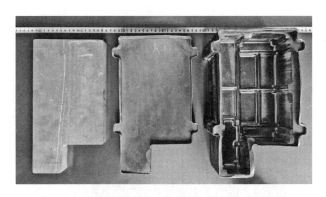

图 8－48　试验件毛坯、预挤压件、终挤压件对比图

分别对 5A06 铝合金板材、经低温退火挤压件取样进行材料性能检验，结果如表 8－3 所示。挤压件力学性能相对于原始材料有一定提高，其中延伸率大幅提高；由于 5A06 为热处理不可强化铝合金，低温退火主要起去除残余应力和稳定组织的作用。

表 8－3　材料性能数据对比

材　　料	抗拉强度/MPa	屈服强度/MPa	延伸率/%
5A06 原始板材	330	170	8
5A06 挤压件（低温退火）	345	172	25

分别在原始毛坯、等温挤压盒形件底部及侧壁取样进行金相组织分析。图 8－49 为原始组织金相图，图 8－50 为等温挤压件底部组织金相图，图 8－51 为等温挤压件侧壁组织金相图。从三幅图的对比可以看出：① 等温挤压件侧壁组织发生再结晶，存在大面积细化和变形组织；② 等温挤压件底部组织相对于原始组织局部稍有细化，变形较其他各处小。

热挤压盒体类构件具体成形过程为：按照选定的工艺参数对坯料及模具进行加热，然后在 HD－20000 kN 油压机上进行此盒体类零件的整体预成形；挤压过程中，参照终成形挤压的工艺参数，以 1 mm/s 的挤压速度完成挤压过程。

50 μm

图 8－49　原始组织

图 8-50　等温挤压件底部组织

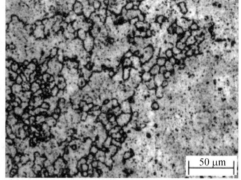

图 8-51　等温挤压件侧壁组织

图 8-52 为终成形获得的非对称多筋盒体挤压件实物图。挤压件无折叠、缩孔等缺陷产生，外部立筋、内部凸台及横筋均成形饱满。

2）基座工艺方案验证分析

基于有限元模拟结果，采用优化后的预制坯进行等温挤压实验。采用优化坯料获得的最终挤压件如图 8-53 所示。从图中可以看出挤压件成形质量良好，正面与反面均无折叠现象。

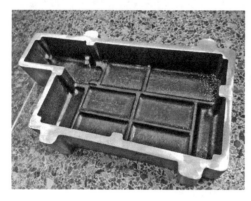

图 8-52　盒体类挤压件实物图

图 8-53　挤压件成形实物图

分别对基座挤压件的腹板及侧壁处取样进行显微组织观察。图 8-54（a）～（c）分别为原始组织、基座挤压件腹板和侧壁的显微组织。从图 8-54（c）可以看出，由于反挤压变形的特点，基座侧壁处受两向压应力作用，所以侧壁处组织存在被拉长的晶粒；此外，由于变形温度较高，局部产生了一定程度的再结晶现象。从图 8-54（b）可以看出，基座腹板处受三向压应力作用，所以腹板处组织存在被拉长的晶粒；同时由于变形温度较高，产生了一定程度的再结晶现象，且相较于侧壁处组织，腹板处再结晶程度更高。

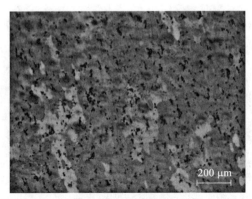

(a) 原始组织

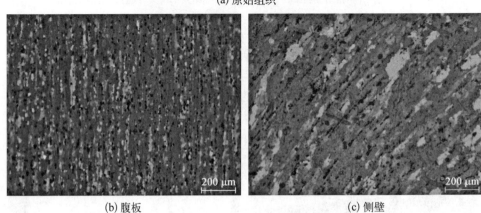

(b) 腹板　　　　　　　　　　　　　　　　　(c) 侧壁

图 8－54　基座挤压件各部位组织

　　分别对基座挤压件的筋、腹板横向、腹板纵向以及四个角部分取样进行力学性能拉伸实验，结果如表 8－4 所示，挤压件各部分力学性能比较相近，抗拉强度在 305～330 MPa，延伸率在 20%左右。

表 8－4　基座挤压件力学性能

种　　类	式 样 编 号	抗拉强度/MPa	延伸率/%
	1	315.126 59	20.045 56
原始	2	312.252 78	21.060 16
	3	319.457 82	20.303 69
	1	309.187 99	25.377 88
A 板横向	2	316.678 59	19.865 07
	3	323.581 67	24.365 00

种　　类	式 样 编 号	抗拉强度/MPa	延伸率/%
A 板纵向	1	328.388 40	20.397 75
	2	324.568 30	23.596 77
	3	317.040 34	16.390 57
A 筋	1	318.467 44	18.436 86
	2	305.566 56	17.010 37
	3	310.550 35	23.044 72
B 板横向	1	322.661 62	23.795 15
	2	320.348 21	25.044 74
	3	316.771 88	17.546 15
B 板纵向	1	311.053 65	15.764 65
	2	323.387 42	22.074 62
	3	326.407 23	17.153 04
C 侧壁	1	322.716 83	18.440 75
	2	325.505 00	24.702 84
	3	321.668 30	25.390 85

8.1.4　端框类构件

　　航天产品中常见的端框类构件多数尺寸较大，整体形状呈半月形、釜形、马鞍形等结构，分布有深腔腹板和非对称凹槽，且壁厚和腹板厚度尺寸相对较小，属于典型的深腔薄壁异型构件，主要用于舱体两端封堵和连接前后舱体。材料多选用 5A06 铝合金，适用于反挤压或多道次挤压成形工艺。

　　针对 5A06 铝合金端框类构件产品结构尺寸大、复杂异型，多为深腔带筋外型面立壁结构，壁厚尺寸不一致，但基本在 3~5 mm 范围的特征，适宜采用大吨位设备等温立式多次反挤压成形。设计薄壁复杂异型端框类热挤压工件时，考虑深腔复杂结构零件的脱模变形和大加工量需求，零件底部和侧壁应尽量设计为等厚，挤压件的拔模斜度设计为 3°~5°，机械加工余量侧壁设计为 3~5 mm，底部设计为 5~7 mm。

　　5A06 材料常用挤压温度范围为 400~460℃（详见第三章 3.2.3 节），挤压速度范围为 1~10 mm/s。考虑应尽量降低模具应力和成形载荷，模具温度应尽可能高选；为保证挤压变形过程中材料流动充分，减少挤压变形过快造成变形硬化并阻碍进一步流动，挤压速度尽可能选低值。为此把 5A06 铝合金接头的挤压温度范围定为 440~460℃，挤压速度范围定为 0.5~1 mm/s。

设计等温热挤压端框类挤压工件时，采用 DEFORM 等有限元分析软件分析成形过程金属流动、成形力变化以及缺陷产生情况，在此基础上设计制造等温热挤压模具，并通过工艺试验验证模具及工艺设计的合理性。

1. 成形工艺方案的制定

图 8-55 所示是某种典型端框类产品挤压构件，为高筋薄腹且壁厚较薄的非对称半月形结构。在传统挤压制造工艺方法中，由于模具与坯料温差较大，容易产生冷模效应，且模具钢与挤压件坯料热膨胀系数不同，因此难以实现较高精度的成形；传统挤压工艺在挤压件尺寸较大时，需要的模压成形力过大，也会增加挤压成形的难度。考虑工艺的适应性，对图 8-55 所示的端框挤压件选用等温精密热挤压工艺挤压成形。

图 8-55　端框类挤压件设计图

图 8-55 所示的挤压件高度较大且内腔较深，为减少挤压件出模困难度且利于后续机加工，选择拔模斜度时，考虑外表面结构相比内表面相对简单，且在出模时挤压件温度降低，收缩后会向上模抱紧，下模相比于上模更易出模，故选取的内表面拔模角要大于外表面拔模角（内拔模角 5°，外拔模角 3°）；挤压件非加工表面为后续酸洗工序预留 0.5 mm 余量，挤压件上下表面及外表面预留 6~10 mm 加工余量，以降低成形力并改善挤压件刚度，防止顶出时出现变形现象。

2. 有限元模型的建立与分析

针对端框类挤压件的形状特点，设计与产品轮廓形状近似坯料进行模拟。图 8-56 为平板两端加凸台坯料的形状示意图，加凸台是在平板坯料两端加高 15 mm，凸台与平板间加 45°斜面过渡。设计完成后，将坯料及上下模具模型导入 DEFROM-3D 前处理器中进行模拟处理。

图 8-57 为端框挤压变形终止时挤压件高度分布情况；贴模毛坯高度尺寸均匀。由于贴模毛坯在挤压时中间线两边材料预存足量补充，因此中间位置未出现明显的凹陷。

图 8-58 与图 8-59 为端框毛坯等温挤压时应变及应力分布情况。从图中可看出，贴模毛坯挤压件底部应变明显、变形量大、应力相对稳定，产品屈服强度等力学性能较高。

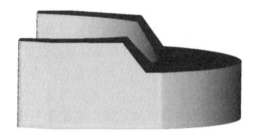

图 8-56　端框坯料形状示意图

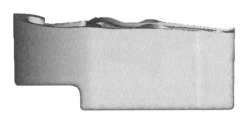

图 8-57　挤压终止时挤压件高度分布

等效应变/(mm/mm)

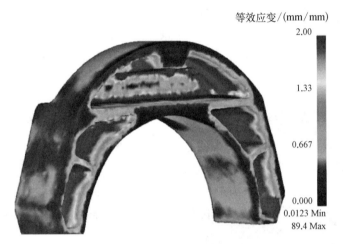

图 8-58　挤压件应变分布

等效应力/MPa

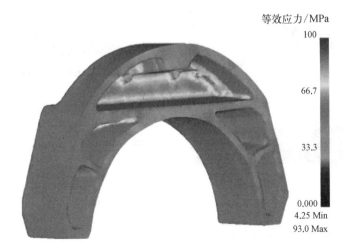

图 8-59　挤压件应力分布

图 8 - 60　端框模具三维数模

3. 成形模具设计

图 8 - 60 是端框等温挤压模具三维数模示意图；该模具在挤压件顶端分模。由于挤压件高度较大、形状复杂，为保证挤压件顺利出模，上下模具均设计为分体式结构；在挤压过程中直接参与挤压件成形的模具组件有上模、卸料板、下模和下模镶块四部分（图 8 - 61）。挤压终止时，顶件板与下模表面间距为 5 mm，以便于多余材料向外流动；该间隙同时起到飞边的作用，促进难成形部分充满模腔，以获得良好的成形形状。

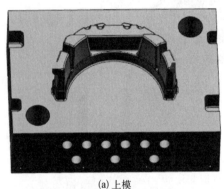

(a) 上模

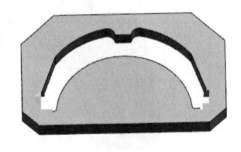

(b) 卸料板

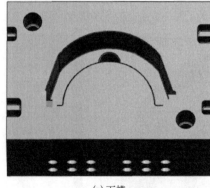

(c) 下模

(d) 下模镶块

图 8 - 61　端框挤压模具三维数模

4. 试验验证及性能分析

经试验验证后，获得了合格的端框挤压件产品，如图 8 - 62 所示。

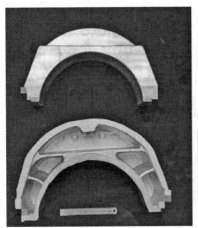

图 8－62　端框坯料与挤压件示意图

对端框热挤压件的腹板横向、腹板纵向及侧壁分别取样进行拉伸实验，具体取样位置如图 8－63 所示，力学性能统计见表 8－5。

图 8－63　端框取样位置示意图

表 8－5　端框挤压室温力学性能统计

取 样 位 置	屈服强度 $\sigma_{0.2}$/MPa	抗拉强度 σ_b/MPa	断裂延伸率/%
B 处腹板横向	137.1	311.1	21.8
B 处腹板纵向	139.1	309.6	21.8
A 处腹板	144.6	315.1	18.8
A 处筋部	145.5	312.0	22.0
B 处筋部	151.4	319.2	20.6

试验验证表明，端框类构件采用前述精密热挤压工艺成形出的挤压件质量良好，尺寸精度满足设计要求，组织性能满足设计要求，抗拉强度 $\sigma_b =$ 313.4 MPa（平均值）、延伸率 21%（平均值），也均满足端框构件设计的力学

性能要求。

8.1.5 支架类构件

航天产品中常见的支架类构件多为尺寸适中、整体结构形状异型不规则，且具有深腔腹板和圆弧型面、壁厚小及腹板轮廓形状不规则等形式特点，属于典型的深腔薄壁异型支架类构件，主要功能是用于舱体内部设备或机构的连接支撑；选用的材料多为性能高且密度较小的铝合金或镁合金，如 AZ31 和 MB26 等，适合采用反挤压或多道次挤压成形工艺挤压成形。

对于大尺寸曲面中空结构、安装特征多、壁厚设计尺寸不一致，但因零件产品尺寸规格居中，基本壁厚尺寸普遍在 3~5 mm 的 AZ31 镁合金支架类构件，适宜采用大吨位设备进行立式反挤压多次成形。设计薄壁复杂精度及质量要求高的异型支架类热挤压工件时，考虑中空零件的脱模变形和加工量大，零件底部设计局部连皮结构，底部厚度应尽量设计不小于侧壁，挤压件的拔模斜度选择 1.5°~3°，机械加工余量选择侧壁 3~5 mm、底部 5~10 mm。

AZ31 材料常用挤压温度为 300~400℃，挤压速度为 1~10 mm/s；考虑降低模具应力和成形载荷以及减小镁合金产生裂纹的风险，模具温度应尽可能高；为保证挤压变形过程中材料流动充分，减少挤压变形过快造成变形硬化并阻碍进一步流动，挤压速度尽可能小。为此将实际挤压温度范围定为 350~360℃，挤压速度范围定为 1~3 mm/s。

镁合金是一种轻质、高强度的结构材料，在航空、航天和汽车工业中具有巨大的应用潜力。但由于其原子呈六方最密堆积晶体结构，滑移系数量有限，镁合金表现出较低的可塑加工性。目前，镁合金件大部分为铸态，性能受限。与铸件相比，发生塑性变形的镁合金具有较高的强度和延展性、承载能力、抗冲击性等，因此镁合金挤压件近年来受到越来越多的关注[5-7]。

1. 产品特点及工艺方案

选择耐高温镁合金弧板类支架构件进行热挤压成形工艺解析，外轮廓尺寸约为 390 mm×340 mm，外轮廓整体呈对称方形结构，底侧呈现为圆弧曲面结构，中部镂空，用于某产品的转接。拟设计工艺余量为 5 mm，采用精密热挤压成形工艺方案进行加工制造。

2. 热挤压形貌、应力场和应变场的分布及变化规律

1）坯料规格对耐高温镁合金热挤压整体形貌的影响

设计如图 8-64 所示的 6 种不同尺寸规格的热挤压坯料，采用 UG 8.0 三维建模软件，按照实体尺寸对 6 种尺寸规格的坯料进行三维建模，另存为 STL 格式后导入 DEFORM-3D 软件中，对支架的热挤压工艺过程进行数值模拟。仿

真时将坯料设为塑性体，在软件材料数据库中选择 VW63Z，上、下模具设为刚性，上模速度设置为 3 mm/s，下模保持静止不动。具体模拟参数如表 8-6 所示，模拟结果见图 8-65。

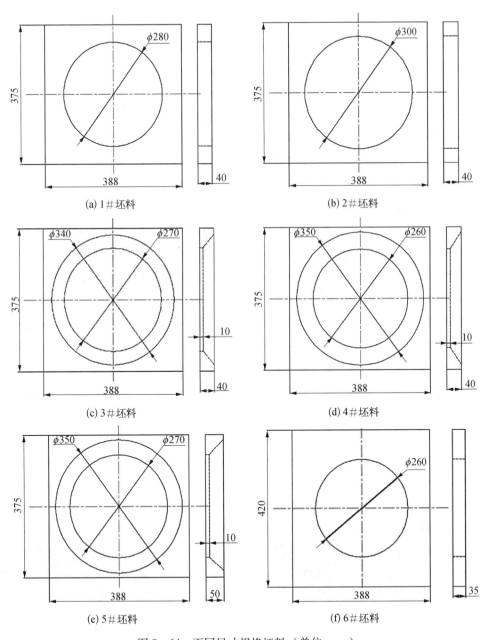

(a) 1#坯料   (b) 2#坯料

(c) 3#坯料   (d) 4#坯料

(e) 5#坯料   (f) 6#坯料

图 8-64 不同尺寸规格坯料（单位：mm）

表 8-6　支架热挤压工艺模拟参数

模 拟 参 数	数 值
工件网格数	25 000~30 000
尺寸比例	2
变形温度	475℃
环境温度	20℃
对流系数	0.02 N/(s·mm·℃)
模具温度	475℃
热交换系数	11 N/(s·mm·℃)
摩擦类型	0.7（剪切）

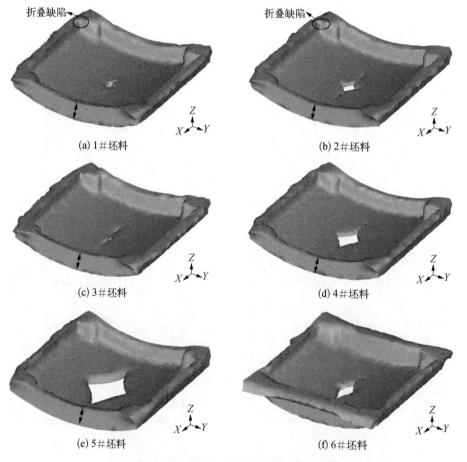

图 8-65　支架热挤压工艺有限元数值模拟结果

由上述工艺有限元数值模拟结果可以看出，1#~5#坯料锻造完成后，均存在侧壁高度不到位的现象，且1#坯料和2#坯料内角存在明显的折叠缺陷；6#坯料成形到位，但存在少量飞边。经进一步的数值模拟分析得知，侧壁高度不到位，主要是由于1#~5#坯料外轮廓尺寸均为388 mm×375 mm，坯料在凸模的作用下金属流入凹模内腔，侧壁成形主要依靠反挤作用金属填充型腔，但是由于宽度方向没有足够的金属可持续流入，最终导致侧壁高度不到位；1#和2#坯料内角的折叠缺陷主要是由内孔径较小且无斜度，工件成形过程中四个内角部位金属填充充足且模具内角角度小造成的。6#坯料外轮廓尺寸均为388 mm×420 mm，挤压中金属除了依靠反挤作用填充侧壁型腔外，宽度方向还有足够的金属流入侧壁型腔，二者共同保证了侧壁的高度，同时减小了坯料厚度，保证了工件四个内角不产生折叠。工艺有限元数值模拟结果表明，在设计的6种不同尺寸规格坯料中，6#坯料能够保证最优的挤压成形效果。

2）应力场的分布及变化规律

图8-66是采用6#坯料在不同凸模位移量下支架热挤压等效应力的演变过程模拟结果。可以看出，随着凸模压下量的增加，支架热挤压成形件的等效应力逐渐增加。当凸模压下量较小时，等效应力最大值出现在工件与凸模先接触的部分

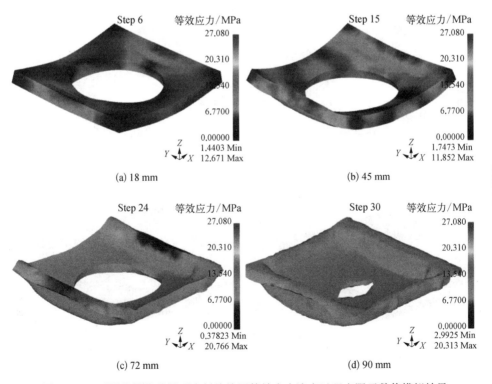

图8-66　不同凸模位移量下支架热挤压等效应力演变过程有限元数值模拟结果

和与凹模侧壁型腔接触的部分，如图 8-66（a）和（b）所示；当凸模压下量为 18 mm 时，工件与凸模先接触的部分和与凹模侧壁型腔边缘接触的部分等效应力增加明显；当凸模压下量为 45 mm 时，最大等效应力继续增加；随着凸模压下量增加到 72 mm 时，等效应力最大值出现在工件与凸模接触的底部；当凸模压下量为 90 mm，即终成形时，最大等效应力出现在工件边缘部位，主要是由于边缘部位圆角较小，容易出现应力集中。

3）应变场的分布及变化规律

图 8-67 是采用6#坯料在不同凸模位移量下支架热挤压等效应变的演变过程模拟结果。可以看出，随着凸模压下量的增加，支架热挤压成形件的等效应变变化规律同等效应力一致，都会逐渐增加。当凸模压下量为 45 mm 时，等效应变最大部位为工件与凸模先接触的部分和与凹模侧壁型腔接触的部分；当凸模压下量为 72 mm 时，工件与凸模先接触的部分和与凹模侧壁型腔边缘接触的部分等效应变增加明显；当凸模压下量为 81 mm 时，最大等效应变继续增加，此时，由于凸模对工件底部产生了挤压作用，工件底部等效应变增加明显；当凸模压下量为 90 mm，即终成形时，最大等效应变出现在工件底部金属焊合部位，主要原因是此时在凸模下压作用下，工件底部的金属从四个方向流入坯料的内孔处并在高温下发生焊合。

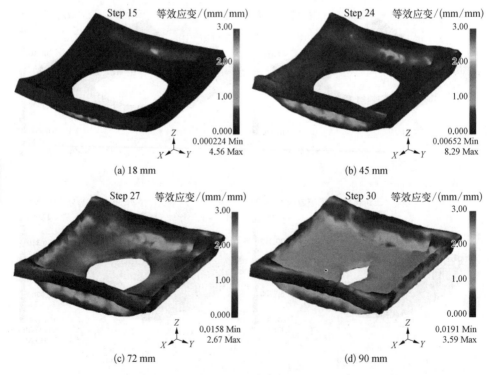

图 8-67　不同凸模位移量下支架热挤压等效应变演变过程有限元数值模拟结果

3. 热挤压成形试验验证

热挤压工艺实验选择在如图 8-68 所示的 2 000 吨液压机上进行，材料选用耐高温镁合金 VW63Z。基于有限元数值模拟结果，坯料规格选择 6#坯料，外轮廓尺寸为 400 mm × 450 mm × 50 mm，内孔径 260 mm，实验变形温度 475℃，挤压速率为 3 mm/s。

4. 挤压成形尺寸精度分析

热挤压件去飞边处理后（图 8-69），对各个部位进行尺检，并与设计的热挤压件尺寸进行对比。从对比结果可以看出，实际挤压件各个部位尺寸均满足设计的热挤压件尺寸要求。

上述仿真、实验及分析结果表明，本例中设计的立式热挤压成形工序、坯料尺寸、模具温度、挤压速度、挤压模具结构、热处理等后处理各工序的工艺参数，用于接头类、带筋壁板类、盒体类、端框类、支架类构件的挤压成形，可以获得满足设计指标中的力学性能、精度、质量等要求。

图 8-68　HD-2000 吨液压机

图 8-69　支架挤压件

8.2　连续热挤压工艺解析

8.2.1　管材与空心梁类构件

8.2.1.1　热管型材

热管是一种解决航天器热控系统中高功耗元器件散热难题的传热元件，具有传热系数极高、热阻小和热响应速度快等特点。本节以卫星上常用的铝合金微槽道热管型材为例，介绍分流模热挤压在其制造中的应用。本实例中的热管型材材料为 6063 铝合金材料，具有两个蒸汽通道，其内壁设计有 44 个直径为 1.2 mm 的"Ω"形槽道，微槽道间距最小尺寸为 0.3 mm，详细尺寸如图 8 - 70 所示。

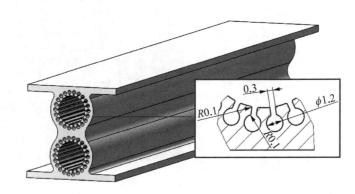

图 8 - 70　热管模型及微结构尺寸图（单位：mm）

1. 分流挤压模具优化设计

分流模具主体由上模、下模和模芯三部分组成，三者通过定位销和连接螺钉组合装配，如图 8 - 71 所示。上模设计有分流孔和分流桥特征结构，模芯装配在分流桥中心的安装孔内；挤压时金属流动过分流孔和分流桥进入焊合室，模芯的作用是用来成形热管内腔双通道中的"Ω"形槽道。下模设置焊合室、模孔和空刀等特征结构；挤压时金属在焊合室内汇集在模芯周围并实现固态焊合，然后经由模孔挤出，模孔起限制挤压型材的外部结构与尺寸的作用，空刀是为了最大程度避免产品与模具表面产生不必要的摩擦。

为了合理地设计分流挤压模具，从而获得尺寸优良的挤压型材，采用澳汰尔（Altair）公司的 HyperXtrude 有限元模拟软件进行关键模具结构参数对热挤压过程影响的分析。挤压工艺参数设置为挤压速度 1.5 mm/s、模具预热温度 460℃、挤压筒预热温度 450℃、坯料预热温度 480℃。

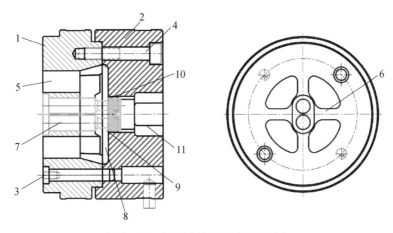

图 8 - 71　平面分流模的结构示意图

1—上模；2—下模；3—定位销；4—连接螺钉；5—分流孔；6—分流桥；
7—模芯；8—焊合室；9—模孔；10—工作带；11—空刀

1）分流孔形状及分布

分流孔的形状和分布对分流模挤压时型材出口速度和纵向焊缝的影响很大。根据热管型材的截面形状，设计如图 8 - 72 所示两种分流孔的排布方式，并分别对采用这两种方式时挤压过程中金属的流动情况和焊合质量进行分析。

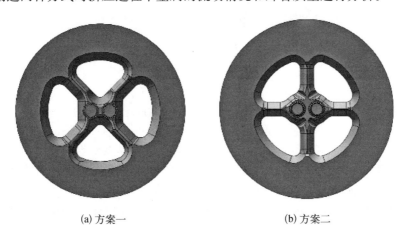

(a) 方案一　　　　　　　　　　　　　　　(b) 方案二

图 8 - 72　分流孔排布方案示意图

型材出口速度在一定程度上反映了挤压过程中工作带横截面各位置金属流动的均匀性，过大的型材出口速度差异往往不利于挤压产品的成形质量，图 8 - 73 为不同分流孔排布方案下的型材出口速度云图。如图 8 - 73（a）所示，方案一的型材出口金属流动速度分布极不均匀，热管型材中部以及靠近两侧翅片处的"Ω"形槽附近流速很慢，内齿之间流速差异较大；如图 8 - 73（b）所示，方案二的型材出口金属流速十分均匀，只有齿根处存在少量低流速区域。在挤压成形过程中，模具工作带内流动速度快的金属与流动速度慢的金属之间会产生剪切变形，故采取方案一中的分流孔排布方案时，热管型材的内齿更容易产生撕裂缺陷。

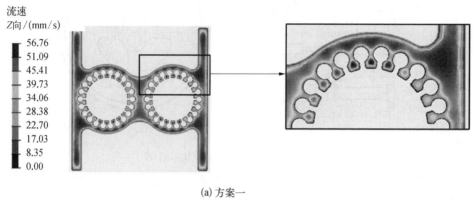

(a) 方案一

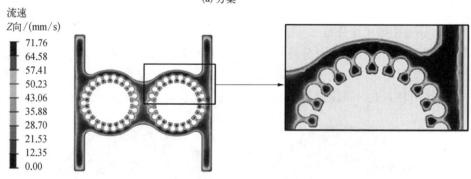

(b) 方案二

图 8-73　不同分流孔排布方案下的型材出口速度

　　分流孔的排布也会影响挤压型材中的纵向焊缝分布及焊合质量。由图 8-74 可知，方案一中热管型材的纵向焊缝呈现为"X"形，纵向焊缝在热管型材中所占比例较大，而且存在多个焊合不良区域；图中从深灰色、中灰色、灰色到浅灰色代表焊合质量依次变差。方案二中热管型材的纵向焊缝呈现为"十"字形，纵向焊缝主要分布在厚壁区域，且热管型材中纵向焊缝含量较方案一显著下降，焊合质量整体较好，不存在浅灰色的焊合不良区域。

　　2）焊合室高度

　　焊合室高度是分流挤压模具的重要结构参数之一，图 8-75 是焊合室高度有限元模型示意图。现分析焊合室高度分别为 7 mm、9 mm、11 mm 和 13 mm 时的焊合室压力、最大挤压力、最大挤压温度和型材出口金属流动均匀性，为确定较佳的焊合室高度提供依据。

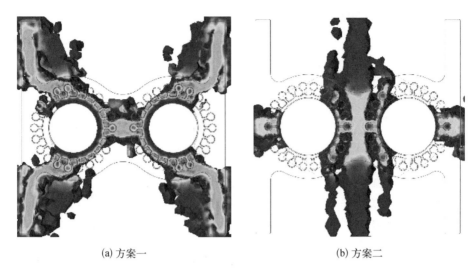

(a) 方案一　　　　　　　　　　　　　　(b) 方案二

图 8－74　不同分流孔排布方案下的纵向焊缝及其焊合质量

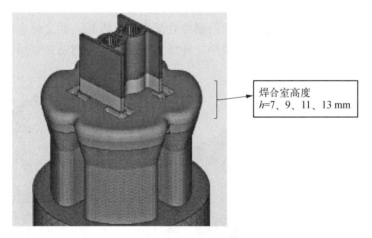

焊合室高度
h=7、9、11、13 mm

图 8－75　有限元模型的焊合室高度示意图

　　图 8－76 为焊合室高度对最大挤压力和焊合室腔内压力影响的示意图。热管型材挤压过程中的最大挤压力和焊合室腔内压力随着焊合室高度的增加而升高，一方面原因是焊合室内金属体积增多，接触面积增大，模具与金属之间的摩擦作用增强；另一方面原因是在单位挤压行程下流出模孔的金属体积是固定的，一旦从分流孔流入焊合室内的金属体积增多，塑性变形量就会增大。

　　图 8－77 为焊合室高度对热管型材最大挤压温度影响的示意图。随着焊合室高度的增加，最大挤压温度变化的幅度不大，只是略有上升；这是由于热管型材温度最高处在模具出口，而流经此处的金属变形量一定，故焊合室高度改变不会对其造成很大影响。

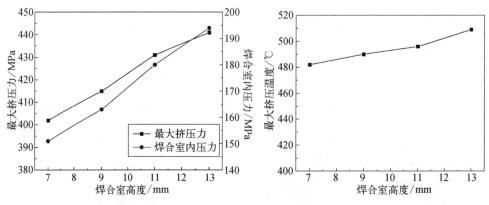

图 8-76　压力与焊合室高度的关系　　　图 8-77　最大挤压温度与焊合室高度的关系

　　焊合室高度对挤压过程中型材出口金属流动的均匀性也有较大的影响，图 8-78 为不同焊合室高度条件下热管型材料头的形貌。随着焊合室高度降低，型材出口速度差异增大，型材中间部位流速变慢；当焊合室高度降低至 7 mm 时，焊合室内的金属优先从靠近分流孔的翅片处流出挤压模具，加之焊合室内金属体积较小，型材中间部位金属流量减小，导致中间部位与两侧翅片金属流速差异过大，造成热管型材严重变形。

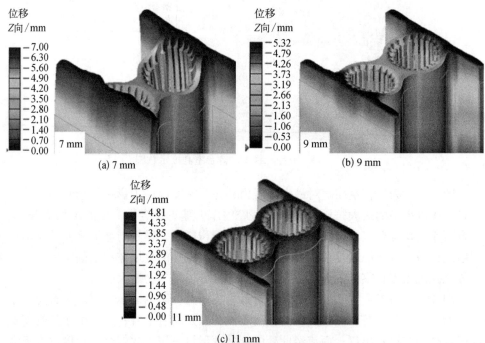

(a) 7 mm　　　　　　　　(b) 9 mm

(c) 11 mm

图 8-78　不同焊合室高度下的型材出口位移

3）工作带长度

如图 8-79 所示，取工作带长度 L 分别为 1 mm、2 mm、3 mm、4 mm 和 5 mm，进行热管型材的稳态挤压模拟，分析工作带长度对最大流动应力、最大挤压力、挤压温度和型材出口速度的影响规律。

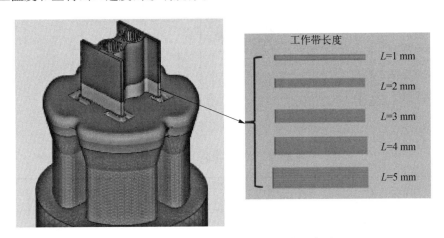

图 8-79　有限元模型的工作带长度示意图

由图 8-80 和图 8-81 可以看出，随着工作带长度的增加，挤压过程中的型材温度几乎不变，而最大挤压力和最大流动应力不断增加，这是因为坯料在出口前端的变形最为剧烈，并且之后受到工作带的摩擦作用；工作带长度增加，会使型材流出模具出口时与模具之间摩擦作用变大，导致流动应力和最大挤压力增加。

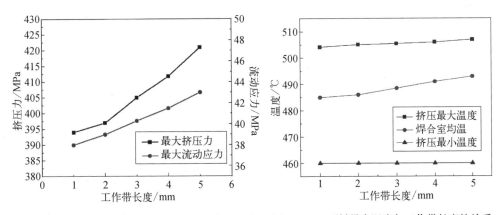

图 8-80　挤压力与工作带长度的关系　　　图 8-81　型材最大温度与工作带长度的关系

由于热管型材的形状十分复杂，微槽道处金属流动困难，需要采用不等长的工作带设计以保证型材出口处金属流动速度趋于一致。根据热管型材的壁厚特点，将工作带划分为三个区域，如图 8-82 所示。工作带长度设计方案见表 8-7。

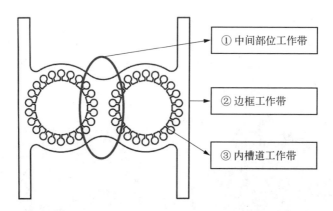

图 8-82 不同位置工作带分区示意图

表 8-7 不同长度的工作带方案

工作带分区	①	②	③
A 方案	4 mm	4 mm	4 mm
B 方案	6 mm	6 mm	4 mm
C 方案	8 mm	8 mm	4 mm
D 方案	6 mm	8 mm	4 mm
E 方案	4 mm	8 mm	4 mm

图 8-83 为不同工作带设计方式对挤压型材出口流速的影响示意图。A 方案为等长工作带设计，点 1～点 9 处的型材出口速度极大，其余部分金属流动很慢；B 方案增加了区域①和②位置的工作带长度，点 1～点 9 处的型材出口速度降低，点 11～点 22 处的流速增加，但点 23～点 26 处金属流动受阻，型材出口整体流速仍不均匀；方案 C 进一步增加了区域①和②位置的工作带长度，点 1～点 22 处的

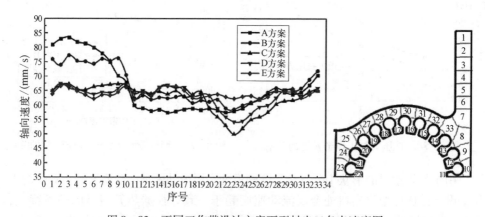

图 8-83 不同工作带设计方案下型材出口各点速度图

流速较均匀，但点 23~点 26 处的金属流速急速下降，即热管中部金属流动受到严重阻碍；方案 D 在方案 C 的基础上降低了区域①位置的工作带长度，热管中部金属流动受阻得到缓解，但仍有改进空间；方案 E 进一步降低区域①位置的工作带长度，经此进一步改进后，型材出口整体流速差别不大，结果较为理想。由上可以看出，增加热管外缘工作带长度并适当降低中部工作带长度，可以达到均匀型材出口金属流速的目的。

4）模具结构参数确定

根据上述模拟结果得知，较为合理的模具关键结构参数如下：分流孔采取方案二中四个沿圆周均匀布置的扇形分流孔，有利于金属焊合和型材出口速度的均匀性；焊合室深度选择为 11 mm 为宜，一方面热管型材的最大温度较高利于纵向焊缝的焊合质量，另一方面有利于型材出口金属流动均匀性；工作带长度采取 4~8 mm 为宜，可以兼顾型材出口金属流动均匀性和模具结构强度。其他模具参数根据经验设定，如分流桥角度 60° 和分流桥宽度 10 mm。

2. 挤压工艺有限元分析

坯料预热温度是挤压过程中重要的工艺参数，坯料预热温度升高，会使挤压过程中所需挤压力下降，但温度过高会导致晶粒粗大甚至出现过烧现象，影响型材的组织性能。型材热挤压过程中的温度受坯料预热温度和挤压速度的双重影响，本节分别对不同坯料预热温度和挤压速度下的热挤压过程进行模拟，根据模拟结果得出挤压热管型材时合适的预热温度和速度范围，指导后续工艺实验。

1）坯料预热温度对挤压过程的影响

设定模具预热温度 460℃、挤压筒预热温度 450℃、挤压速率 1.5 mm/s 为前提条件，坯料预热温度分别取 420℃、440℃、460℃、480℃ 和 500℃ 进行模拟。图 8-84 为不同坯料预热温度下挤压温度变化曲线，可以看出在挤压过程中坯料预热温度越高，型材的最大挤压温度越高，但型材出口温度过高可能会导致晶粒粗大甚至出现过烧现象。图 8-85 是不同坯料预热温度下压力变化曲线，可以看出随着坯料预热温度提高，能够有效降低所需最大挤压力，坯料预热温度由 420℃ 提高到 500℃ 时，最大挤压力降到约 40 MPa。另外，从图 8-85 中也可以看出，提高坯料预热温度对焊合室内压力降幅的影响不大。

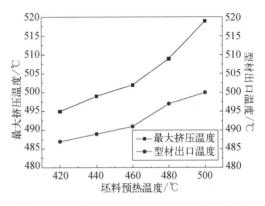

图 8-84　不同预热温度下挤压温度变化曲线

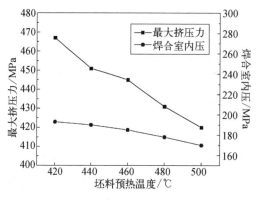

图 8-85 不同坯料预热温度下压力变化曲线

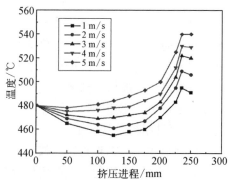

图 8-86 不同挤压速度、单位挤压进程
下坯料温度的变化曲线

2）挤压速度对挤压过程的影响

设定模具预热温度460℃、坯料预热温度480℃、挤压筒预热温度450℃为前提条件，取挤压速度分别为1 mm/s、2 mm/s、3 mm/s、4 mm/s和5 mm/s进行模拟。图8-86为不同挤压速度、单位挤压进程下坯料温度的变化曲线，可以看出，随着挤压速度的增加，同一挤压进程下的温度逐渐提高，这是因为同样的模具空间内坯料流动速度增加会导致变形体积增大，温度也因此提升。同时还可以看出，在挤压过程中流动至模具入口（180 mm）时，挤压温度开始明显升高，原因是坯料进入模具时分流成四股，产生了一些金属变形能；当金属在焊合室内流动至220~230 mm时，挤压温度迅速升高，这是因为坯料在焊合室内的变形和焊合，产生了大量的金属变形能；金属流动到模具出口附近（230~238 mm 处）时，由于工作带处的摩擦影响，坯料内的热量持续增大，挤压温度依旧上升，并达到挤压过程中的最高温度；后续的温度降低是由于型材挤出了模具，在空气中逐渐降温所致。

按照模拟的型材出口1/4截面上各节点区域的平均速度分布结果，计算出的不同挤压速度下的型材出口速度均方差（SDV）如表8-8所示。

表 8-8 不同挤压速度下的型材出口速度均方差（SDV）

挤压速度/(mm/s)	1	2	3	4	5
速度均方差	1.364	1.568	2.586	5.784	10.573

可以看出，随着挤压速度的增加，SDV值不断增大，因此提高挤压速度会加剧型材出口速度的不均匀性，使型材出口截面上各区域之间的速度差变大，导致高速区对低速区的拉扯加剧，可能会造成形材扭曲或微结构断裂。

3）挤压工艺参数选择

铝合金挤压过程中型材最高温度一般应低于固溶温度 20℃以上。根据上述模拟结果可知，挤压温度的提高能有效降低所需挤压力，但温度过高会影响型材组织；挤压速度越高，焊型材出口金属流动均匀性越差。6063 铝合金的固溶温度在 530℃左右，因此在挤压工艺实验中选取坯料预热温度为 480℃、挤压筒预热温度为 420℃、模具预热温度为 460℃、挤压速度为 0.5~2.0 mm/s。

3. 分流热挤压工艺实验

基于上文对模具结构的模拟结果以及生产经验，确定模具的结构参数和挤压工艺参数范围。模具材料选择牌号为 4Cr5MoSiV1 的热作模具钢，上模、下模及装配实物如图 8-87 所示。根据模拟给出的工艺参数范围设计 6 组工艺方案，如表 8-9 所示。

(a) 上模	(b) 下模及模具装配	(c) 实物图

图 8-87　分流挤压模具

表 8-9　挤压实验 E1~E6 的挤压参数设置

挤压实验序号	E1	E2	E3	E4	E5	E6
挤压筒预热温度/℃	420	450	450	450	420	420
挤压速度/(mm/s)	1.5	1.5	1.0	0.5	0.5	1.0

选择热管利用卧式挤压机进行挤压实验。用电阻炉将模具预热至 460℃、坯料预热至 480℃，利用挤压机自带加热设备预热挤压筒至 420~450℃，并将模座于 200℃保温，然后对预热好的铝合金坯料进行挤压。对各方案挤压出的热管中的关键尺寸采用 VMS 影像测量仪和游标卡尺进行测量，如图 8-88 所示，各项尺寸数据见表 8-10。可以看出 E4 方案下挤压成形的热管的尺寸精度符合要求，其截面的宏观形貌如图 8-89 所示。

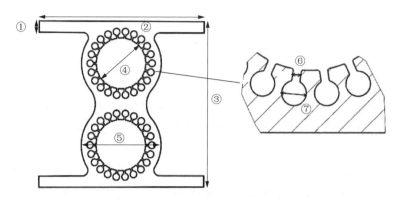

图 8-88　热管截面测量示意图

表 8-10　不同工艺方案下热管挤压件的尺寸精度（单位：mm）

	①	②	③	④	⑤	⑥（平均值）	⑦（平均值）
标准尺寸	2.00	30.00	29.10	9.00	14.60	0.30	1.20
E1	1.94	30.01	28.86	8.86	14.56	0.55	1.23
E2	1.96	30.04	28.89	8.92	14.58	0.49	1.21
E3	1.95	30.04	29.00	8.90	14.59	0.43	1.21
E4	1.98	30.02	29.04	8.96	14.60	0.31	1.20
E5	1.96	30.07	28.95	8.91	14.58	0.47	1.21
E6	1.95	30.06	28.91	8.88	14.57	0.38	1.21

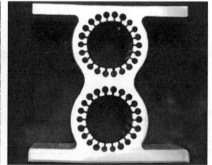

图 8-89　E4 方案下挤压成形热管截面的宏观形貌图

8.2.1.2　镁合金空心梁型材

图 8-90 为某卫星外形尺寸为 100 mm×40 mm 的 AZ31 镁合金框架空心型材，为实现结构的轻量化，该挤压产品内壁设置了圆孔和较大的异形孔。本节以该挤压产品为例，介绍分流模热挤压在镁合金空心梁制造中的应用。

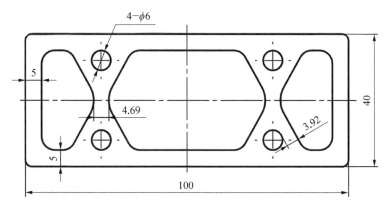

图 8 - 90　镁合金框架空心型材截面尺寸图（单位：mm）

变形抗力大是镁合金挤压型材分流模挤压的显著特点之一。过大的变形抗力会导致挤压力过大，受限于挤压设备的挤压能力，可导致挤压无法继续，出现"闷车"现象。本实例通过 HyperXtrude 软件进行数值模拟，分析该镁合金空心梁在挤压筒直径为 236 mm 和挤压能力为 2 500 t 的现有卧式挤压机上进行生产的可行性。具体如下。

1. 最大挤压力模拟

在模拟仿真前进行如图 8 - 90 所示的初步模具结构设计。模拟结果表明：AZ31 镁合金空心梁的最大挤压力在 4 000~6 000 t 左右，远远超过现有挤压设备的挤压能力；另外，如图 8 - 91 所示，型材中部"X"形结构附近金属流动困难，难以挤压成形。

为了降低镁合金空心梁的挤压力，重新选择更小挤压筒直径的挤压设备，其挤压筒直径为 120 mm，挤压能力为 2 000 t。在挤压模拟时采用的工艺参数如下：模具预热温度为 360℃、380℃、400℃和 420℃，坯料和挤压筒预热温度各低于相应的模具预热温度 20℃，挤压速度为 2 mm/s。模拟过程如图 8 - 92 和图 8 - 93所示。模拟结果表明，当模具预热温度高于 380℃时，所需最大挤压力大幅度减小，可以实现 AZ31 镁合金空心梁的挤压成形。

2. 挤压实验

为了平衡型材出口金属流动，采用图 8 - 94 所示的分流挤压模具进行挤压工艺实验，模具中心增设了分流孔以加强该位置的金属流动。

挤压工艺参数选择：挤压杆速度约为 5 mm/s，坯料预热温度 420℃，挤压筒预热温度 410℃，模具预热温度 450℃。挤出的 AZ31 镁合金空心梁的实物图如图 8 - 95 所示，机械尺寸精度优良，表面成形质量较高，成功实现了镁合金空心梁的挤压成形。实际生产中，基于有限元仿真的挤压力预测对挤压设备的选型有着重要的指导意义。

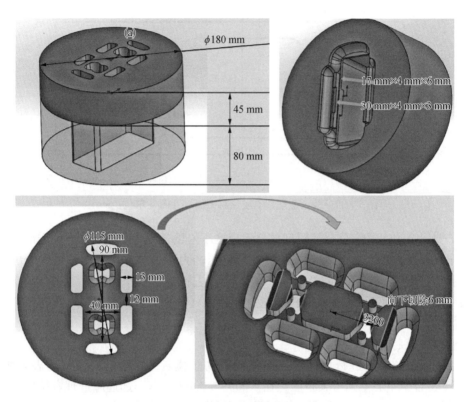

图 8-91 镁合金空心梁分流挤压模具

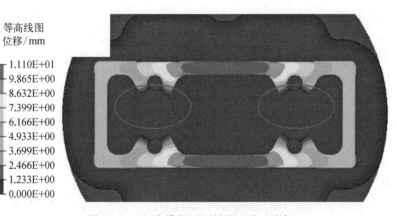

图 8-92 初次模拟时型材出口处速度场

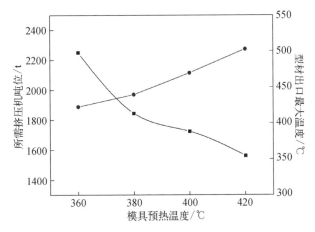

图 8 - 93　不同模具预热温度下镁合金空心梁挤压所需挤压机吨位及出口最大温度曲线

图 8 - 94　镁合金型材挤压模具实物图

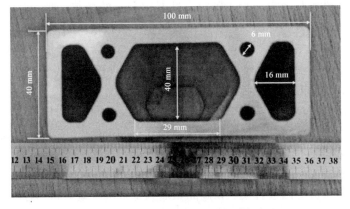

图 8 - 95　镁合金挤压型材试样图

8.2.2 承压密封舱体类构件

8.2.2.1 铝合金马鞍形承压密封舱体类构件

航天产品中的承压密封舱体类构件，多为大截面薄壁中空结构，整体外形轮廓大，舱体单件长度可达米级，基础壁厚仅为 3~3.5 mm 左右。该类空腔结构的结构刚性较弱，内腔多分布加强用的横纵筋条，以提升舱体构件的整体结构刚性。实现该类构件挤压成形，变形和壁厚差控制是关键。但该类舱体挤压过程中金属流速控制难度极大，同时该类构件挤压比极大，需要极大挤压力才能成形，因此挤压成形非常困难。本例中通过采用分流热挤压成形工艺，合理地设计分流挤压模具结构，成功实现了该类舱体构件的连续挤压成形。

图 8-96 所示为某典型复杂异形承压密封舱体类构件，采用多种减重与局部加强结构设计，型材截面如图所示，产品基本壁厚最小为 3 mm。下面对其分流连续挤压成形工艺进行解析。

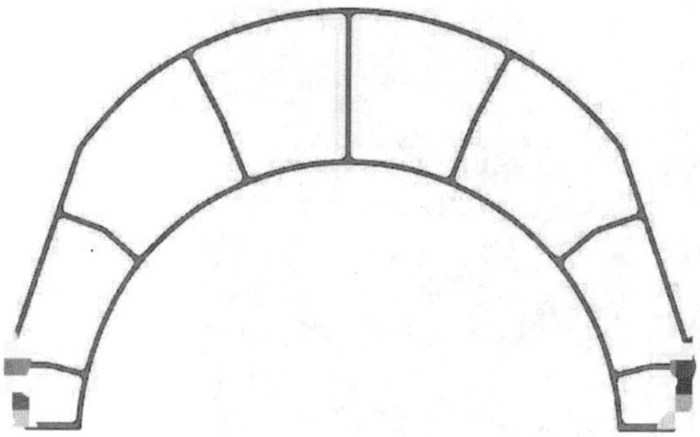

本例中利用有限元分析和实验相结合的方法，进行大型复杂承压密封舱体挤压精密成形模具设计与工艺参数优化，分析模具结构、挤压温度和挤压速率等对多容腔承压密封舱体类构件成形质量的影响规律，从而获得较佳的挤压工艺方案，实现铝合金大型复杂承压密封舱体类构件精确成形。

图 8-96 马鞍形承压密封舱体类构件产品图

1. 高精挤压工艺参数设计

采用热塑性和热模拟试验，确定高性能铝合金的最佳变形速度和变形温度；研究等温挤压技术方案，确保在整个挤压过程中，在模孔附近变形区金属的温度始终保持恒定或基本恒定。尽量保持金属变形抗力和金属流动的均匀性，使模面压力不变或基本不变，从而获得较高的挤压速度，使挤压型材的形状与尺寸精确、沿断面和长度方向组织与性能均匀。

采用 HyperXtrude 等仿真软件结合试验过程，分析连续挤压温度、挤压速度、挤压比对挤压过程流动均匀性的影响，获得合理的挤压工艺参数。数值模拟过程如图 8-97 所示。

对于大型空心薄壁型材，挤压比理想值为 40~80，具体选择与挤压方法、材料种类、挤压机等因素有关。该产品截面大、整体薄壁，根据经验将挤压比选择为 47.0。

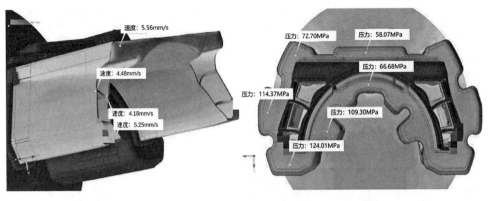

图 8-97 马鞍形承压密封舱体类构件连续热挤压模具数值模拟图

在合适的挤压温度下，铝合金型材合理挤压速度大致为 0.5~3.0 mm/s。

实际生产中，挤压筒预热温度一般比坯料加热温度低 50℃ 左右，模具预热温度一般比挤压筒预热温度高 20~40℃。本例中的型材挤压温度选择，结合文献资料和实际生产经验，设定为：坯料加热温度 510℃、模具预热温度 480℃、挤压筒预热温度 460℃。

2. 模具的设计与制造

基础壁厚 3 mm 的大截面薄壁中空型材，整体外形轮廓大、壁厚薄，需要极大挤压力才能成形，且挤压过程中金属流速难以控制、易变形，挤压成形十分困难，需要的挤压模具结构非常复杂。

在模具设计过程中运用有限元模拟技术，充分考虑金属流动、焊合力、挤压力、焊合室高度、芯模的偏转、分流孔长度、坯料温度、挤压速度以及摩擦条件等各种因素对型材尺寸、焊合程度及表面质量的影响，使模具结构的设计尽量合理，减少试模次数，提高效率，降低成本。

模具采用经充分挤压的电渣重熔钢，用数控加工设备进行加工，确保加工精度；采用真空热处理工艺，确保模具强度和组织均匀，从而提高模具精度和寿命。具体模具实物如图 8-98 所示。

3. 复杂承压密封舱体连续热挤压二次精确成形

复杂多容腔承压密封舱体类结构被广泛采用，其外形尺寸越来越大，其型面精度要求高达 0.5 mm，远高于铝合金挤压型材行业最高标准。为了确保连续热挤压多容腔承压密封舱体的型面精度，除需要做好连续热挤压模具结构设计、精度控制、融合口组织性能控制等工作外，还需要做好连续热挤压成形后的精度保证；二次精密成形是实现该类构件高精密成形的良好技术途径。

大截面薄壁长尺寸空心构件，在连续热挤压过程中沿挤压方向会出现不同程度的弯曲，需要通过张力矫直机进行纵向拉伸，形成一定程度的塑性变形，以控

图 8 - 98　马鞍形承压密封构件连续热挤压模具部分结构实物图

制弯曲、扭拧等变形，同时提升材料成品率。

采取理论分析和工艺试验验证相结合的方法，运用优化设计理论，建立的承压密封舱体连续热挤压件拉矫模具设计模型如图 8 - 99 所示。实际设计过程为：

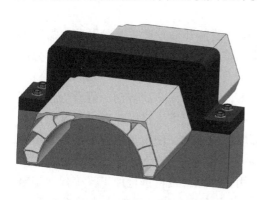

图 8 - 99　拉矫模具设计初步方案

根据产品多容腔薄壁空腔结构特征设计支撑模型，通过仿真分析夹头及影响区的应力应变分布情况，采用仿真对拉矫模具结构进行优化；基于模拟结果，设计制造相应的定位工装和拉矫支撑机构，合理设置拉矫中心对称定位基准，通过拉矫夹头的定位精度控制，解决周长二次成形精度问题，同时通过设计拉矫模具定位精度来控制拉矫过程中的弯曲、扭拧等变形，从而获得满足二次精密成形技术要求的连续热挤压件。

为使精确成形模具适应批产的要求，并防止承压密封舱体在二次加载过程中发生变形，针对复杂承压密封舱体构件，需要在拉矫变形及周长控制的基础上，进一步采用二次精确成形实现承压密封舱体最终成形精度控制。马鞍形承压密封舱体连续热挤压二次成形模具如图 8 - 100 所示。

4. 承压密封舱体类产品研制验证

利用山东兖矿轻合金有限公司 SMS 150 MN 前上料短行程卧式油压挤压机进行挤压。前期先进行实验室和半工业生产试验，实际挤压出的复杂多容腔马鞍形承压密封舱体类构件产品各项性能均能满足技术条件规定的要求。挤压产品实物

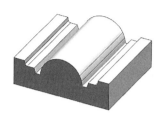  

(a) 凸模模具方案　　　　　(b) 凹模模具方案　　　　(c) 组合及轴向加载

图 8 - 100　多容腔承压密封舱体连续热挤压二次成形模具示意图

如图 8 - 101 所示。

8.2.2.2　铝合金釜形承压密封舱体类构件制造工艺解析

采用有限元分析和实验相结合的方法，优化大型复杂承压密封舱体挤压精密成形模具设计与工艺参数，分析模具结构、挤压温度和挤压速率等对多容腔承压密封舱体类构件成形质量的影响规律，获得最佳挤压工艺参数，保证铝合金大型复杂承压密封舱体类构件精确成形的质量。

图 8 - 101　马鞍形承压密封舱体类构件实物图

图 8 - 102 所示为本例中的三种复杂多容腔釜形承压密封舱体类构件。该类构件采用多种减重与局部加强结构设计，型材截面尺寸如图 8 - 103 所示，基本壁厚最小为 3 mm。按其产品结构特点，采用分流连续挤压成形工艺进行制造加工。

图 8 - 102　大尺寸釜形承压密封舱体类构件产品图

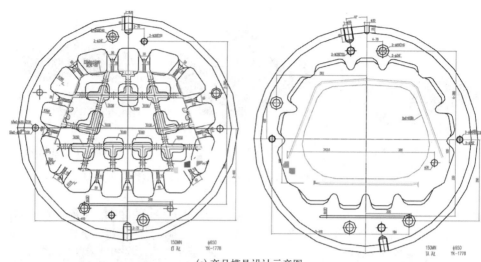

(a) 产品模具设计示意图

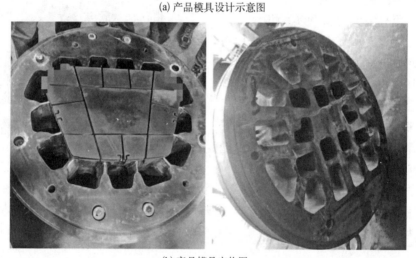

(b) 产品模具实物图

图 8-103 釜形承压密封舱体类构件连续热挤压模具结构示意图

1. 高精挤压工艺参数设计

采用热塑性和热模拟试验,确定最佳变形速度和变形温度;研究等温挤压技术,确保模孔附近变形区金属的温度在整个挤压过程中始终保持恒定或基本恒定;尽量保持金属变形抗力和流动的均匀性,使模面压力不变或基本不变,从而获得较高的挤压速度,使挤压型材的形状与尺寸精确、沿断面和长度方向组织与性能均得到提高。

采用 HyperXtrude 等仿真软件结合试验过程,分析连续挤压温度、挤压速度、挤压比对挤压过程流动均匀性的影响,从而获得合理的挤压工艺参数。

2. 模具的设计与制造

图 8-102 中产品为超大截面薄壁中空型材，整体外形轮廓大，基础壁厚仅为 3 mm，挤压过程中金属流速难以控制、易变形，挤压成形需要的挤压力极大，且成形困难。产品宽 680 mm、高 439 mm，外形轮廓已达到挤压机出口上限，型材外接圆接近模具边部，需设计与制造专门的特殊模具，提高模具强度，实现挤压成形。

结合轨道列车型材模具设计及生产经验，采用带导流专用保护模的模具结构设计，如图 8-103 所示。该设计有以下优点：导流腔可以对金属进行预成形，有利于型材的成形；采用这种结构可以降低模具厚度，提高大模具的淬火性能，包括模具强度及模具性能的均匀性。

3. 复杂承压密封舱体连续热挤压二次精确成形

对于高精度的航天承压密封舱体类复杂多容腔构件，为了确保产品的型面精度，在连续热挤压成形后，需要采用二次精密成形技术进行再次精密热成形，以保证制品最终满足指标要求。

对于大尺寸薄壁多容腔舱体复杂构件，在连续热挤压过程中沿着挤压方向会存在不同程度的弯曲，需要在张力矫直机上进行纵向拉伸，通过一定程度的塑性变形校正制品的弯曲、扭拧等变形，提升产品的制造精度；用于改善产品形位公差和轮廓目的拉伸，拉伸量一般在 1.0%～2.0%；矫直时使用专用矫直垫块，可有效防止拉伸时收口。将大规格铝合金结构型材在淬火状态下，施以一定的永久变形，也可以很好地改善型材内部的应力分布，减少弯曲和扭拧程度。常用的拉矫设备如图 8-104 所示。

图 8-104　拉矫设备示意图

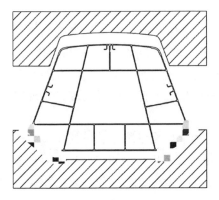

图 8 - 105　拉矫模具设计初步方案

采取理论分析和工艺试验验证相结合的方法，运用优化设计理论，建立的多容腔结构连续热挤压件拉矫模具设计模型如图 8 - 105 所示。具体设计过程为：根据产品多容腔薄壁空腔结构特征，设计支撑模型及相应的定位工装和拉矫支撑机构；合理设置拉矫中心对称定位基准，以便通过拉矫夹头的定位精度控制解决周长精度难以满足二次成形精度要求的难题；设计合理的拉矫模具定位精度控制拉矫过程中的弯曲、扭拧等变形，从而获得满足二次精密成形技术要求的连续热挤压件。

在批量化生产时，为了防止釜形承压密封舱体结构在二次加载过程中发生变形，针对复杂釜形承压密封舱体构件，在拉矫变形及周长控制基础上，一般情况下都采用二次精确成形实现制品的最终成形精度控制。

4. 承压密封舱体类产品研制验证

验证试验在山东兖矿轻合金有限公司的 SMS 150 MN 前上料短行程卧式油压挤压机上进行。正式挤压试验前先开展试验室和半工业生产试验。实际挤压出复杂釜形承压密封舱体类构件实物如图 8 - 106 所示，各项性能均满足技术条件规定的要求。

图 8 - 106　复杂釜形承压密封舱体类构件实物图

由上述解析可知，通过合理设置连续热挤压坯料尺寸、加热温度、挤压速度、挤压模具结构设计、热处理等后处理各工序的工艺参数，可以实现高精度航天承压密封舱体类复杂多容腔构件的连续挤压成形，获得满足力学性能、精度和产品质量等设计指标要求的制品。

8.3　复合成形工艺解析

8.3.1　热挤压基体成形

航天铝合金产品中的典型构件，多为如图 8－107 所示的异型侧壁多环筋、局部分布加强凸台特征的薄壁双侧非对称深腔等复杂结构形式，采用单一的挤压成形无法实现其结构的成形和高精度制造。如单一热挤压技术难以整体成形薄壁双侧非对称深腔结构，单一增材制造在效率与成本方面又存在不足。

通过采取铝合金复杂结构增材制造与挤压复合成形工艺设计，可解决航天复杂铝合金构件传统制造工艺成形精度低，以及单一技术无法满足薄壁双侧非对称深腔等复杂铝合金构件高精度制造等问题，达到产品技术指标要求，实现铝合金复杂构件高质量精密制造，满足产品高性能、高承载及高精度制造需求。

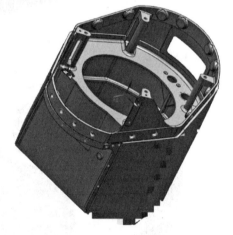

图 8－107　铝合金复杂结构典型零件

1. 热挤压基体成形工艺

针对该 5A06 铝合金热挤压产品基体为复杂薄壁且具有多向微细结构，整体加载无法挤压成形的问题，开展铝合金挤压基体复杂构件径向精密成形工艺设计，进行局部微细特征结构设计和优化；设计完成后的产品增材及挤压部位如图 8－108 所示。基体端框部分的成形，根据其结构特点采用反挤压成形工艺，最终的挤压件坯料形状如图 8－109 所示。

考虑该基体尺寸较大，属于大型挤压件，且为高筋深腔结构，一次成形载荷极大（15 000~17 000 t），对设备要求极高，为降低成形载荷和成形难度，采用多道次热挤压成形工艺，主要分为预制坯、预挤压成形和终挤压成形，取原始坯料尺寸 φ300 mm，高度 370 mm。成形的过程如下。

首先进行镦粗，降低坯料高度，增加坯料直径，如图 8－110（a）所示。根据实际生产条件和经验，镦粗过程中坯料温度为 420℃，模具温度为 420℃。热挤压试验采用 6 000 t 压力机，喷涂石墨润滑剂，根据数值模拟给出的分析结果，把模拟条件设置为成形温度 420℃，不考虑热交换，挤压速度 1 mm/s，摩擦系数

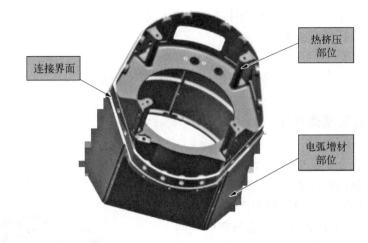

图 8-108　热挤压、增材连接部位结构

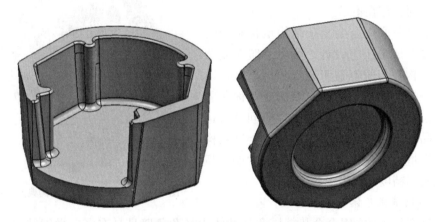

图 8-109　复杂端框最终挤件图

0.1，此时在模拟成形压力达到 5 000 t 时，凸模下压量可达到总下压量的 90%。因此预挤压成形下压量定为总下压量的 90%，并实时观察压力机所反馈的压力。

预挤压成形工序中，将坯料与模具均加热到 420℃，确保合理均匀润滑前提下，在压力机极限范围内，完成预挤压半成品的成形。图 8-110 中（b）为预挤后打磨表面后的半成品。通过计算预挤件侧壁顶部以及底部连皮坯料余量体积，在预挤件底部连皮处开通孔，通孔直径为（220±1）mm，以减小后续加工量，在终挤过程中促进多余坯料流动，达到模具闭合状态，获得形状尺寸合理的终挤件。

终挤压成形工序中，将预挤件与模具分别加热到 420℃，并保证润滑均匀，润滑剂用量充足。在压力机极限范围内，终挤达到模具闭合状态，使挤压件各处充填完整。最终的挤压件如图 8-110 中（c）所示，终挤成形效果良好，成形压力未超过压力机极限。

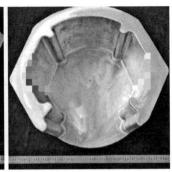

(a) 坯料　　　　　　　　(b) 预挤半成品　　　　　　　(c) 终挤成品件

图 8-110　热挤压工序件

　　在成形后的挤压件包括侧壁、柱体、横臂、腹板等典型部位上切取具有一定厚度的样品，对样品进行腐蚀观察流线，流线分布和金属流动方向有关。在此挤压件成形过程中，底部金属首先向周边流动，流线应呈横向分布；侧壁是由底部金属向上流动形成，流线应呈纵向分布；多余金属形成顶部飞边，最终流线应汇聚于挤压件顶部外边缘。图 8-111 为实际挤压件各部位与模拟结果流线对比图，实际挤压件截面展示的流线完整，基本沿外轮廓分布无切断现象，从底部横向分布转向侧壁纵向分布，直至顶部飞边处汇聚，在此过程中，流线并未出现紊乱现象，无穿流、涡流等缺陷产生。与模拟结果给出的流线分布相比，整体上分布趋势一致，在挤压件外边缘［图 8-111（a）中箭头所示］与底部横臂［图 8-111（c）中箭头所示］两处的流线分布则不尽相同，实际挤压得到的流线分布更合理。原因是挤压件外边缘与模具接触，且随着挤压的进行接触面积不断增大，摩擦条件随挤压进行不断改变，呈增大趋势，外边缘坯料会发生一定程度剪切变形，但在模拟中，整个挤压过程保持摩擦条件不变，挤压件外边缘与模具之间的剪切作用小于实际挤压，因此外边缘变形量小，区别由此产生；而在挤压件横臂处，由模拟结果可见底部流线稍有紊乱，而实际挤压中由于横臂处产生折叠，进行适当的修伤，即去除外层流线紊乱部分后进行终挤，所以实际挤压横臂处流线并无紊乱。

　　在对电弧增材工艺进行研究之后，后续电弧增材工艺参数对比实验所采用的基材包括热挤压件侧壁、热挤压件腹板，来自经过热处理的 5A06 铝合金热挤压成形件，取样位置如图 8-112 所示。图 8-112（a）为热处理挤压件侧壁取样方式，图 8-112（b）为热处理挤压件腹板取样方式，所取基材尺寸为高度 50 mm、长度 100 mm、厚度 25 mm。在进行电弧增材之前，需要对基材特定表面进行修整，去除机加工痕迹，确保一定平整度和光滑度，并保证上下表面平行。

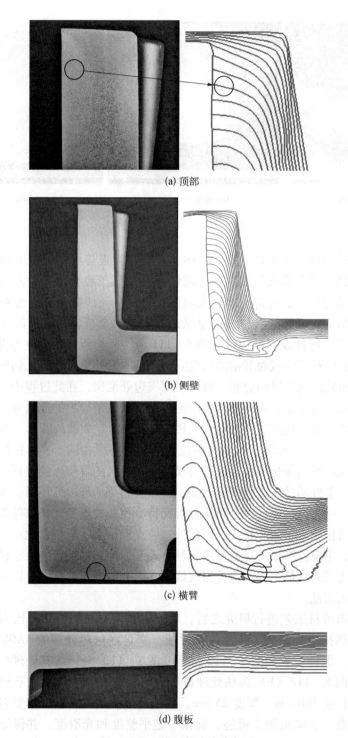

(a) 顶部

(b) 侧壁

(c) 横臂

(d) 腹板

图 8-111　挤压件流线分布图

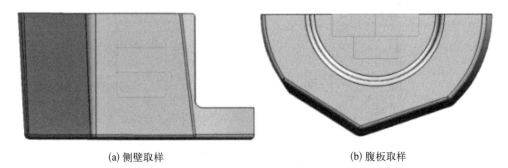

| (a) 侧壁取样 | (b) 腹板取样 |

图 8 - 112　热挤压基材取样方式

2. 热挤压件室温拉伸性能

根据挤压状态，制定热处理规范，对成品进行热处理，消除残余应力、稳定组织、提高塑性。挤压件采用的热处理规范为：温度 375℃，保温 3 h，空冷。

对热处理后的挤压件进行室温拉伸性能测试，测试其力学性能，在挤压件包括柱体、侧壁、腹板的几个典型部位分别取样，每个部位取样 3 个，对实验获得数据取平均值。挤压件几个典型部位的力学性能如表 8 - 11 所示。由表中数据可知，挤压件侧壁抗拉强度可达 366.09 MPa，挤压件腹板抗拉强度为 351.58 MPa，二者平均延伸率均在 25% 以上；挤压件不同部位力学性能无明显差别，其中侧壁和腹板处平均延伸率略高。总体来看，挤压件各处平均抗拉强度与平均延伸率均满足构件力学性能要求。

表 8 - 11　挤压件室温拉伸性能

	位　置	屈服强度/MPa	抗拉强度/MPa	延伸率%
平均值 1~3	柱 3	169.79	361.36	22.81
平均值 4~6	柱 2	159.03	366.36	24.01
平均值 7~9	柱 1	165.32	360.47	20.20
平均值 10~12	纵壁	162.41	366.09	25.05
平均值 13~15	横壁	167.52	368.19	27.02
平均值 15~18	腹板	154.25	351.58	27.91

注：航天锻件标准要求锻件抗拉强度不低于 305 MPa。

3. 热挤压件微观组织

原始材料 200 倍金相显微如图 8 - 113 所示，可见原始材料晶粒尺寸大，最大可达 200 μm 左右。晶界处有少量小尺寸晶粒，说明原材料加工温度较低，发生轻微再结晶。

图 8 - 113　原材料 200 倍金相显微照片

挤压件侧壁放大不同倍数的金相显微组织如图 8 - 114 所示。基材的取样在挤压件进行热处理之后进行，由金相显微照片可见，挤压件侧壁组织具有大量尺寸较小的等轴晶粒，说明热处理使得挤压件侧壁发生很大程度再结晶，但仍保留有部分挤压后被拉长的晶粒，再结晶后的晶粒尺寸普遍介于 5~15 μm。

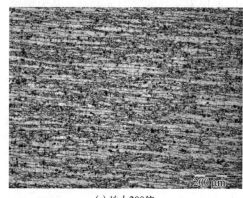

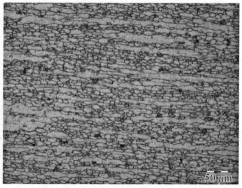

(a) 放大200倍　　　　　　　　　　　　　　　(b) 放大500倍

图 8 - 114　挤压件侧壁金相显微照片

常规棒材和厚轧板晶粒尺寸在 15~30 μm，经过合理的工艺设计后，实际也可达到 5~15 μm。

挤压件腹板基材金相显微如图 8 - 115 所示，可以发现挤压件腹板在热处理后同样发生了一定程度的再结晶，相比于上文中热处理后的侧壁，腹板再结晶程度较低，整体晶粒尺寸大于侧壁，处于 10~50 μm 不等。原因是在热挤压过程中，腹板处材料的变形量低于侧壁，晶粒细化程度低于侧壁。由于腹板厚度大于侧壁，在热处理过程中侧壁的受热均匀程度要优于腹板，因此腹板的再结晶程度低于侧壁，晶粒尺寸大于侧壁。

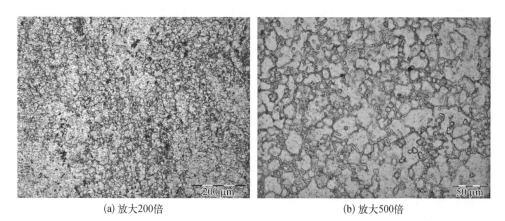

(a) 放大200倍　　　　　　　　　　　　(b) 放大500倍

图 8 - 115　挤压件腹板金相显微照片

8.3.2　热挤压与增材制造复合成形工艺试验

图 8 - 116 为挤压-增材复合制造的零件。在热挤压基体上进行电弧增材制造，对路径进行合理的规划，借助仿真分析和试件的试验分析对比，确定了合理可行的工艺方案和最佳工艺参数，具体工艺参数为：送丝速度 6 m/min、行进速度 7 mm/s、正弦摆动、频率 5 Hz、摆幅 3 mm，两侧停留时间 0.15 s。最终获得的产品质量合格，微观组织和力学性能优良。

图 8 - 116　挤压与增材复合制造样件

由上述内容可知，通过合理设置挤压基体成形工件的工艺参数以及增材体的路径程序等工艺参数，可以满足设计指标中的力学性能、精度、质量等要求。热挤压增材复合成形技术可为复杂大尺寸零件的加工制造提供指导。

8.4 典型热挤压工艺仿真解析

8.4.1 立式热挤压工艺仿真

热挤压成形过程材料的弹性变形很小，可以忽略，将其看作刚塑性或刚黏塑性材料。针对塑性体积成形的特点，本节以筒形机匣（图8-117）为例，分别介绍挤压变形过程三维刚塑性/刚黏塑性有限元仿真技术。

1. 典型筒形件成形过程的数值模拟

所选典型件如图8-117所示。该件是航空装备中的关键零件，材料为7075铝合金，几何形状复杂，呈轴对称形，筒的一端是法兰，另一端是四个非均匀分布的凸耳，凸耳高近60 mm、长45 mm，靠近凸耳一端的外侧表面有近90 mm高的非加工表面；四个凸耳在飞机起飞、飞行和降落过程中承受较大载荷。产品采用挤压工艺制造，要求挤

图8-117　典型筒形件实物图

压件的流线沿其几何外形分布，不允许有流线紊乱、涡流及穿流现象，晶粒应均匀细小，具有较高的机械性能。

该零件需要采用等温精密成形和组合凹模才能保证挤压件的成形和挤压后脱模，整个成形过程非常复杂，可以分成如图8-118所示的两个阶段：先使用凸模2模压圆坯料，此时金属主要充填筒形件的下部和四个凸耳，该阶段属于径向挤压变形；当四个凸耳基本充满后，再使用凸模1反挤成形筒形件的筒壁和模压法兰，该阶段金属变形流动较上一阶段简单。在第一阶段，由于金属的变形流动较为复杂，常常会在筒形件下部靠近四个凸耳处出现折叠或流线不顺现象（如图8-119所示）。此外，四个凸耳端角处能否充满也是成形的关键。针对上述问题，采用三维刚塑性/刚黏塑性有限元模拟分析软件对该筒形件的第一阶段成形过程进行模拟分析。

考虑到对称性，仅取整个坯料的八分之一作为模拟对象。模拟计算时，凸模以1 mm/s向下运动，凹模静止不动，时间增量步长取0.75 s，摩擦力的计算选用反正切摩擦模型，摩擦因子取0.3。

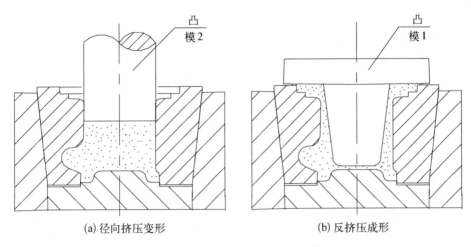

(a) 径向挤压变形　　　　　　　　　(b) 反挤压成形

图 8-118　筒形机匣成形过程示意图

2. 模拟结果分析

图 8-120 所示是四次网格重划前后的网格变化情况。在模压初期，某些单元的边侵入模具内部比较严重，网格需要进行重新划分；继续模压时，由于网格蜕化而分别需要进行第二、三、四次网格重新划分。图 8-121 所示为筒形机匣成形过程中不同阶段的变形网格图，图 8-122 和图 8-123 所示为不同压缩率下凸耳中心子午面处的速度场和等效应变率分布图。有限元模拟结果表明：模压初期，变形区主要集中在下冲头附近，变形区金属轴向被压缩，沿径向伸长变形，金属先流向下部型腔外侧；当充填到一定程度后，金属才开始流入凸耳处。由于凸

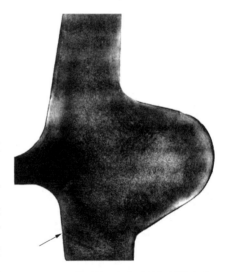

图 8-119　筒形机匣凸耳局部低倍组织

耳的成形相当于变截面的径向挤压过程，金属充填凸耳型腔比较困难，需要较大的模压力才能保证凸耳端角完全充满；当凸耳部位接近充满时，金属才最后充填下部型腔的内侧，此时变形区主要集中在下部型腔的内侧，由于金属是沿两个不同的方向流动，如果下冲头的圆角半径较小，此处可能由于金属的流动方向不一致而形成折叠或流线不顺，如图 8-123（c）所示。因此，在模具设计时应适当增大下冲头的圆角半径。上述模拟分析为筒形机匣的等温精密成形工艺的制定和模具设计提供了依据。

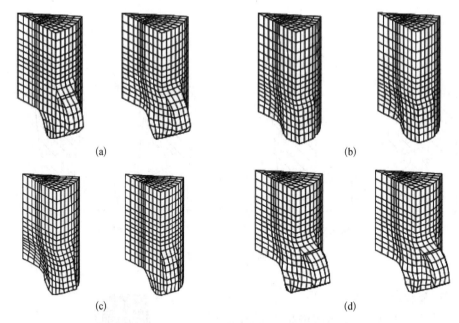

图 8 - 120 不同压缩率的变形网格和重划网格

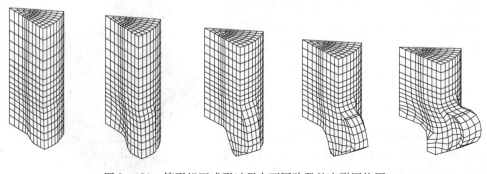

图 8 - 121 筒形机匣成形过程中不同阶段的变形网格图

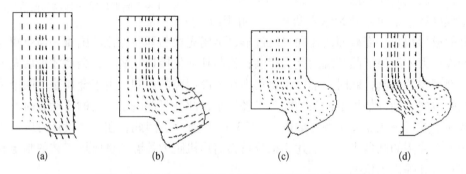

图 8 - 122 不同压缩率下凸耳中心子午面处的速度场

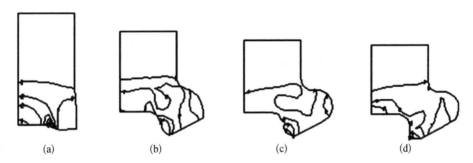

(a) (b) (c) (d)

图 8 - 123 不同压缩率下凸耳中心子午面处的等效应变率分布图

8.4.2 连续热挤压工艺仿真

图 8 - 123 所示三维形状截面挤压型材构件是航天装备中的关键部件承压密封舱体类产品,该产品具有大截面、大壁厚差、非对称、多空心腔等复杂特征。鉴于该产品的特征及设计要求,采用连续热挤压工艺进行成形。

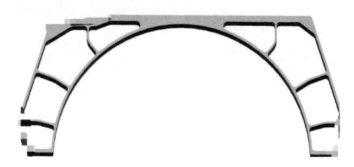

图 8 - 124 铝合金型材三维形状

由图 8 - 124 可以看出,该型材在挤压工艺和模具设计方面存在如下难点:

(1)断面尺寸较大,型腔多孔复杂,所需模具应设计为平面分流组合模,所需加工的模具尺寸大且难以加工,所需挤压力较大,对挤压机的性能要求较高。

(2)壁厚差别大,金属流速差别大,挤压过程难以控制,容易产生温差大、应力不均、变形长度不均等不利问题。

(3)尺寸公差与形位公差精度要求高,达到了相关标准的高精度级水平,如果不能较好地控制变形,精度要求难以保证。

(4)使用条件苛刻,产品质量、强度和刚度等力学性能要求高,需要严格控制型材的焊合质量、内部组织及晶粒尺寸。

1. 几何模型的构建

流动分析采用 HyperXtrude 软件，分析前先对材料流经的所有区域划分网格。在挤压的过程中，材料流经挤压筒-分流孔-焊合室-模孔，最后通过模孔后形成型材，这些区域的材料均需进行有限元网格划分。为了提高计算效率，减少错误的发生，保证网格划分的质量，需要对模型进行几何清理；几何清理是一项重要的工作，主要是取消小的细节特征，避免尖角、长宽比很大的面、改善几何拓扑关系，清理不好会导致计算过程连续报错甚至中断。对于本书研究的模型，清理的重点是分流桥和分流孔部分。清理后的分流孔和焊合室模型如图 8 - 125 所示。

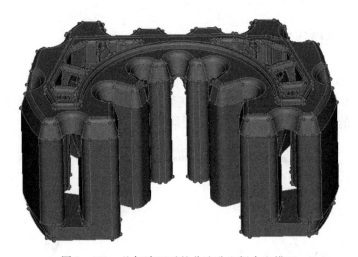

图 8 - 125　几何清理后的分流孔和焊合室模型

2. 网格划分

针对该承压密封舱体产品挤压型材，为了计算顺利进行，二维面网格全都采用三角形。生成三维网格时，工作带和型材部分采用三棱柱，其他部分采用四面体单元。在网格划分时，为了提高计算效率，要对成形部分进行细化，依次往外扩大。一般相邻部分面划分的网格尺寸相差 1.5 ~ 3 倍，最终生成的三维网格如图 8 - 126 所示。

3. HyperXtrude 计算

选择设置挤压速度、模具温度、棒料温度等工艺参数，操作系统根据指定的挤压模型自动生成边界条件和默认的边界参数。

1）设置单位

选择国际单位制，长度单位为 mm，速度单位为 mm/s，温度单位为℃，应力单位为 MPa。

(a) 型材

(b) 工作带

(c) 分流孔和焊合室

(d) 坯料

图 8-126　三维网格

2）设置分析需求

具体设置如图 8-127 所示。

3）设置材料模型

暂时选择默认即可，待其他设置完成后，重新导入通过热压缩分析获得的 6005A 铝合金本构模型。

4）设置组件信息

将 Billet 和 Billet 3D、Portholes + Welding Chamber 和 Porthole 3D、Bearing Cavity 和 Bearing 3D、Profile 和 Profile 3D 一一对应。

5）设置工艺参数

根据资料推荐及实际工作经验设置；挤压条件不同，挤压参数选择不同。需要设置的工艺参数主要有坯料预热温度、模具温度、挤压筒温度、挤压速度等。

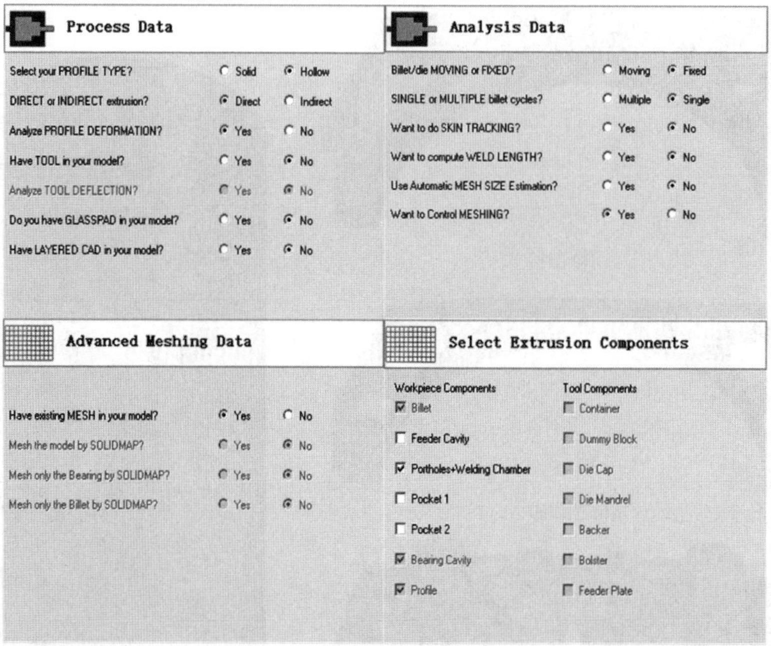

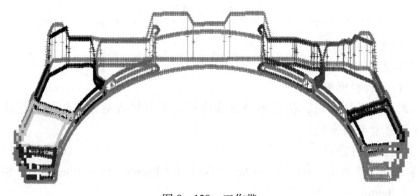

图 8 - 127　分析需求设置

6）生成工作带

本例设计的模具中共含有 9 个闭合工作带，其中上模有 8 个模芯，共 8 个闭合工作带，下模有 1 个闭合工作带；此前已经将确定工作带长度的线分别提取到不同的图层，现在要将工作带的边界条件和从工作带上提取的线一一对应。生成的工作带如图 8 - 128 所示。

图 8 - 128　工作带

7）设置边界条件

边界条件设置合理与否，对模拟结果影响非常大。HyperXtrude 软件中支持

10 种边界条件类型，分别为 Inflow、Outflow、Solid Wall、Solid Fluid Interface、Interior Surface、Bearing、Symmetry BC、Free Surface、Tool Surface、Fluid Interface，其中材料流动区域主要涉及 Inflow、Outflow、Solid Wall、Bearing、Free Surface 五种边界条件，具体作用区域和参数设置如表 8－12 所示。

表 8－12　与材料流动相关的边界条件

边界条件类型/名称	作 用 区 域	边 界 条 件 参 数
Inflow	挤压垫/棒料	棒料的预热温度，挤压速度
Outflow	型材出口	压力为 0
Solid Wall	棒料/挤压筒、棒料/模具、分流孔/模具	摩擦类型为 stick 热交换系数为 3 000 W/(m² · ℃)
Bearing	模具/工作带	摩擦类型为 viscoplastic，摩擦系数为 0.3
Free Surface	自由表面	表面的法向速度为 0

4. 仿真成形结果分析

对不同工艺参数设计组合以及模具结构参数进行仿真优化，通过 HyperXtrude 软件计算获得初始及两次优化后型材的位移分布（如图 8－129 所示）、速度分布

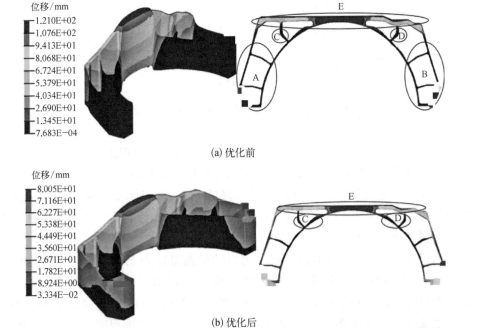

(a) 优化前

(b) 优化后

图 8－129　优化前后型材的位移分布云图

（如图 8–130 所示）、温度分布（如图 8–131 所示）、应变分布（如图 8–132 所示）、晶粒尺寸分布（如图 8–133 所示）。第二次优化增设了阻流块。

　　通过图 8–129 可以看出，优化后最大变形量为 80.05 mm，相比初始模型降低了 40.95 mm，最大变形量相比初始模型降低比例为 33.84%，C、D、E 处变形虽然有很大程度的减轻，C、D 部分的翘曲明显减弱，因此增设阻流块在一定程度上减轻了变形。

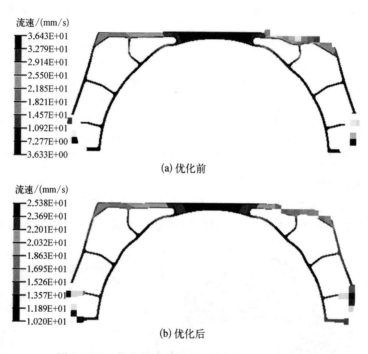

图 8–130　优化前后型材出口的金属流速分布云图

　　通过图 8–130 可以看出，金属流速相比初始模型向理论流速进一步靠近，最大金属流速为 25.38 mm/s，最小金属流速为 10.20 mm/s，金属流速差值为 15.18 mm/s，金属流速差值相比初始模型降低比例为 46.71%，SDV 为 4.66 mm/s，相比初始模型有了更大幅度的降低。可见阻流块与二级焊合室一体化能够更好地改善金属流速。

　　通过图 8–131 可以看出，型材出口的最高温度为 539.00℃，最低温度为 498.90℃，最大温差为 40.1℃，经过计算 SDT 为 13.15℃，SDT 有很大程度的降低，型材各个位置的温度分布更加均匀，最大温差相比初始模型降低了 31.10%。说明阻流块与二级焊合室一体化使金属流速分布均匀，变形程度减小，进而使温度分布更好。

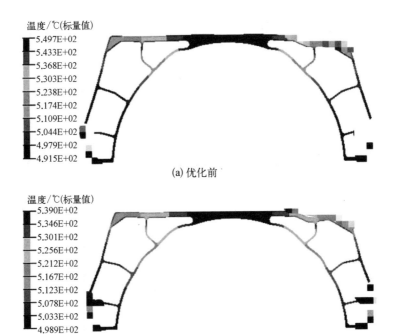

温度/℃(标量值)
- 5.497E+02
- 5.433E+02
- 5.368E+02
- 5.303E+02
- 5.238E+02
- 5.174E+02
- 5.109E+02
- 5.044E+02
- 4.979E+02
- 4.915E+02

(a) 优化前

温度/℃(标量值)
- 5.390E+02
- 5.346E+02
- 5.301E+02
- 5.256E+02
- 5.212E+02
- 5.167E+02
- 5.123E+02
- 5.078E+02
- 5.033E+02
- 4.989E+02

(b) 优化后

图 8-131　型材出口的温度分布云图

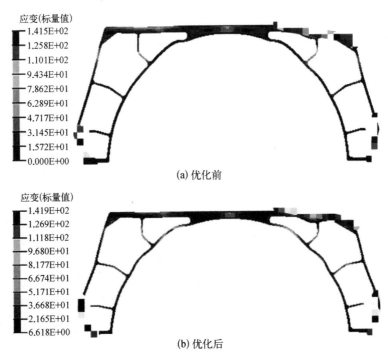

应变(标量值)
- 1.415E+02
- 1.258E+02
- 1.101E+02
- 9.434E+01
- 7.862E+01
- 6.289E+01
- 4.717E+01
- 3.145E+01
- 1.572E+01
- 0.000E+00

(a) 优化前

应变(标量值)
- 1.419E+02
- 1.269E+02
- 1.118E+02
- 9.680E+01
- 8.177E+01
- 6.674E+01
- 5.171E+01
- 3.668E+01
- 2.165E+01
- 6.618E+00

(b) 优化后

图 8-132　型材出口的应变分布云图

由图 8 - 132 可以看出，最大应变值为 141.90，与初始模型的最大应变 141.50 十分接近。

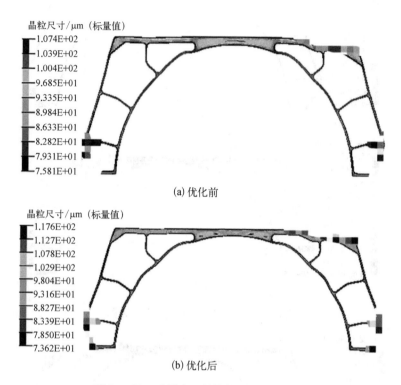

(a) 优化前

(b) 优化后

图 8 - 133　型材出口的晶粒尺寸分布云图

通过图 8 - 133 可以看出，最大晶粒尺寸为 117.60 μm，最小晶粒尺寸为 73.62 μm，晶粒尺寸最大差值为 43.98 μm，SDG 为 7.95 μm。晶粒尺寸最大差值、SDG 与初始模型相比略有增加。

挤压过程金属流线追踪分布如图 8 - 134 所示，每一条流线代表从坯料开始对应的金属粒子到最后型材的流动路径，流线密集程度越高，代表该位置的金属流速越快。通过金属流线分布追踪图可知，型材中间位置流速过快对应的分流孔内流线较多，两边流速较慢位置金属流线分布较少，为了均衡流速使得型材变形量减小，应该阻挡或者减缓型材中间位置的流速。

图 8 - 134（b）是优化后的金属流线追踪分布示意图。可以看到，经优化后金属流线分布相比初始模型略有改善，型材中间密集程度减弱，型材两边流线增多，金属流动比初始模型更加均匀，分流孔、焊合室、工作带、型材位置的流线分布也更加均匀，金属流线分布相比初始模型有了很大程度的改善。

通过列举不同典型挤压零件的工艺仿真实例解析，本节完整地介绍了立式挤

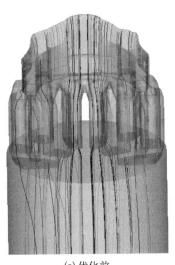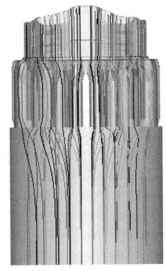

(a) 优化前　　　　　　　　　　　(b) 优化后

图 8 - 134　金属流线追踪分布

压成形工艺与连续热挤压成形工艺的原理，以及不同的参数设置方案，并力求通过详细分析各步骤的操作及计算结果，使读者能很好地了解热挤压工艺仿真的特点和必要性。

参 考 文 献

［1］　李庆杰. 高强度铝合金机匣体多向精挤压工艺优化 ［D］. 武汉：华中科技大学，2011.

［2］　Fang G，Lei L P，Zeng P. Three dimensional rigid-plastic finite element simulation for the two-roll cross-wedge rolling process ［J］. Jorunal of Materials Processing Technology，2002，129：245 - 247.

［3］　李大乔，颜银标，张顿. 多向锻造对 7A04 铝合金组织与性能的影响 ［J］. 有色金属工程，2014（4）：26 - 29.

［4］　Xu J，Yang H，Li H，et al. Significance-based optimization of processing parameters for thin-walled aluminum alloy tube NC bending with small bending radius ［J］. Transactions of Nonferrous Metals Society of China，2012，22（1）：147 - 156.

［5］　Zhang C S，Zhao G Q，Chen H，et al. Numerical simulation and metal flow analysis of hot extrusion process for a complex hollow aluminum profile ［J］. International Journal of Advanced Manufacturing Technology，2012，60（1）：101 - 110.

［6］　Yang D Y，Park K，Kang Y S. Integrated finite element simulation for the hot extrusion of complicated Al alloy profiles ［J］. Journal of Material Process Technology，2001，111（S1 - 3）：25 - 30.

［7］　李峰，林俊峰，初冠南，等. 铝合金挤压件成形工艺及三维有限元分析 ［J］. 中国有色金属学报，2009，19（7）：1197 - 1202.

第九章　热挤压技术发展趋势

金属热挤压技术发展至今已有 200 余年的历史，发达国家已装备了各种形式、各种结构、不同吨位的热挤压设备，研制出多种新型热挤压工艺，挤压产品正在向大型化、复杂化、精密化、多品种、多规格、多用途方向发展。我国在航空航天工业及国民经济高速发展的背景下，热挤压技术在理论研究、高端装备研制以及工业化生产上，近十多年来均取得了显著进展和成就，尤其在航天铝合金材料大型和特大型构件生产上，实现了从无到有、从弱到强的跨越式发展，与发达国家热挤压技术之间的差距不断减小。铝锂合金、耐热镁合金等高性能材料不断涌现，智能制造技术不断发展并与传统工艺制造技术相结合，极端制造技术在各领域的需求日益增大，均对热挤压技术提出了更高的要求。本章主要从新材料热挤压、智能设计与极端制造、智能装备发展等方面，阐述热挤压技术的最新进展与未来发展趋势。

9.1　新材料热挤压展望

9.1.1　铝锂合金材料挤压

在高端制造领域技术发展的推动下，我国铝锂合金的基础研究工作取得了较大进展，相继开发出中强度可焊性较好的 1420 铝锂合金和高强度的 2090 铝锂合金。从俄罗斯引进熔铸机组设备和生产技术，成功实现了铝锂合金的工业化生产。"十三五"期间，国家各部门对铝锂合金研究的重视程度达到空前高度，各地纷纷在新材料产业规划中将高性能铝锂合金作为重点支持方向，哈尔滨工业大学、中南大学、西南铝厂、江苏豪然等单位均对铝锂合金开展了大量的研究。当前铝锂合金材料规格包括 $\phi90$ mm、$\phi160$ mm、$\phi350$ mm 挤压棒材，30 mm×710 mm、20 mm×710 mm 挤压宽带材、"几"字形和"T"字形型材等种类，以及 $\phi800$ mm 以上规格的大型挤压型材，涵盖了目前挤压件所需的各种规格形状范围。挤压棒材经 T8 热处理后抗拉强度可达 677 MPa，延伸率可达 11.3%，具有优异的强塑性综合性能，大幅度高于 AMS4474-2195 板材标准。

随着新一代航天产品的飞行速度越来越快，飞行距离越来越远，航天装备逐渐呈现出大尺寸、轻量化、高刚度和异型化等特征，结构承载力热载荷复杂且恶劣，尺度和起飞重量加大，轻量化程度高，对耐高温、高承载、轻量化的材料需求日益迫切。采用喷射沉积方法制备高冶金质量铝锂合金锭坯，利用氩气保护熔炼和炉内精炼的方式，获得了洁净度高、含氢量少的高质量熔体；同时通过喷射沉积工艺解决了铸锭组织不均匀、宏观偏析等凝固过程产生的问题，并经过后续的热挤压形变工艺，制备出了高性能铝锂合金航天航空装备用构件，近年来在航天轻量化设备舱、贮箱共底、支撑环等结构件上实现了应用。随着铸锭性能提升、材料规格尺寸增大、质量可靠性提高，铝锂合金在航天领域轻量化高性能承载结构中的应用将越来越广泛。

迄今为止，我国的铝锂合金总体研究水平及技术成熟度与国外先进水平相比仍存在较大差距。主要表现在尚未形成较完备的铝锂合金牌号体系，缺乏面向特定性能和应用的新型牌号研制能力，对铝锂合金的微量元素，特别是 Ag、Zr、Mn 等元素的作用机制尚未理解透彻，对铝锂合金尤其是大规格产品制备工艺掌握不够深入，缺乏自主设计制造铝锂合金熔铸生产设备的能力，亟需在相关方面开展全面深入研究。

9.1.2　耐热镁合金挤压

镁合金具有优异的比强度、阻尼性和导热性、电磁屏蔽等特性，加之加工性能良好，在航天领域得到了广泛应用。随着航天装备更新换代、性能提升，耐热镁合金的应用需求逐步增大，包含中强耐热镁合金和高强耐热镁合金。

中强耐热镁合金是在镁中添加低成本的合金化元素（Al、Mn、Zn、Ca 等）及少量稀土元素，通过半连续铸造制备成合金铸锭，然后通过变形加工制备成板材、型材、管材、锻件等，也可以作为压铸母合金。其优点是韧性高、强度中等、加工性能好，且成本低，适用于航天产品舱翼、支架、壳体、舱段等结构功能部件的热挤压加工，其材料性能参数如表 9-1 所示。

表 9-1　中强耐热镁合金性能（轧板、挤压型材）

合金牌号	密度/ （g/cm³）	导热率/ ［W/(m·K)］	力　学　性　能			
			屈服强度/MPa	抗拉强度/MPa	伸长率	弹性模量
AE83M	1.82	63~68	≥250	≥380	≥6	45
AE32M	1.80	63~68	≥220	≥350	≥8	45
AZ33M	1.78	63~68	≥190	≥320	≥10	45
AZ80M	1.78	63~68	≥190	≥320	≥8	45
AZ31M	1.78	65~68	≥170	≥280	≥12	45

高强耐热镁合金通过添加 Gd、Y、Nd 等稀土元素来改善普通商用镁合金力学性能低、耐热性能不足的缺点，合金化后通过半连续铸造制备成合金铸锭，再通过变形加工制备成板材、型材、管材、锻件等，也可以用作压铸母合金。由于添加了稀土元素，其成本相对普通镁合金高，优点是强度高、高温性能好、稳定性好、加工性能好，可用于航天耐热结构件、舱段、燃料舱等重要承载部件热挤压成形，其材料性能参数如表 9－2 所示。

表 9－2　高强耐热镁合金性能（轧板、挤压型材）

合金牌号	密度/（g/cm³）	导热率/［W/（m·K）］	力 学 性 能			
			屈服强度/MPa	抗拉强度/MPa	伸长率	弹性模量
VW83M	1.90	60~65	≥280	≥430	≥3	46
VW64M	1.86	60~65	≥260	≥400	≥6	46

9.1.3　金属基复合材料挤压

在金属基复合材料中，铝基复合材料具有比基体更高的比强度和比模量，更低的热膨胀系数，尤其是弥散增强的铝基复合材料，不仅具有各向同性特征，还具有可加工和价格相对低廉的优点，更是应用关注的重点。铝基复合材料是以金属铝及其合金为基体，以金属或非金属颗粒、晶须或纤维为增强相的非均质混合物。按照增强体的不同，铝基复合材料可分为纤维增强铝基复合材料和颗粒增强铝基复合材料。纤维增强铝基复合材料具有比强度、比模量高以及尺寸稳定性好等优异性能，但价格昂贵，目前主要用于航天飞机液压管、直升机起落架与阀体、人造卫星和空间站等结构的制造。颗粒增强铝基复合材料现主要用于制造卫星等航天用结构件、飞机零部件、光学系统金属件、惯性导航系统的精密零件、涡轮增压推进器和电子封装器件等产品。

随着航天领域轻量化高性能构件制造需求的增加，非连续增强铝基复合材料立式热挤压技术制备复杂精密结构件是研究与发展的方向之一。此外，采用以 6061 铝合金为基体的铝基复合材料，可以通过连续挤压成形、型材拉伸、时效热处理等方式获得优质高效低成本的铝基复合材料型材，在航天燃料舱、设备舱、纵梁等结构件上具有较好的应用前景。铝基复合材料虽然强度高、稳定性与热强性好，但是塑性低、成形性能差，目前还难以成形截面形状复杂的构件，开发新的铝基复合材料及挤压工艺具有重要意义。

9.2　面向智能设计的热挤压技术

9.2.1　热挤压工艺智能设计

热挤压工艺设计基本上经历了传统的手工设计、计算机辅助设计和智能设计三个阶段。随着时代的变迁，计算机软硬件技术、人工智能技术、信息技术、数据库技术飞速发展，智能设计也随之快速发展，成为后续发展的重要方向之一。智能设计主要需要解决两个方面的问题：一方面是领域知识的表示和知识库的开发；另一方面是推理策略的智能化。热挤压工艺设计的基本流程如图 9-1 所示。

智能计算机辅助工艺设计是将人工智能技术应用于计算机辅助工艺设计。为了解决传统工艺设计方法存在的弊端，从 20 世纪 60 年代开始，计算机辅助工艺设计理论与应用成为研究热点。用计算机辅助工艺设计代替传统的工艺设计，一方面可以将工艺设计人员从繁琐和重复性的劳动中解放出来，转而从事新工艺的开发工作，缩短新产品的工艺设计周期，提高产品对市场的响应能力；另一方面也有助于对工艺设计人员的宝贵经验进行总结和继承，实现工艺设计的优化，提升标准化水平，从而推进产品研发制造精益化水平的提升。

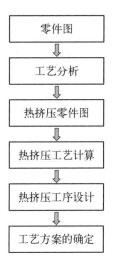

图 9-1　热挤压工艺
设计流程图

基于知识的专家系统一般由知识库、推理机、知识获取系统以及人机接口等组成。知识表示是构建基于知识的专家系统的重要基础，其为利用计算机能够接受并进行处理的符号和方式来表示人类在认识和改造客观世界的过程中所获得的知识。目前，常用的几种知识表示方式为产生式规则表示法、语义网络表示法、框架表示法、谓词表示法、面向对象表示法以及人工神经网络表示法等。在不同的领域，要根据领域知识各自不同的特点选用适当的知识表达方式，然而无论采取何种方式来表示知识，都必须满足可用性、可读性和可扩充性的要求。知识表示模式的选定目前还没有统一的准则和标准。在选择知识表示模式时应从多个方面进行考虑，一般要满足以下条件：便于充分表达领域知识；便于运用知识进行推理；便于知识的维护和管理；便于理解和实现。

9.2.2 基于人工神经网络的热挤压工艺智能系统

对一个热挤压工艺设计系统而言，设计合理的体系结构将给系统中各个模块的集成、系统的实现以及用户的使用等带来很大的便利。热挤压工艺设计智能系统将人工神经网络作为系统的核心，使其成为联系系统其他模块的枢纽，其模型框架如图 9-2 所示。

BP 算法，即向后传播算法，意指误差的向后传播。采用 BP 算法的多层人工神经网络模型一般称 BP 神经网络。BP 神经网络的学习过程由正向传播和反向传播两部分组成。当正向传播时，输入信息从输入层开始，经过隐含层，然后传向输出层，每一层神经元的状态只影响下一层神经元。如果输出层得不到期望的输出结果，则进入误差反向传播阶段，人工神经网络根据反向传播的误差信号修改各层之间的连接权重，使误差信号达到最小，从而产生从输入到输出的非线性映射。三层 BP 神经网络模型的拓扑结构如图 9-3 所示，由输入层、隐含层和输出层组成。网络映射是一个高度的非线性关系的映射，理论上 BP 网络可以逼近任意一个非线性问题，还能够通过学习带有正确答案的实例来自动提取合理的求解规则，而且所提取的规则具有一定的推广能力。

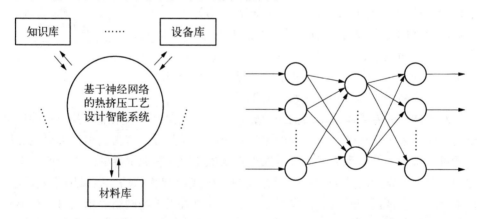

图 9-2　热挤压工艺设计智能系统框架　　　　图 9-3　三层 BP 神经网络模型

热挤压工艺设计智能系统涉及的知识具有模糊性和隐蔽性，既有定量知识又有定性知识，这就使常规的数据处理方法难以从根本上解决所面临的问题，因而需要借助某种能有效地描述动态和非线性问题的工具，而 BP 神经网络正好可以为这种问题的描述提供一条方便快捷的途径。综合考虑热挤压工艺设计和 BP 神经网络的特点，在热挤压工艺设计智能系统中选用 BP 神经网络模型比较合适。

人工神经网络在热挤压工艺设计系统中的主要工作包括以下三个方面：一是

针对输入的零件模式经过网络映射后输出热挤压成形过程中的中间半成品件形状；二是输出热挤压零件的成形工序；三是将每次新的事例作为新的知识存于知识库。人工神经网络只能进行数值计算，输入和输出均是数值。如果用热挤压零件作为网络的输入，中间成形工序的形状和成形工艺作为输出，人工神经网络是少节点输入对多节点输出模式；如果用多个人工神经网络进行工艺映射，网络的构造和训练以及映射过程都会变得异常复杂，故应选择一种结构简单而且输入输出节点比较均衡的网络映射模式作为 BP 网络。

9.2.3　基于遗传算法的模具优化设计技术

利用数值模拟（刚黏塑性有限元模拟）、智能技术（BP 神经网络或遗传算法）进行挤压模具优化设计是热挤压智能设计的重要研究方向。该方式首先根据经验选择具有代表性的参数组合，利用有限元数值计算获得的目标函数值，将其作为学习样本来训练根据具体问题所建立的神经网络模型，在训练结束和仿真测试验证了神经网络模型反映实际问题的可靠性后，将其用作优化算法的知识源，以多层 BP 神经网络的推广能力来预测优化所需的目标函数值，实现遗传算法优化迭代过程中个体适应度值的实时求解，解决其有限元数值模拟计算量大的缺陷，这为挤压模具的优化设计提供了一种新的方法。由于数值模拟、人工神经网络和遗传算法属于非耦合算法，通用性较强，该模型适用于金属塑性成形各领域的优化设计。

由于 DEFORM 等数值模拟软件解决了有限元中的关键技术，使有限元数值模拟技术同实验技术、实际生产实现了有效的结合，在塑性加工的实践中取得了一系列的成功。通过有限元数值模拟可以获得热挤压成形全过程的材料流动规律和力学行为等；进行模拟之前，需要先根据热挤压工艺设计系统输出的结果来设计毛坯和热挤压模具，然后用 DEFORM 软件进行数值模拟分析，验证整个成形过程中材料流动稳定、应力和应变分布、成形载荷等的正确性、合理性。

9.3　面向极端制造的热挤压技术

9.3.1　微小复杂结构型材精密挤压技术

微小复杂结构型材精密热挤压是未来较长时期内极端挤压技术的重要发展方向之一，在航空航天、太阳能、汽车工业和仪器仪表等领域的应用潜力巨大。微小复杂结构精密热挤压型材是指通过热挤压方法获得的最大外形尺寸只有几毫米，且设计有微筋或微槽等微结构特征的微小挤压型材等产品，其典型截面如图 9-4 所示[1]。根据挤压产品的结构形式，挤压型材可以分为实心挤压型材和空心挤压型材。微小复杂结构实心挤压型材最典型的代表是微小型齿轮，是微机电系统（micro-electro-mechanical system，MEMS）器件中广泛应用的微小型传动机构的重要驱动元件。而微小复杂结构空心挤压型材的典型代表是微小型沟槽热管，其管壳内壁一般设计有 1 mm 以下的轴向微沟槽结构，是解决卫星上狭小空间内 CCD 相机等高热流密度元器件散热问题的关键构件[2]。

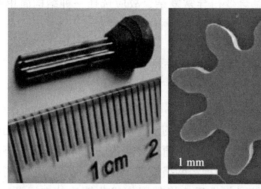

(a) Ti-6Al-4V合金微小型齿轮[1]

(b) 6063铝合金微型热管

图 9-4　微小复杂结构挤压型材典型截面

在微小复杂结构型材精密热挤压技术研究方面，国内科研院所和高校已经开展了一些工作，如中国空间技术研究院[2, 3]、哈尔滨工业大学[4, 5]和南京理工大学[6]等，而国外的相关研究却鲜有报道。热挤压工艺用于微小型齿轮这类实心的微小复杂结构型材的制造，和其他制造工艺相比，具有近净成形、尺寸精度优良、机械性能更好、生产效率高和成本低等一系列优势。Dong 等[6]通过热挤压工艺制造了高强度商业 7075 铝合金的微型齿轮，其外径为 1.16 mm，模数为 0.1 mm，齿数为 10。在空心的微小复杂结构型材的热挤压研究方面，Liu 等[4, 5]采用分流模挤压模具研究了微小型沟槽热管类微小复杂结构空心型材的热挤压工艺，实现了最大外形尺寸 4 mm×4 mm 的 6063 铝合金微小型热管型材的批量精密制造，其微沟槽的宽度能够达到 0.27±0.03 mm。此外，中国空间技术研究院研制了直径为 3 mm 和 5 mm 的铝-氨微小型槽道热管，用于解决某型号微型 CCD 相机的温差问题。尽管如此，微小复杂结构型材的精密热挤压技术仍然存在许多亟待攻克的技术难题。

不同于传统的型材挤压，微小复杂结构型材在热挤压时产生了许多新问题，如型材微小结构特征内金属流动的滞后现象[4]和缩尾缺陷的过早形成[5]等。在工业挤压机上的超高挤压比、复杂的形状和更加恶劣的模具服役条件等，也是这类挤压型材热挤压时面临的显著特点，这些因素均会影响挤压产品的尺寸精度和使用性能。从当前面临的主要问题看，微小复杂结构型材的精密热挤压技术的发展主要受挤压设备、模具设计及其制造和挤压有限元仿真技术等因素的制约，这些也是未来亟待攻克的技术痛点。为了更好地促进微小复杂结构型材精密热挤压技术的发展和进步，未来的研究应该聚焦于以下四个方面：

1. 挤压设备

挤压设备是限制微小复杂结构型材挤压技术发展亟待解决的核心技术问题之一，开发专用于微小复杂结构型材挤压的设备尤为重要。微小复杂结构型材的横截面积小至十几平方毫米（甚至更小），而挤压设备的挤压筒横截面又很大，因此微小复杂结构型材挤压成形的挤压比超大；过大的挤压比会造成挤压模具内很高的压力和应力集中，导致模具损坏失效，严重时会引起挤压机"闷车"现象，从而使得挤压无法继续进行，因此常规的挤压设备并不十分适合微小复杂结构型材的挤压成形。为了克服上述问题，通常采取一模多件的模具设计方法降低挤压比，但该方法也只能应对部分微小复杂结构型材的挤压成形；当型材横截面积小于 10 mm² 时，对挤压机的挤压筒直径更加敏感，会使挤压设备的选型变得越加困难。

2. 模具设计与制造

深入研究微小复杂结构型材的热挤压模具设计方法，研发适合热挤压成形的、强度更加优良的热作挤压模具钢材，拓展复杂精密的挤压模具模芯的加工工艺，是未来微小复杂结构型材热挤压技术发展的重点方向。

对于微小复杂结构型材的热挤压模具结构设计，需要格外注意微小复杂结构型材挤压模具的薄壁特征（如模芯）变形损坏。例如，微小复杂结构空心型材的内壁常设计有微槽等细小结构特征，因此模芯需要设计成微筋结构，该结构会成为挤压模具强度的薄弱位置，容易发生变形甚至断裂；模具材料的升级和模具结构优化设计是攻克上述问题的主要途径。以铝合金型材的热挤压为例，目前广泛采用经过淬火处理的 H13 钢作为热挤压模具的材料，能够满足绝大多数铝型材热挤压模具的强度设计需求。然而在用作铝合金微小复杂结构型材的模芯时，模芯变形或微结构损坏屡有发生，只能通过模具局部结构加强设计来改善。模具内金属材料协调流动设计也需要格外关注，挤压微小复杂结构型材时，模具工作带内型材的基体区域和微结构特征区域的金属材料流动速度差异较大，会对型材的成形质量造成较大影响，因此需要进一步研究微小复杂结构型材热挤压时模具内金属材料流动变形行为，以及如何改善模具内的金属材料流动。在微小复杂结构型材的模具制造方面，需要进一步研究开发更加适合的高加工质量和低成本制造技术，目前的模具制造主要采用数控中心结合电火花加工的方法，不仅制造成本昂贵，而且某些复杂的挤压模具的制造十分困难。例如，微小复杂结构空心型材的模芯，它不仅非常复杂，外形尺寸也很小。某型号卫星轴向沟槽微小型热管的管壳，其热挤压模具的模芯外径小于 2 mm，微沟槽结构特征尺寸小于 0.3 mm，这些挤压模的制造难度都很大。

3. 挤压有限元仿真技术

面向挤压成形的有限元仿真技术仍然是未来挤压技术发展的重要方向之一，同样适用于微小复杂结构型材挤压。热挤压是在高温、高压的近似密闭空间内进行的，因此有限元仿真技术在深入研究金属在挤压过程中的流动变形行为方面具有独特的优势。目前，比较成熟的能够进行热挤压模拟仿真分析的商业软件包括美国的 DEFORM、德国的 Simufact、法国的 Forge、俄罗斯的 QForm 和韩国的 AFDEX 等，通过在计算机上虚拟试模，可以提早发现或预测原始设计中的不合理参数，避免反复试模和不必要的成本浪费。但微小复杂结构型材热挤压的有限元仿真仍然存在一些问题，例如，因微结构特征撕裂导致型材无法完整挤压成形是微小复杂结构型材热挤压的常见问题，目前还很难通过数值模拟仿真的方法进行预测。

4. 组织性能精确调控与缺陷控制

挤压型材横截面和长度方向的变形不均匀，直接影响挤出型材的组织性能均匀性，挤压型材产品的一致性控制是挤压生产的关键技术之一。对于微小复杂结构型材来说，横截面微结构区域和基体区域的变形条件差异巨大，因此其微观组织与性能的精确调控将更加困难。微小复杂结构型材的缺陷控制也十分重要，以挤压坯料表皮氧化层和夹杂等缺陷流入型材产生的缩尾缺陷为例，由于微小复杂结构型材的横截面积很小，一旦表皮缺陷流入模具型腔，缺陷在型材中的体积占比骤增，就很容易导致型材产品的质量超差甚至报废。因此缺陷控制对微小复杂结构型材挤压尤为重要。

掌握挤压过程中的变形、温度和组织演变规律，是实现挤压型材组织性能调控的基础，也是未来挤压技术的重要发展方向。组织性能精确调控与缺陷控制主要依靠分流孔和焊合室等模具结构尺寸的优化设计，以及挤压温度和挤压速度等工艺参数的优化，进而改善模具内的材料流动，最终提高产品的组织性能均匀性并预防制品缺陷的产生。

电流和超声等能场辅助挤压技术对微小复杂结构型材挤压具有很高的应用潜力。研究表明，电流辅助挤压工艺中脉冲电流能够提高 7075 铝合金挤压型材的延伸率，增强合金的硬度和抗晶间腐蚀能力[7]。对于超声辅助挤压工艺，可以在模具上施加超声波振动实现。Mousavi 等[8]采用显式分析程序进行有限元分析，并与传统的冷挤压进行了比较，研究结果表明，若挤压速度低于临界速度，施加超声波振动会降低挤压力和材料流动应力，但对材料的等效塑性应变没有显著影响，而通过降低挤出速度或增加振动幅度，平均挤出力的降低幅度更大。

9.3.2　超大尺寸连续热挤压技术

随着高端装备轻量化和高速化，为减少零部件数量，降低连接风险和制造成本，对优质大尺寸整体高性能铝合金型材结构部件的需求日益增加，使得挤压设备也向大型化、自动化生产线方向发展。目前，大型整体铝合金受力构件主要有大飞机中的翼梁、隔框、大梁、起落架、桁条等，高速列车上的大型、中空、双表面、宽截面铝合金结构车体，船舶上的高强度大口径铝合金无缝管或甲板，载重汽车的框架，运载火箭等船天飞行器的结构件，兵器领域的步兵战车和装甲运输车，航天产品的大型薄壁异型燃料舱等，这些产品对大尺寸连续热挤压技术的需求都十分迫切。近年来发展起来的超大尺寸连续热挤压技术可满足上述超大尺寸整体结构制造需求，其关键技术主要包括超大尺寸连续热挤压工艺适应性设计、超大结构挤压工艺设计、大型特殊结构挤压筒体和挤压工具的设计以及超大尺寸挤压过程控形控性等技术。

9.3.3　超大型热挤压技术

高端装备、新能源汽车、轨道交通装备等领域对轻量化高效制造的发展需求日新月异，热挤压设备不断向超大型化、自动化、数字化和信息化方向发展，大型电动螺旋压力机、超大吨位模锻液压机、超大吨位油压卧式挤压设备数量不断增加，生产线配套装备的自动化程度明显上升。

近年来，我国超大吨位锻造液压机设计和制造水平显著提高，如太原重工集团研制的 225 MN 超大吨位油压卧式挤压设备已应用于轨道交通产品研制，国内自主研发的 800 MN 超大吨位立式挤压机已在第二重型机械集团公司投入使用，用于大型复杂构件的热挤压成形。但国内热挤压无论在工艺技术水平还是设备稳定性方面，现在仍与发达国家存在差距。未来超大型热挤压技术及设备发展方向主要为：一是完善超大型高端液压机配套辅助设备的建设，加大超大吨位液压系统及控制系统的研发，使现有的先进设备发挥最大的作用；二是改进设计与制造技术，提高装备的可靠性；三是针对超大尺寸复杂薄壁高性能结构件，攻克材料流动均匀性、组织性能稳定性与变形控制等技术。

9.4　智能热挤压装备发展

9.4.1　智能设计技术的研发与应用

现阶段智能设计技术的发展仍处于初级阶段，急需进一步开展系统深入的研究，重点应集中在以下几方面。

1. CAD 技术

CAD 技术的应用和推广，使得热挤压产品的设计工作能够在计算机和网络上完成，这在很大程度上缩短了热挤压产品的设计周期，同时为热挤压企业积累了大量宝贵的数据，保证了最根源的数据可以得到有效共享与充分集成。毫无疑问，设计层发布的三维模型是后续仿真规划分析的基础，而车间生产状态又可以反过来驱动生产模型，作为分析工厂运作的数据源，通过不断普及基于此数据源的三维设计模型，可实现"三维到工艺""三维到现场""三维到设备"的发展战略。

目前，主流的 CAD 软件有 PTC 公司的 Creo、达索公司的 CATIA 和 SolidWorks、西门子的 NX 以及 Autodesk 公司开发的 Inventor。这些软件功能强大，具有非常好的通用性，但均没有专门针对热挤压的智能设计模块。热挤压技术人员在使用这些软件时都是人工干预设计，或者根据自己公司的产品进行适度的二次开发。

2. CAE 技术

目前，在热挤压领域主流的 CAE 软件包括美国的 DEFORM 和 ABAQUS、德国的 Simufact、法国的 Forge、俄罗斯的 QForm 和韩国的 AFDEX 等。这些软件采用基于模型的工艺设计及热挤压模拟系统等，通过计算机软件集成系统在集成环境内综合建模，对成形、热传导和成形设备特性进行模拟仿真分析，提供材料流动、模具型腔填充、热挤压负荷、模具应力、晶粒流动和缺陷产生及发展情况等分析数据，通过在计算机上虚拟热成形过程，预测原始设计中不合理或不是最优方案的参数，帮助设计人员在模具制作前及时调整工艺参数并进行工艺补充设计，避免缺陷（如热挤压折叠、充不满、模具应力集中等）的发生，最终形成一个合理的优化工艺设计方案，避免车间生产现场的多次调试。但这些软件目前均不能实现热挤压工艺的自动优化设计，对工艺中的诸多问题也无法进行智能判断。

3. 其他智能技术

其他智能技术包括人工神经网络技术、基于知识工程技术、专家系统等，目前在工艺设计方面有所应用，但均处于初级阶段，没有达到能够推广应用的水平。

9.4.2　智能装备技术的研发与应用

装备智能化发展的核心是实现设备的自我监测、自我诊断和自我控制，旨在将人工智能融进设备运行过程的各个环节，通过模拟专家的智能活动，对设备运行过程中的问题进行分析、判断、推理、构思、决策，对人类专家的制造知识进行收集、存储、完善、共享、继承和应用，在生产过程中系统能自动监测其运行状态，在受外界或内部激励时自动调整参数，以期达到最佳运行状态。

智能装备技术以设备状态智能化实时诊断数据库为核心，将生产过程中设备的多种状态参数和其他信息集成起来，对设备进行全方位监控和管理，从而提高设备利用率，并使设备处于对某产品成形时的最佳状态。例如，对于多缸驱动的多工位压力机，系统会根据热挤压过程中成形偏心载荷的变化来优化各缸的压力；对于能量型设备，会根据初始几次预成形，自适应设定设备能量，以避免能量不足或者能量过剩。同时系统还会对设备档案、设备台账、设备检修、设备保养等内容进行管理，通过信息集成、分析、反馈，实现设备的自适应、自学习、自诊断、自维护。

在挤压设备方面，经过多年的发展应用，我国的数控液压机技术和装备水平获得了长足进步，高速、高精挤压制造已从口号变成现实，设备可靠性大幅提高，自动化生产线已屡见不鲜，和世界发达国家的技术差距显著缩小。例如，合肥锻压集团的智能热冲压成形液压机，通过应用比例压力控制技术、压机故障诊断和总线技术等，使液压机的性能以及安全性有了明显提升，特别是伺服技术的应用，使液压机如虎添翼，通过伺服电机直接驱动油泵对滑块进行驱动，避免了传统液压机的振动、冲击问题，设备速度转换平稳，同时简化了液压系统，取消了压力控制、速度控制等液压回路，使设备的维修保养更为方便。另外，采用伺服技术后，压机滑块运动曲线可任意设定，方便多机连线及与机械手等的配合，为设备及产线自动化、数字化程度提升提供了更好的基础。

近年来装备数字化制造与解决方案风起云涌，实现路径趋于清晰和完善，部分装备制造厂商已经率先提出了智能互联解决方案。速度更快、精度更高、可靠性更好的热挤压装备正在变成现实，伺服技术的应用在显著提升设备控制能力的同时，为绿色环保制造提供了可靠的技术保证。随着智能化技术的发展，挤压制造中单元化、成形中心、FMS、自动化生产线、机器人应用已遍地开花，距离井喷式爆发已不遥远；数字化制造与解决方案已成为挤压技术领域重要的发展趋势。

9.4.3 智能车间技术的研发与应用

智能化车间在产品制造中具有四方面的优势:一是生产模式高效灵活,便于进行定制化生产,同时可更好地优化工艺流程,推动生产管控模式的变革,降低生产成本,促进劳动效率和生产效益的提升;二是便于产业链的有效协作与整合,推动产业链在研发、设计、生产、制造等环节的无缝合作,提高产业链协作效率;三是可以通过物联网、大数据、云计算等智能制造关键技术的运用,不断催生远程运维、智能云服务等新的商业模式和服务形态,促进企业从生产型组织向服务型组织转变,全面提升企业的创新能力和服务能力;四是通过协同开发和云制造,可以实现信息共享,整合优势资源,在各产业链环节实施协同创新,推动制造资源和制造能力的优化配置。

在热挤压中,湖北三环车桥有限公司通过整合 ERP、PLM、MES 等系统,已经实现了信息化与制造融合,打通了各个"信息孤岛"。该公司从下料开始,每件产品都有属于自己的数据信息,并在研发、生产、物流等环节中不断丰富,为系统积累了大量的数据资源。现在该公司在产品生产中把材料参数及技术要求录入系统,操作员在电脑上发号施令,智能化流水生产线就能"心领神会","按部就班"地生产出合格产品,废品率和以前相比下降了16%。湖北三环锻造有限公司(谷城)承担了国家智能制造专项"汽车复杂锻件智能化制造新模式"项目,并入选全国制造业与互联网融合发展试点示范企业,在汽车转向节锻件后续机加工生产线上,有大量传感器、扫描仪,实现了生产线上产品规格、尺寸等的自动检测与实时反馈控制,使产品不良率降低至0.05%。

热挤压行业智能化虽然发展迅速,但也存在很多问题。一是企业水平参差不齐,总体水平较低。目前,国内骨干热挤压企业数量约460家,大部分企业虽然设备数量和种类较多,但是先进设备所占比例低,高精、高效专用设备则更少,自动化、数字化水平低,多数企业仍处于人工操作水平,整体处于"工业1.0"、"工业2.0"和"工业3.0"并存状态,且"工业1.0"和"工业2.0"占主要部分,企业的平均产能较低。二是热挤压技术与生产线更新换代困难,设备及生产线的自动化、数字化程度低。大部分热挤压企业使用的挤压设备无自身相关数据输出接口,因而无法与工艺数据汇总形成动态数据流,并为大数据库提供信息来源。生产管理的信息化程度低,各部门的信息处于孤岛状态,并且数据采集不完整、不全面,没有建立包括各工序的大数据库,无法使用相应数据分析来提升各部门的人员效率和工作质量,并为工厂提供全面的动态分析解决方案。设备不能实时以数据形式呈现出利用率,不能真实考察各部门工作负荷。对于国内老牌大型企业,以前的设备不具备实现数字化、自动化所必需的功能和能力,而设备更新换代则必须投入大量资金并淘汰大部分的现有设备，困难巨大。三是智能化热挤压设备处于比较初级的阶段。智能化装备是实现热挤压智能化的基础，虽然国内一些主机厂在压力机伺服控制、设备检测与自诊断等方面取得了一定的进步，但离智能化设备还有相当漫长的路要走。四是产品和模具研发、设计工作重复量较大，没有针对热挤压设计的专用集成技术，缺乏高效的设计手段，且仍以人工经验设计为主，不能有效借鉴以往产品的经验和数据，不利于技术进步。五是信息化管理不足，原料及各种外购件数量、价格无法精准估算，生产过程占用资金较大，模具状态、寿命管理粗放，影响生产效能，没有利用动态数据管理易损件的合理数量，没有唯一的产品编码动态跟踪管理，无法进行客户要求的产品品质追溯，也无法快速反映各个半成品的在制情况。各企业目前上线的 ERP 系统，往往仅用于财务、采购、仓库和部分生产管理。

在热挤压行业智能化的后续发展中，应重点关注以下几方面的问题：一是并联式发展模式，加强热挤压成形领域的智能化研究与示范应用，加快"工业2.0"和"工业3.0"的进程，同时加大对热挤压企业致力于技术创新的激励，尽快全面掌握核心技术、关键元器件和软件技术，形成自主知识产权，提高我国热挤压行业的整体技术水平，为智能化发展奠定基础。二是面向国家战略和行业需求，紧跟智能技术与材料成形技术的最新发展动态和前沿科技，在相关重大基础研发计划中，有重点地开展材料成形智能化方面具有前瞻性、先导性的前沿技术与基础理论的研究，增强原创性创新，抓好源头，夯实基础。三是重视材料成形领域跨学科复合型人才队伍的建设，加大智能成形系统集成技术人才的培养力度，有步骤地开展智能制造继续教育与人才培训，实现员工知识更新和操作技能的同步提升，材料成形智能化涉及的学科领域极为宽广，培养企业跨学科复合型人才十分重要，可制定高校-企业协同人才培养计划，重点培养企业智能化成形的领军人才。四是加快制定相关材料成形智能技术标准，发挥企业在标准制定中的重要作用，行业协会、科研院所与企业协同组织，重点突破成形装备与周边装备的互联互通标准、数据通信等标准，打破工业互联网、云计算、大数据等应用的技术瓶颈。同时鼓励参与相关国际标准的建立，加快我国标准的国际化进程。

参 考 文 献

［1］　Yan X Z, Zhang S W, Huang K L, et al. Effect of holding time on the extrusion force and microstructure evolution during the plastic forming of Ti‐6Al‐4V micro-gears ［J］. Materials, 2022, 15（4）: 1507.

［2］　苗建印, 张红星, 吕巍, 等. 航天器热传输技术研究进展 ［J］. 航天器工程, 2010, 19（2）: 106 - 112.

［3］　苗建印, 李亭寒, 杨沪宁, 等. 微小型热管的研制及应用 ［C］. 贵阳: 第十届全国热管会议, 2006.

［4］　Liu Y D, Xu J, Zhang Z W, et al. Micro-extrusion process and microstructure evolution of miniature heat pipe in 6063 aluminum alloy ［J］. International Journal of Advanced Manufacturing Technology, 2022,

120: 6463 - 6480.

[5] Liu Y D, Wang X L, Xu J, et al. Formation mechanism and optimization strategy of surface back-end defects in miniature complex hollow extruded profile [J]. Journal of Materials Processing Technology, 2022, 308: 117726.

[6] Dong X H, Chen F, Chen S, et al.Microstructure and microhardness of hot extruded 7075 aluminum alloy micro-gear [J]. Journal of Materials Processing Technology, 2015, 219: 199 - 208.

[7] Li S S, Chen L, Zhang C S, et al. Improvement in mechanical properties of Al-Zn-Mg alloy by applying electric pulse during hot extrusion — ScienceDirect [J]. Journal of Materials Research and Technology, 2020, 9 (2): 1210 - 1220.

[8] Mousavi S, Feizi H, Madoliat R. Investigations on the effects of ultrasonic vibrations in the extrusion process [J]. Journal of Materials Processing Technology, 2007, 187: 657 - 661.